W0262864

Franz Pichler · Heinz Schwärtzel

CAST Computerunterstützte Systemtheorie

Aufbau und Anwendung von Systemtheorie-Methodenbanken

Mit 107 Abbildungen

Springer-Verlag Berlin Heidelberg New York
London Paris Tokyo Hong Kong 1990

Dr. phil. Franz Pichler
Universitätsprofessor, Institut für Systemwissenschaften,
Johannes-Kepler-Universität, Linz

Dr. techn. Heinz Schwärtzel
Honorarprofessor
Zentralabteilung Forschung und Entwicklung, Informatik und Software,
Siemens AG, München

ISBN-13:978-3-540-51507-4   e-ISBN-13:978-3-642-93436-0
DOI: 10.1007/978-3-642-93436-0

CIP-Titelaufnahme der Deutschen Bibliothek
Pichler, Franz:
CAST: computerunterstützte Systemtheorie; Aufbau und Anwendung
von Systemtheorie-Methodenbanken
Franz Pichler; Heinz Schwärtzel.
Berlin ; Heidelberg ; New York ; London ; Paris ; Tokyo ; Hong Kong : Springer, 1990

NE: Schwärtzel, Heinz:

Offsetdruck: Color-Druck Dorfi GmbH, Berlin; Bindearbeiten: Lüderitz & Bauer, Berlin
2362/3020-543210 – Gedruckt auf säurefreiem Papier

Vorwort

Dieses Buch stellt in mancher Hinsicht ein Experiment dar. Es unternimmt den Versuch, das Konzept und den Rahmen für eine *computerunterstützte Systemtheorie* zu entwickeln in der Hoffnung, so für die Systemtheorie eine größere Leistungs- und Anwendungsbandbreite zu erschließen.

Die Realisierung von Algorithmen in Software zur Verarbeitung durch den Computer ist Stand der Technik. Deshalb liegt es nahe, auch für die Entwicklung von neuen Algorithmen den Computer einzusetzen und zu nutzen. Dazu müssen allerdings immer wieder neue, spezielle Entwicklungswerkzeuge und -umgebungen geschaffen werden. Deshalb stellt diese Art der Nutzung des Computers für manche Wissenschaftsgebiete noch immer Neuland dar.

Die Systemtheorie, die sich aus dem Bedarf der Nachrichtentechnik und der Regelungstechnik, zunächst als spezieller Zweig der Angewandten Mathematik, entwickelt hat, ist eine Disziplin, die dem Ingenieur Konzepte, Methoden und Verfahren für das Problemlösen in technischen Bereichen bereitstellt. Zahlreiche Methoden und Verfahren, die schließlich als Instrumente für das Problemlösen genützt werden können, basieren auf systemtheoretischen Algorithmen.

Häufig stellen sie Algorithmen *grober Granularität* dar. Die in ihnen zu nutzenden Datenobjekte sind meistens, da sie Systeme bestimmen und beschreiben, von reicher mathematischer Struktur. Die Operationen über den Algorithmen sind Transformationen, die verschiedene Systeme ineinander überführen. Sie heißen *Systemalgorithmen*. Auch sie sind üblicherweise sehr komplex. Die Entwicklung von Systemalgorithmen erfolgt heute noch, wie seit langem gewohnt, überwiegend mit *Bleistift und Papier*. Erst die fertigen Algorithmen werden in Software umgesetzt, an einem Computer implementiert und zu Programmpaketen zusammengefaßt. In dieser Form kann der Ingenieur sie dann verwenden.

Dieses Buch setzt sich insbesonders das Ziel, Konzepte zu entwickeln, die den Aufbau von interaktiven Methodenbanken erlauben, mit denen auch Systemalgorithmen *computersunterstützt* entwickelt werden können. Diese Methodenbanken nennen wir *Systemtheorie-Methodenbanken*.

Die Verfasser sind davon überzeugt, daß der Aufbau von Systemtheorie-Methodenbanken eine wichtige Aufgabe ist. Universitäten und Forschungsinstitute der Industrie sollten daran gleichermaßen Anteil nehmen. Alle die vielfältigen Ansätze in dieser Richtung wollen wir unter dem einheitlichen Begriff CAST (Computer Aided System Theory), der sich gleichsam als übergreifendes Dach über das Gebäude systemtheoriespezifischer Methodenbanken wölben soll, zusammenfassen. So auch kann erwartet werden, daß alle Ansätze in *einen methodischen Rahmen* eingepaßt und auf eine *gemeinsame Linie* gebracht werden, wodurch sie wechselseitig synergetische Verstärkung erfahren.

Anhand des Beispiels einer solchen speziellen Systemtheorie-Methodenbank, nämlich einer Methodenbank für die *Automaten- und Schaltwerktheorie* -, wir bezeichnen sie in formelhafter Abkürzung mit CAST.FSM (CAST-Finite State Machine) - , werden die Anwendungs- und Aufbaukonzepte aufgezeigt. An Anwendungsbeispielen wird gezeigt, wie mit CAST. FSM Algorithmen entwickelt werden können, mit denen Problemstellungen der digitalen Elektronik gelöst werden können.

Daneben wird als weiteres Beispiel die Systemtheorie-Methodenbank CAST.FOURIER behandelt. Sie bereitet die Methoden und Verfahren der *Fourier-Analyse* auf und ist ein Werkzeugsystem, das sich sehr gut eignet für die Entwicklung von Algorithmen in der Digitalen Bildverarbeitung. Schließlich wird die dargestellte Vorgehensweise noch skizzenhaft an einem Grundrahmen von Methodenbanken für die *Lineare Systemtheorie* und die *Allgemeine Systemtheorie* erläutert.

Mit dem Bereitstellen von weiteren Methodenbanken dieser Art und mit ihrem Ausreifen zu größerer Leistungsfähigkeit und besserer Anwendbarkeit kann sicherlich das in langjähriger Forschung erschlossene und angesammelte systemtheoretische Wissen für die Lösung komplexer und praxisgerechter Aufgaben, z.B. des Hardware-, Software- und Systementwurfs, allgemein verfügbar gemacht werden, und zwar gleichermaßen für den übenden Studenten wie für den Ingenieur in seiner alltäglichen Praxis.

Die Verfasser danken allen Kollegen und Mitarbeitern, die durch Diskussionen zu diesem Buch beigetragen haben. Den Herren H. Prähofer, R. Mittelmann, H. Hellwagner, T. Müller-Wipperfürth und W. Burger, Institut für Systemwissenschaften der Johannes Kepler Universität Linz, sei für ihre Beiträge zur Implementierung von CAST.FSM und CAST. FOURIER besonders gedankt.

Dank gebührt auch Frau Erika Draxler, Linz, Frau Karin Brosseder und Frau Claudia Lemke, München, für das geduldige Schreiben des Manuskriptes, das sich in vielen Rekursionen vollzog, sowie dem Springer-Verlag für die wohlwollende Zusammenarbeit.

Linz und München, im Dezember 1989   F. Pichler · H. Schwärtzel

Inhaltsverzeichnis

Einführung

Die Anwendungen mathematischer Überlegungen und Methoden auf praktische Probleme sind so alt wie die Mathematik selbst. Gebiete der reinen Mathematik entstehen, so kann man der Meinung sein, als Abstraktionen von angewandter Mathematik. Sie entwickeln sich jedoch häufig aus sich selbst heraus schnell weiter, wodurch auch ihre Methoden und Verfahren häufig immer schwieriger anwendbar und praktisch nutzbar werden. Ähnliches passiert mit der Systemtheorie, die man als Konglomerat von Ingenieurmethodik, Angewandter Mathematik und Reiner Mathematik sehen kann. Auch die Systemtheorie ist so, wie sie in vielen Büchern über Automatentheorie, Regelungstheorie u.a. dokumentiert ist, oft nur schwer anwendbar, obwohl ihre Fragestellungen, ihre Lösungsmethoden und die damit erzielbaren theoretischen Lösungen durchaus mit den praktischen Problemstellungen und Zielvorstellungen der Ingenieure in Bezug gesetzt werden können.

Solange Computer als Arbeitsplatzstationen dem Wissenschaftler und Ingenieur nicht die nötige Leistung bereitstellten, - als Leistungsmerkmale sind dabei neben der *Rechenleistung* auch der *Bedienungskomfort* und die Anpassungen der *Computersprache* an die Sprache des Wissenschaftlers und Ingenieurs zu zählen -, mußte man sich mit dieser Situation abfinden. Wertvolle systemtheoretische Methoden konnten oft nur durch außergewöhnliche Einzelleistungen für die Ingenieurpraxis erschlossen und aufbereitet werden.

Der Computer aber hat sich in rasanter Weise weiterentwickelt. Dies gilt nicht nur für die Hardware, sondern auch für die Software. Heute besitzt ein Computer von der Art einer Workstation, die auf einem Schreibtisch Platz hat, eine Leistungsfähigkeit, die man sich vor wenigen Jahren noch nicht zu erträumen wagte. Für viele Aufgaben sind Rechenzentren im alten Sinne entbehrlich geworden. Neue Programmierstile, wie etwa das *Objektorientierte Programmieren* und damit zusammenhängende Programmiersprachen ermöglichen die Implementierung von Leistungsmerkmalen, die in besonderer Weise dem Arbeitsstil des Wissenschaftlers und Ingenieurs entgegenkommen. Zu dieser Entwicklung hat nicht zuletzt auch der Durchbruch gewisser Methoden der *Künstlichen Intelligenz* beigetragen.

Wir sind also in einer Zeit, die technische Hilfsmittel verfügbar hat, um neu die Systemtheorie mit Hilfe leistungsfähiger und leicht benutzbarer

2

Instrumente an den Arbeitspatz des Wissenschaftlers und Ingenieurs zu bringen. Dieses Buch beschreibt den Weg dahin.

Nach einer kurzen Einführung in die Welt des *Problemlösens mit Systemen*, wobei als Hauptergebnis das Kennenlernen des Begriffes *Systemalgorithmus* steht, und einigen Erörterungen zum Thema *Angewandte Systemtheorie* in Kapitel 1 wird in Kapitel 2 ein Grundrahmen für den Bau von interaktiven Methodenbanken dargestellt. Der Leser erfährt darin prinzipiell, welche Ideen uns bei der Einrichtung von Programmsystemen, die Methodenbanken für die Systemtheorie realisieren, vorschweben. Andererseits wird ein präziser, jedoch einfach gehaltener Mechanismus in Form der *STIPS-Maschine* eingeführt. Sie ist eine *Zustandsmaschine*, mittels der man Systemalgorithmen, d.h. Problemlösungen, entwickeln kann. Die Abkürzung STIPS leitet sich von *System Theory Instrumented Problem Solving* ab.

Eine konkrete, in Software umgesetzte STIPS-Maschine bezeichnen wir mit CAST.M (Computer Aided System Theory-Machine). Die Kapitel 3 und 4 demonstrieren die Anwendbarkeit des CAST.M-Konzeptes anhand der konkreten Methodenbank CAST.FSM (CAST-Finite State Machine) für die Automaten- und Schaltwerktheorie. Während Kapitel 3 die einzelnen Systemtypen und Systemtransformationen behandelt, - ohne jedoch auf automatentheoretische Überlegungen näher einzugehen -, wird in Kapitel 4 die Implementierung in *Interlisp-D/Loops* auf einer Workstation *Siemens EMS 5815* dargestellt. Dies geschieht durch Beispiele anhand der Beschreibung der notwendigen Kommandos und der durch sie ausgelösten Darstellungen auf dem Bildschirm, die als Bilder eingefügt sind.

Natürlich kann eine Beschreibung von CAST.FSM in dieser Weise, - also eine Vorführung auf Papier -, die tatsächliche direkte Kooperation mit dem System nicht ersetzen. CAST.FSM wird von uns in der augenblicklichen Form vorwiegend als ein didaktisch-pädagogisches Instrument betrachtet für die praktische Ausbildung von Ingenieurstudenten. Obwohl die implementierte, spezielle Methodenbank CAST.FSM auch bereits für praxisnahe Anwendungen befriedigende Resultate liefert, ist sie als Prototyp einzustufen. Ihre Implementierung löste auch einen Lernvorgang aus. Eine zweite Version von CAST.FSM ist geplant. Sie wird eine modernere Architektur besitzen und auf einer besseren Softwaretechnologie basieren, so daß sie auf den üblichen leistungsfähigen UNIX-Workstations ablaufen kann.

Das Ziel dieses Buches ist auch, den Leser möglichst selbst für ein Engagement in CAST-Aktivitäten zu gewinnen. Wir glauben, dieses Ziel umso eher zu erreichen, je vielfältiger wir in diesem Buch in der Lage sind, auf die Möglichkeit der Konstruktion von CAST-Methodenbanken und deren Anwendung in den Ingenieurwissenschaften hinzuweisen.

Neben CAST.FSM wird am Institut für Systemwissenschaften der Johannes Kepler Universität Linz auch eine Methodenbank CAST.FOURIER entwickelt. Mit ihr werden Methoden und Verfahren der Fourier-Analyse bereitgestellt. Sie eignet sich zum Einsatz in der Digitalen Signalverarbeitung, besonders in der Digitalen Bildverarbeitung. Als wichtiges systemtheoretisches Teilgebiet liegt dieser Methodenbank die *Theorie Linearer*

Systeme über Gruppen zugrunde. Da diese spezielle Systemtheorie in weiten Kreisen eher unbekannt sein dürfte, stellen wir die wichtigsten Ergebnisse, insbesondere die *Allgemeine Fourier-Transformation* GFT (General Fourier Transform), in Kapitel 5 vor. Auch wird dort die Implementierung von CAST.FOURIER dargestellt. Schließlich enthält Kapitel 5 auch erste Vorstellungen zu einem Grundrahmen einer STIPS-Maschine zur Realisierung einer CAST-Methodenbank für die *Lineare Systemtheorie* und für die *Allgemeine Systemtheorie.*

Zum Abschluß wird in Kapitel 6 auf konkrete Anwendungsfälle von CAST.FSM und von CAST.FOURIER eingegangen.

Die Bezeichnung CAST tritt in diesem Buch bereits schon im Titel auf. Dies soll den Leser jedoch nicht in den Glauben versetzen, daß keine anderen, als die hier vorgestellten Aktivtäten zum Aufbau von Methodenbanken der Systemtheorie an den Universitäten und in den Forschungslaboratorien der Industrie stattfinden. Das Gegenteil ist eher richtig. In der Regelungstechnik und in der Nachrichtentechnik werden z.B. schon seit langem Programmsysteme zum Einsatz der vorhandenen systemtheoretischen Methoden, - z.B. für den Entwurf von Reglern oder für den Filterentwurf -, mit Erfolg verwendet. Auch werden diese Programmsysteme ständig verbessert und erweitert, so daß sie mit dem Fortschritt der Hardware- und Softwaretechnologie mitgehen.

Trotzdem erscheint es uns zweckmäßig, CAST als einen übergreifenden Begriff einzuführen, auch, um eine einheitliche Betrachtungs- und Vorgehensweise, die bei der Einrichtung von Methodenbanken der Sytemtheorie verfolgt werden sollte, zu erreichen. Dann wird es auch leichter sein, die vielfältigen Bemühungen um einen erfolgreichen Einsatz des Computers als Werkzeug und als Intelligenzverstärker in den Ingenieurwissenschaften auf eine gemeinsame Linie zu bringen, so daß sie eine wechselseitige, synergetische Verstärkung erfahren.

Man kann CAST auch durchaus als eine Aktivtät im Sinne von CAD ansehen, wobei aber die Betonung ganz auf den Entwurf des funktionalen Verhaltens von Systemen gelegt wird. Bei dieser Sicht kann *CAST-Software* bei erfolgreicher Integration in einen *CAD-Arbeitsplatz* in natürlicher Weise als eine auf spezielle Art erweiterte *CAD-Software* angesehen werden. Obwohl Fragen einer solchen Integration in diesem Buch nicht behandelt werden, ist zu hoffen, daß der in der CAD-Technik versierte Leser nach dem Studium dieses Buches dahingeführt ist, auch diesen besonders wichtigen Problemkreis zu bearbeiten.

1 Problemlösen mit System

1.1 Problem und Problemlösungsprozeß

1.1.1 Hinführung zur Systemmethode

Probleme sind in unserem Zusammenhang ungelöste Fragestellungen an eine Wirklichkeit oder eine Realität. Eine Wirklichkeit kann existent oder angestrebt sein. Existente Wirklichkeiten können erdacht, etwa als Theorie, Konzept, Plan, sein, - dann heißen sie ideal-objektiv - , oder sie können erfahrbar, etwa in der Natur, Technik, Gesellschaft sein, - dann heißen sie real-objektiv. Angestrebte Wirklichkeiten können Konzepte oder Pläne für neue, noch nicht existente Wirklichkeiten sein, etwa für Gebäude, Häfen, Autobahnen, Computer, Kommunikationssysteme, aber auch für neue Theorien, Verhaltensmodelle oder Organisationsformen.

Die Fragestellungen können noch ohne Antwort sein. Dann heißen sie *ungelöste* Fragestellungen oder *echte Probleme.* Oder sie können schon einmal eine Antwort erfahren haben, aber so, daß die Antwort in einer aktuellen Situation weder in einfacher Weise reproduzierbar, noch nachvollziehbar ist. Solche Fragestellungen heißen *didaktisch-pädagogische Probleme.*

Probleme in unserem Zusammenhang werden beschrieben durch die *Problemstellung,* durch die *Nebenbedingungen,* unter denen eine Lösung erreicht werden soll, und durch die Eigenschaften des *Lösungsraums.* Auch schränken wir die Menge der Probleme im Zusammenhang dieses Buches erheblich ein. Wir beschränken sie in erster Linie auf *wissenschaftlich-technische Probleme.*

Die Lösung von Problemen wird durch den *Problemlösungsprozeß,* der eine Abfolge von bestimmten Aktivitäten des Problemlösens ist, erreicht. Dabei werden bestimmte *Methoden* angewendet und *Werkzeuge* eingesetzt. Eine übliche Methode ist die sogenannte *Modellmethode.* Sie besteht in der Konstruktion eines geeigneten Modells als Abbild der Wirklichkeit und im Erforschen dieses Modells an Stelle der Wirklichkeit mit dem Ziel, damit eine Lösung zu erzielen. Erwartet wird, daß diese Modellösung eine ausreichend gute Lösung für das Problem in der Wirklichkeit ist (Bild 1.1).

Die üblichen Werkzeuge, z.B. in den klassischen Naturwissenschaften, basieren auf mathematischen Abstraktionen, Methoden und Verfahren. Man

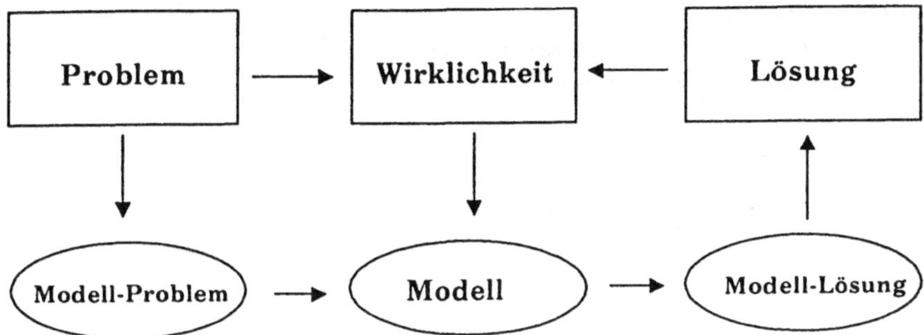

Bild 1.1: Problemlösen mit der Modellmethode

spricht dann auch von *mathematischer Modellmethode*. Die Modellmethode wird durch die *Systemmethode* in der Weise ergänzt und angereichert, daß als Werkzeuge bestimmte formal-systemtheoretische Objekte, Methoden und Verfahren eingesetzt werden. Die Systemmethode ähnelt weitgehend der mathematischen Modellmethode, allerdings mit dem Unterschied, daß sie konkreter, das heißt bereits näher auf die erfahrbaren Wirklichkeiten und die wirklichen Verhältnissen Bezug nimmt, als dies im allgemeinen mit den Abstraktionen der Mathematik möglich ist.

Die *Systemtheorie*, die sich aus den Bedürfnissen der Nachrichtentechnik und der Regelungstechnik entwickelt hat, stellt die wissenschaftlichen Konzepte zur Anwendung der Systemmethode beim Problemlösen im Bereich der Technik zur Verfügung. In ihrem Mittelpunkt stehen die fundamentalen Konzepte des *Dynamischen Systems* und des *Strukturierten Systems*.

Bis in jüngster Zeit hat sich die Systemtheorie jedoch mit der Aufgabe zufrieden gegeben, dem Ingenieur nur während seiner Ausbildung die theoretischen Grundlagen für das Problemlösen anhand von Modellen zu vermitteln. Heute muß sie auch die zusätzliche Aufgabe, ihre Methoden *computerunterstützt* bereitzustellen und als Werkzeuge für praktische Anwendungen anzubieten, angehen. Wir sprechen dann von *Computerunterstützter Systemtheorie* oder in Kurzbezeichnung von CAST (Computer Aided Systems Theory).

Mit der Verfügbarkeit von genügend CAST-*Software*, geordnet und verknüpft zu leistungsfähigen Methodenbanken und ablauffähig in modernen Arbeitsplatzrechnern, werden sich für Ingenieure neue Ausbildungsziele und -möglichkeiten ergeben. Während sich der angehende Ingenieur früher vor allem mit der Durchrechnung von relativ kleinen *Handbeispielen* begnügen mußte, um die sytemtheoretischen Grundlagen zu üben, kann er heute, nach dem Kennenlernen der wesentlichen systemtheoretischen Konzepte und Problemstellungen und auf diesen aufbauend, *CAST-Methodenbanken* anwenden und nützen. Mit ihnen kann er bereits Beispiele von der Art und Komplexität, wie sie in der Ingenieurpraxis vorkommen, berechnen.

Für die Motivation zu CAST gilt das gleiche wie für alle CAE- (Computer Aided Engineering)-Verfahren: Die Automatisierung von Arbeitsschritten durch den Computer zur Entlastung von routinemäßig auszuführenden Tätigkeiten ist das Ziel, um mehr Freiraum zu schaffen für das effektive von Innovationen getragene Arbeiten beim Problemlösen.

1.1.2 Problemlösungszyklus

Das Problemlösen mittels der Modellmethode erfolgt in Schritten, die zusammengefaßt den Problemlösungsprozeß bilden. Ihm ist ein Vier-Phasen-Schema unterlegt.

Phase 1: Problemdefinition
  Sie umfaßt die genaue Festlegung der *wirklichen* Problemstellung mit Angabe des Ist-Zustandes, der Zielvorgabe und der Art und Weise, wie unterschiedliche Lösungen in bezug auf das angestrebte Lösungsziel zu bewerten sind. Einzuhalten sind Nebenbedingungen, und zwar sowohl als Einschränkungen in den Mitteln als auch bezüglich der zu berücksichtigenden Randbedingungen.

Phase 2: Modellbau
  Aufbauend auf die Problemdefinition wird ein Modell, - das Basismodell -, der existierenden oder einzurichtenden Realität konstruiert. Das Modell soll möglichst alle für die Problemstellung relevanten wissenschaftlichen Erkenntnisse in *denkökonomischer* Form enthalten. Es ist dann eine Basis für die nachfolgenden deduktiven oder induktiven Schlüsse. Das Basismodell soll möglichst so konstruiert werden, daß es einem bekannten Modelltyp angehört oder durch Kombination von bekannten Modelltypen zusammensetzbar oder aus bekannten Modelltypen ableitbar ist.

Phase 3: Problemlösen mit dem Modell
  Die Problemstellung induziert im Modell ein entsprechendes im Kontext des zum Modelltyp gehörigen Ableitungskalküls interpretierbares Modellproblem. Für dieses wird eine Lösung erarbeitet. Man erhält so eine Modelllösung des gegebenen Problems.

Phase 4: Interpretation der Modell-Lösung
  Die Modellösung wird in ihrer Bedeutung für die Lösung des wirklichen Problems interpretiert. Das Ergebnis dieser Interpretation ist die Lösung des *wirklichen* Problems. Der Problemlösungsprozeß ist abgeschlossen. Bild 1.2 veranschaulicht die Abfolge.

Da sich normalerweise die Phasen rekursiv wiederholen, sprechen wir auch vom *Problemlösungszyklus.* Bei den praktischen Durchläufen des Problemlösungszyklus kontrolliert der Problemlöser als Experte alle Zwischenergebnisse und das Endergebnis jeder Phase. In der Regel werden dabei im Durchlaufprozeß *Sackgassen* auftreten, in denen Ergebnisse erreicht werden, die nicht akzeptiert werden können. Dann wird in einer Schleife auf eine frühere Stufe des Prozesses zurückgegangen, um aus der Sackgasse herauszufinden.

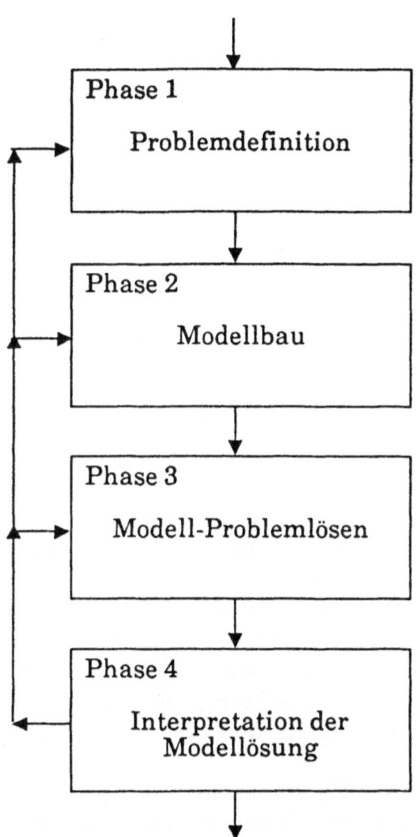

Bild 1.2: Vier-Phasen-Schema des Problemlösungsprozesses

Andeutungsweise wird nun erörtert, wie die Systemmethode in das Phasenschema des Problemlösungszyklus eingegliedert werden kann. Wir haben bereits erwähnt, daß mit der Systemmethode die Modellmethode durch Hinzunahme geeigneter *formalwissenschaftlicher Objekte, Systeme* genannt, unterstützt wird. Dem Problemlöser werden damit zusätzliche Instrumente und Methoden zur besseren Bewältigung der Teilprobleme während der einzelnen Phasen zur Verfügung gestellt. Grundsätzlich kann die Systemmethode während allen Phasen des Problemlösungszyklus angewendet werden. Den Hauptbeitrag leistet sie jedoch in der zweiten Phase, beim *Modellbau*, und in der dritten Phase, beim *Problemlösen*. Die Systemtheorie hat nämlich gerade für den Modellbau und für die Analyse von Modellen in bezug auf die beim Problemlösen relevanten Fragen wichtige Beiträge anzubieten. Besonders augenfällig wird ihr Leistungspotential im Bereich der *Informationstechnik*, dem durch Zusammenwachsen von Nachrichtentechnik, Computertechnik, Mikroelektronik und Softwaretechnik sich neu definierenden und rasch wachsenden technischen Gebiet. Um die Systemmethode im Kontext des Problemlösungszyklus darzustellen, ist es zuerst notwendig, sich mit *Systemen* und mit *Systemtheorie* zu befassen.

1.2 Systeme und Systemtheorie

1.2.1 Grundbegriffe

In natürlicher Weise, ausgehend von der allgemeinen Anschauung, kommt man zu Systemen dadurch, daß man zunächst Einheiten unterscheidet, sie anordnet oder zueinander in Beziehung setzt. Betrachtet man nun die Einheiten, ihre Anordnungen und ihre Relationen untereinander gemeinschaftlich, so spricht man von *Systemen*.

Systeme können aber auch informell als abstrakte Darstellungen von Modellen oder Teilen von Modellen eingeführt werden. Abstrakt heißt, daß bei ihnen gewisse Eigenschaften von Modellen, meistens solche, die fachspezifisch und technologiebezogen sind, nicht betrachtet werden, und daß ein allgemein gültiger Kern des Modells im System betont wird. Ein System kann aber streng formal auch als ein mathematisches Objekt definiert werden, zum Beispiel als ein Tripel $S = (I, S_R, O)$, wobei I die Menge der Eingänge oder Inputs, O die Menge der Ausgänge oder Outputs und S_R die Relation zwischen I und O, die Systemrelation ist.

Die *Systemtheorie*, - die Theorie, die sich mit Systemen beschäftigt -, besteht aus einer Sammlung von theoretischen Sätzen, Konzepten und Methoden. Diese können erfolgreich im Rahmen der instrumentellen Benutzung von Systemen beim Problemlösen mittels der Modellmethode angewendet werden. Der Name *Systemtheorie* ist historisch bedingt. Er deutet an, daß das Gebiet eine starke theoretische Komponente besitzt. Die Systemtheorie schöpft gerade aus dem Zusammenwirken von ingenieurmäßigem *Know How* in Form von Rezepten und Faustformeln und formal exakten Formulierungen, so daß mathematische Kalküle anwendbar sind, ihre Kraft.

Als Beispiele für Teilgebiete einer so definierten Systemtheorie können die *Lineare Systemtheorie* der Nachrichten- und Regelungstechnik und die *Automaten- und Schaltwerktheorie*, die für den Entwurf und für die Analyse digitaler elektronischer Schaltkreise entwickelt wurde, angesehen werden. Beide Gebiete stellen seit langem wichtige Eckpfeiler in der Ausbildung der Ingenieure in der Problemlösungsmethodik dar.

Daneben zeigt sich immer deutlicher, daß auch der Bedarf für eine *Allgemeine Systemtheorie* wächst. Sie ist das Teilgebiet der Systemtheorie, in dem die allgemeinen Fragen nach Organisation, Struktur und Dynamik von Systemen gestellt und behandelt werden. Für die praktische Nutzanwendung stellt sie Instrumente für das Problemlösen bereit, die bei einer hierarchischen Vorgehensweise im *Top Down-Stil* besonders wirkungsvoll sind. Allerdings ist trotz langen Bestrebens in den Systemwissenschaften, eine Allgemeine Systemtheorie in diesem Sinne einzuführen, bis heute noch immer kein solcher Entwicklungsstand und kein solches Reifeprofil erreicht, daß ein allgemein verbindlicher Inhalt für dieses Teilgebiet akzeptiert wird. Daran weiterzuarbeiten unter besonderer Berücksichtigung der Erfordernisse der Informationstechnik, ist ein wichtiges Anliegen. Damit könnte dem Modellbau und der Modellanalyse in den *höheren Systemebenen*, wie *Benutzerebene*, *Architekturebene*, *Funktionsebene*, wertvolle instrumentelle Unterstützung gegeben werden. Es ist deshalb ein wichtiges Ziel , gerade den *Allgemeinen Systemen* (General Systems) im Rahmen von CAST besondere Aufmerksamkeit zu schenken.

1.2.2 Allgemeine Systemtypen

Systeme werden, informell gesprochen, charakterisiert durch ihre Struktur und ihre Organisation. Systeme, welche durch ein gleiches typisches Charakteristikum, etwa durch den Typ der Systemrelation, - sie beschreibt die Zusammenhangsstruktur -, bestimmt sind, werden zu einem *Systemtyp* zusammengefaßt. Wir unterscheiden in diesem Buch fünf Allgemeine Systemtypen, nämlich

- Black Box   (B),
- Generator   (G),
- Dynamik   (D),
- Algorithmus   (A),
- Netzwerk   (N).

Die folgende informelle Beschreibung dieser Systemtypen erläutert ihre Bedeutung.

1.2.2.1 Black Box

Der allgemeine Systemtyp *Black Box* stellt die Reduktion eines Systems auf seinen Rand und sein Randverhalten dar. Er ist mit jedem Modell verbunden, welches eine in Betracht gezogene Wirklichkeit durch die Interaktion mit einer anderen Wirklichkeit, - dem Hintergrund, dem Environment, der Umgebung, der Umwelt -, beschreibt. Dabei kann die Art der Interaktion vielfältiger Natur sein. Im gröbsten Fall wird überhaupt nur die Systemgrenze als räumliche oder zeitliche Größe angegeben.

In einer Verfeinerung kann eine Black Box durch ihre Variablen, mit denen die Interaktion beschrieben wird, dargestellt werden. Den Variablen können nun weitere Attribute, wie etwa *Input* oder *Output*, zugeordnet werden, oder ihren Werten können auch Wertebereiche zur Beschreibung der zeitlichen oder räumlichen Verhältnisse zugewiesen werden. Eine zeitlich-kontinuierliche komplexe Variable x würde zum Beispiel als Funktion $x : R \to C$ beschrieben werden. Schließlich können auch konkrete Werte, welche die Variablen einer Black Box annehmen, angegeben werden.

Zusammenfassend gilt, daß der allgemeine Systemtyp Black Box die Interaktion eines Systems, das Gegenstand der Untersuchung ist, mit einem anderen System, dem Environment, beschreibt. Jede Black Box ist somit ein Modell für eine *Schnittstelle*. Da der Modellbau vielfach mit der Angabe von Schnittstellen einer Wirklichkeit zur Umwelt beginnt, kommt dem allgemeinen Systemtyp Black Box trotz seiner konzeptionellen Einfachheit eine große Bedeutung zu.

1.2.2.2 Generator

Der allgemeine Systemtyp *Generator* dient zur Beschreibung der inneren Funktionsweise eines Modells, also nicht wie die Black Box zur Beschreibung des Außenverhaltens. Mit Generatoren werden nämlich Aussagen über die zeitlich oder räumlich lokale Änderung von Zuständen gemacht. Im Falle, daß sich die Zustände kontinuierlich in der Zeit verändern, sind *Differentialgleichungen* das geeignete Mittel zur formalen Darstellung eines Generators. Im Falle einer zeitlich-diskreten Änderung beschreiben *Differenzengleichungen* den Generator. Spezialfälle von Generatoren sind *Endliche Automaten* (Finite State Machines), deren lokale Zustandsüberführung durch eine Differenzengleichung erster Ordnung über Endlichen Mengen definiert ist. Da der Begriff Zustand hier sehr allgemein verstanden wird, gehören auch *Formale Grammatiken*, *Rekursive Aufrufe* oder *Schleifen in Programmen*, die iterative Prozesse realisieren, zu dem allgemeinen Systemtyp Generator.

1.2.2.3 Dynamik

Der allgemeine Systemtyp *Dynamik* wird durch jedes dynamische System im Sinne der klassischen Mechanik und der Ingenieurwissenschaften dargestellt. Kennzeichnend für ihn ist die Existenz einer Funktion, die eine zeitlich oder räumlich globale Änderung von Zuständen angibt, also seine *globale Zustandsüberführungsfunktion*. Der Begriff des Zustandes wird in einer Dynamik präzise gefaßt. Er stellt ein wichtiges denkökonomisches Konzept für den Modellbau dar. Dynamiken sind daher sehr wichtige Systeme. Der Problemlöser ist im allgemeinen gut beraten, wenn er seine Modellanalyse möglichst mit Hilfe von Dynamiken durchzuführen anstrebt. Formal streng kann der Systemtyp Dynamik in allgemeiner Weise durch das Konzept des *Allgemeinen Dynamischen Systems mit Input und Output* erfaßt werden. Spezielle Dynamische Systeme ergeben sich zum Beispiel im Zusammenhang mit den Lösungsformeln für Differential- und Differenzengleichungen.

1.2.2.4 Algorithmus

Der allgemeine Systemtyp *Algorithmus* liegt immer dann vor, wenn für die Auswertung einer Funktion genau festliegt, welche elementare Rechenoperationen ausgeführt werden müssen, und in welcher Sequenz dies zu geschehen hat. Dieser Systemtyp ist bestimmt durch die Inputdaten des Algorithmus, repräsentiert durch die Argumentwerte der auszuwertenden Funktion, durch die Operatorenmenge, die durch die elementaren Rechenoperationen gegeben ist, durch die Kontrollstruktur des Algorithmus, mit der die Sequenz der Operationen bestimmt wird, und durch die Outputdaten, also die berechneten Werte.

Obwohl die beiden allgemeinen Systemypen *Generator* und *Algorithmus* große Ähnlichkeit haben, ist eine Unterscheidung zweckmäßig. Während der Typ *Generator* in den angewandten exakten Wissenschaften breite Anwendung findet und etwa für die Modellierung von *Hardware* in der Informationstechnik große Bedeutung hat, ist der Typ *Algorithmus* der wichtigste Systemtyp für die Software und somit zentral für die Informatik und die Mathematik.

1.2.2.5 Netzwerk

Der allgemeine Systemtyp *Netzwerk* veranschaulicht die Grundidee eines Systems. Wenn immer Teilsysteme oder Komponenten oder Entitäten zu einem System zusammengekoppelt sind, so haben wir diesen Typ vor uns. Ein *Netzwerk* ist also durch eine Menge von Teilsystemen und durch die Angabe der Art ihrer Kopplung zu einem Gesamtsystem bestimmt. Die Teilsysteme können dabei unterschiedlichen Systemtypen angehören. Sehr abstrakte Netzwerke sind durch gerichtete oder ungerichtete Graphen gegeben. Jedes *Blockdiagramm* gehört zum allgemeinen Systemtyp *Netzwerk*. Aber auch jedes *Flußdiagramm* eines Algorithmus, - die Komponenten sind durch die einzelnen Rechenoperationen bestimmt, die Kopplung wird durch die Kontrollstruktur des Algorithmus festgelegt -, oder jeder *strukturierte Algorithmus*, - die Komponenten sind nun die einzelnen Prozeduren -, stellen Beispiele für Netzwerke dar. Der allgemeine Systemtyp Netzwerk realisiert also die Idee, die man mit einem *Strukturierten System* verbindet.

Diese fünf Allgemeinen Systemtypen legen wir im Rahmen von CAST diesem Buche zugrunde. Ausgehend von den Allgemeinen Systemtypen bemüht sich die Systemtheorie um eine taxonomische Klassifikation der Systeme. Sie behandelt auch sehr spezielle Systemtypen, wie etwa *Endliche Automaten*, - das sind spezielle Generatoren -, *Algebraische Formen*, - das sind spezielle Netzwerke -, oder *Entscheidungsbäume*, - das sind spezielle Dynamiken.

Der Nutzwert der einzelnen Systemtypen für das Problemlösen liegt darin, daß mit ihnen abstrakte Bilder von typischen Modellen als Instrumente für den Modellbau verwendbar werden und daß mit ihnen Hilfsmittel für die Modellanalyse zur Gewinnung von Zwischenresultaten oder auch zur Entwicklung und Realisierung von Analysemethoden vorliegen. Um dies einsichtig zu erläutern, ist es notwendig, der Frage nach dem *Überführen* eines Systemtyps in einen anderen, also der Frage nach möglichen Relationen zwischen den einzelnen Systemtypen und deren algorithmischen Darstellungen nachzugehen.

1.2.3 Allgemeine Systemtransformationen

Beim Modellbau und bei der Modellanalyse können mit der Systemtheorie begleitend spezielle Fragestellungen zur Unterstützung des Problemlösens behandelt werden. Die dabei formulierten Modellprobleme induzieren Systemprobleme, das heißt, Problemstellungen im Zusammenhang mit dem zum Modell korrespondierenden System. Die Lösung solcher Systemprobleme erfordert im allgemeinen die Entwicklung von Algorithmen. Mit der Konstruktion dieser Algorithmen werden Umformungen des gegebenen Systems und Ableitungen von weiteren Systemen, die gewisse Eigenschaften widerspiegeln, notwendig.

Wir beschreiben solche Umformungen und Ableitungen als *Transformationen* von Systemen. Die gerade vorgenannte Einteilung in fünf *Allgemeine Systemtypen* kann uns zu einer Einteilung dieser Transformationen, - wir nennen sie *Systemtransformationen*, - verhelfen. An sich sind alle 25 unterschiedliche Transformationen, die zwischen den fünf Allgemeinen Systemtypen eingerichtet werden können, von Interesse. Es genügt aber, nur einige wichtige von ihnen darzustellen.

Eine wichtige Klasse von Systemtransformationen bilden die, die zu einer Black Box einen korrespondierenden Generator berechnen. Sie heißen *Realisierungstransformationen*. Ein Beispiel einer Realisierungstransformation etwa ist in der Informationstechnik bei der Filtersynthese gegeben, bei der einem vorgegebenen Toleranzschema, welches als eine Black Box in unserem Sinne aufgefaßt werden kann, eine zugehörige Differentialgleichung in Form eines *linearen zeitinvarianten Systems* (A,B,C) zugeordnet wird. Eine weitere wichtige Klasse bilden die *Algorithmisierungstransformationen*, die einer Black Box einen korrespondierenden Algorithmus zuordnen.

Während die Herleitung von Realisierungstransformationen und Algorithmisierungstransformationen im allgemeinen mit erheblichem Aufwand verbunden ist, sind ihre inversen Transformationen meistens leichter zu gewinnen. Jedem Generator kann ein globales Verhalten in Form einer Black Box zugeordnet werden, indem man ihn *laufen*, also eine Lösung berechnen läßt. Genauso kann zu einem vorgegebenen Algorithmus eine zugehörige Black Box in Form von Inputdaten und zugehörigen berechneten Outputdaten erhalten werden.

Jede Transformation, die aus einem beliebig gegebenen Systemtyp eine Black Box berechnet, bezeichnen wir als *Verhaltenstransformation*. Verhaltenstransformationen sind von deduktiver Art. In der Praxis werden sie oft mit dem Mittel der Simulation realisiert.

Neben den Realisierungs- und Algorithmisierungstransformationen kommt auch den *Dekompositionstransformationen* Bedeutung zu. Es sind dies solche Transformationen, die aus einem beliebigen Systemtyp ein zugehöriges Netzwerk berechnen. Mit Dekompositionstransformationen erreicht man eine *Strukturierung* eines Systemtyps, das heißt eine Aufteilung in einzelne Komponenten und Teilsysteme zusammen mit einer Darstellung der zwischen diesen bestehenden Kopplungsstruktur. Der Transformationstyp Dekompositionstransformation gehört zu den wichtigsten Instrumenten für das Problemlösen. Sehr oft wird als Ziel ein in bestimmter Weise strukturiertes System angestrebt. Dekompositionstransformationen sind Mittel, um dieses Ziel zu erreichen. Nun sind wir in der Lage, die Thematik der *Systemprobleme* anzugehen.

1.2.4 Allgemeine Systemprobleme

Wir verfolgen das Ziel, den Modellbau so zu gestalten, daß die zugrundeliegende Problemstellung im Kontext der Fakten, die mit dem Wissen über die reale Situation gegeben sind, formuliert ist. Der Modellbau wird *problemorientiert* durchgeführt. Wird der Modellbau durch die Systemmethode instrumentiell unterstützt, so kennen wir gleichzeitig mit dem Modell auch abstrakte Versionen von ihm in Form von Systemen. Gleiches gilt für die an das Modell herangetragene Problemstellung. Auch zu ihr gibt es dann korrespondierende, abstraktere Problemstellungen mit Bezug zu den verschiedenen Systemen, die zum Modell gehören. Wir sprechen dann von *Systemproblemen*. Für eine Einteilung in Klassen ist es zweckmäßig, daß die Systemprobleme zuerst in allgemeiner Weise anhand der Allgemeinen Systemtypen und der Allgemeinen Systemtransformationen eingeführt werden.

Zunächst wird eine Einteilung der *Allgemeinen Systemprobleme* in die beiden Klassen der Analyseprobleme und der Syntheseprobleme vorgenommen.

Ein *Analyseproblem* umfaßt Fragestellungen an ein durch ein Modell bereits fest vorgebenes System eines bestimmten Typs. Als Lösung werden Aussagen über bestimmte Eigenschaften des Systems angestrebt. Je nach der Art der Fragestellung wird ein Systemtyp Vorzüge gegenüber anderen haben. Wenn dieser *beste* Systemtyp nicht bereits vorliegt, wird der Problemlöser versuchen, ihn durch gezielte Anwendung bestimmter Systemtransformationen zu erzeugen. Die Erzielung der Lösung erfolgt bei Analyseproblemen häufig in rein deduktiver Weise. Für Generatoren, - z.B. für Lineare Differentialsysteme und Endliche Automaten -, und für die zugehörigen Dynamiken steht eine reichhaltige Theorie zur Behandlung der verschiedensten Fragestellungen zur Verfügung. Deshalb erscheint es aus der Sicht der Systemtheorie zweckmäßig, Analyseprobleme anhand von Generatoren oder Dynamiken zu lösen. In den Fällen, in denen für die Lösung eines Analyseproblems keine theoretischen effektiven und deduktiven Verfahren zur Verfügung stehen, greift man zur Computersimulation. Die Aufgabe lautet dann, das System in ein *Simulationsmodell* zu transformieren. Der Einsatz von Systemtransformationen zur Konstruktion eines geeigneten Netzwerkes und zur softwarenahen Algorithmisierung der verschiedenen Kompontentensysteme ist dabei sicherlich nützlich.

Bei einem *Syntheseproblem* ist im Gegensatz zum Analyseproblem der innere Aufbau eines Systems unbekannt. Die Problemstellung besteht darin, den Aufbau des Systems bei Vorgabe eines Bausteinsatzes und gewisser zusätzlicher Nebenbedingungen so vorzunehmen, daß eine gewünschte Interaktion des Systems mit der Systemumgebung gewährleistet wird. Bei der Lösung eines Syntheseproblems wird also ein wohl strukturiertes System konstruiert. Beschreiben wir die gewünschte Interaktion mit der Systemumgebung durch eine Black Box und die gewünschte Strukturierung durch ein Netzwerk, so stellt sich ein Syntheseproblem als das Problem der Konstruktion einer gewissen Dekompositionstransformation dar. Im allgemeinen wird sie nicht in einem Schritt erreicht werden können. Ihre Konstruktion erfordert üblicherweise vielmehr eine Reihe von Zwischenschritten, die mittels geeigneter Systemtransformationen realisiert werden.

Die Entwicklung von *Synthesealgorithmen* gehört zu den wichtigsten Aufgaben der Systemtheorie. Häufig wird dabei induktiv vorgegangen, da aus der Vielzahl der theoretisch möglichen Wege, die zu einer Strukturierung führen, ein für die Modellsynthese praktisch akzeptabler Weg ausgewählt werden muß.

Im Prinzip haben wir somit auch bereits die Einteilung von Problemstellungen in solche, die zur *Modellanalyse*, - Untersuchung eines konstruierten Modells -, und in solche, die zur *Modellsynthese*, - Konstruktion eines strukturierten Modells -, gehören, vorgenommen. Während Analyseprobleme typisch für Problemstellungen der Naturwissenschaften sind, sind Syntheseprobleme typisch für Problemstellungen der Ingenieurwissenschaften.

In der Praxis treten Analyseprobleme und Syntheseprobleme selten allein auf. Der Problemlöser wird sich vielmehr abwechselnd mit Analyse- und mit Syntheseschritten zum Ziel hinarbeiten müssen. Zum Beispiel wird bei jeder Entwurfsaufgabe, die ja eine Konstruktionsaufgabe ist, also die Lösung eines Syntheseproblems erfordert, eine Analyse der erhaltenen Zwischenergebnisse, - oftmals mit Hilfe der Simulation -, vorzunehmen sein. Andererseits wird es bei der Analyse oft notwendig sein, eine *innere Funktion*, die im vorhandenen Modell nicht erklärt ist, als Hypothese anzunehmen, also zu konstruieren und zu verifizieren. Dazu ist die Lösung eines Syntheseproblems zu erreichen.

Allgemeine Systemtransformationen spielen also, wie ersichtlich, bei der Lösung von Analyse- und Syntheseproblemen ein bedeutende Rolle. Die Lösung solcher Probleme kann mit der Aufgabe der Konstruktion von bestimmten Systemtransformationen gleichgesetzt werden. Damit können wir *Allgemeine Systemproblemtypen* dadurch definieren, daß wir sie mit der Aufgabe, Allgemeine Systemtransformationen zu finden, gleichsetzen. Wir kommen so beispielhaft zu den Problemtypen in Form des *Allgemeinen Realisierungsproblems*, des *Allgemeinen Algorithmisierungsproblems* und des *Allgemeinen Dekompositionsproblems*.

1.2.5 Allgemeine Systemalgorithmen

Die Lösung eines Systemproblems in einem Schritt, also durch unmittelbare Konstruktion der entsprechenden Systemtransformation, ist in der Praxis selten möglich. Es wird vielmehr notwendig sein, ausgehend vom *Startsystem*, in gezielter Weise eine Folge von Systemtransformationen anzuwenden, die zum *Zielsystem* hinführen. Diesen Prozeß beschreiben wir mit dem Begriff *Allgemeiner Systemalgorithmus*.

Ein Allgemeiner Systemalgorithmus ist definiert als ein Algorithmus, dessen *Inputdaten* ein Allgemeines System eines bestimmten Typs, z.B. eine Black Box, sind, und dessen *Operatormenge* sich aus verschiedenen Allgemeinen Systemtransformationen zusammensetzt. Die Darstellung eines Allgemeinen Systemalgorithmus in diesem Sinne kann in der üblichen Weise, etwa mittels *Flußdiagrammen* oder mittels eines *Pseudo-Programmes*, geschehen.

Der Begriff des Allgemeinen Systemalgorithmus dient wie alle bisher eingeführten allgemeinen Begriffe, z. B. Allgemeiner Systemtyp und Allgemeine Systemtransformation, vor allem dem Zweck, einen begrifflichen Rahmen für spezielle, konkrete Systemalgorithmen zu liefern und den Aufbau von hierarchisch organisierten Systemtheorie-Methodenbanken zu erleichtern.

1.2.6 Problemlösen mit Systemalgorithmen

Wir können nun die Art und Weise, in der die Systemmethode die Modellmethode im Rahmen des Problemlösungszyklus ergänzen kann, genauer beschreiben.

Die Systemmethode kann bereits in Phase 1, - bei der *Problemdefinition* -, des Problemlösungsszyklus angewandt werden. Sie gibt eine Hilfe bei der Erarbeitung der *Problemspezifikation*, indem formale Mittel der Systemtheorie eingesetzt werden. Als Resultat steht, zusammen mit der eigentlichen Problemspezifikation, eine zugeordnete Systemspezifikation zur Verfügung, die in abstrakter Weise wichtige Inhalte der Problemdefinition enthält.

Aus der Problemspezifikation der Phase 1 wird in Phase 2, - beim *Modellbau* - , ein zugehöriges Modell erstellt. Der Modellbau erfolgt weitgehend induktiv. Neben der Anwendung von fachspezifischem Erfahrungswissen sind auch Erfindungen erforderlich. Die Kenntnis einer hierarchisch geordneten *Systembank* , die die allgemeinen Systemtypen auf oberster Ebene enhält, kann zusammen mit der Erfahrung für den Modellbauer eine große Hilfe sein. Er kann zum Beispiel mittels vorhandener Systemtransformationen aus einer solchen Systembank verschiedene isomorphe oder homomorphe Darstellungen von Systemen berechnen und für die Formulierung des Modells verwenden. Auch kann der Modellbau dadurch unterstützt werden, daß die begleitende Systemkonstruktion konsistent mit der bereits vorliegenden Systemspezifikation erfolgt. Das kann zur Folge haben, daß mit dem fertig erstellten Modell gleichzeitig auch dessen Systemspezifikation nach den durch die Systemtheorie festgelegten Normen vorliegt.

In Phase 3, - der *Modellanalyse* - , liegt der Schwerpunkt der Anwendung der Systemmethode. Die Systemtheorie stellt in Form von Systemtransformationen die nötigen Instrumente zur Entwicklung von Systemalgorithmen zur Verfügung, mit dem Effekt, für das zugehörige Modell das Analyse- oder Syntheseproblem leichter lösen zu können. Die Systemtheorie kann dem Problemlöser aber im allgemeinen nicht bereits fertig entwickelte Algorithmen anbieten. Sie beschränkt sich deshalb auf die Bereitstellung von Methoden, mit denen einzelne wichtige Transformationen realisiert werden

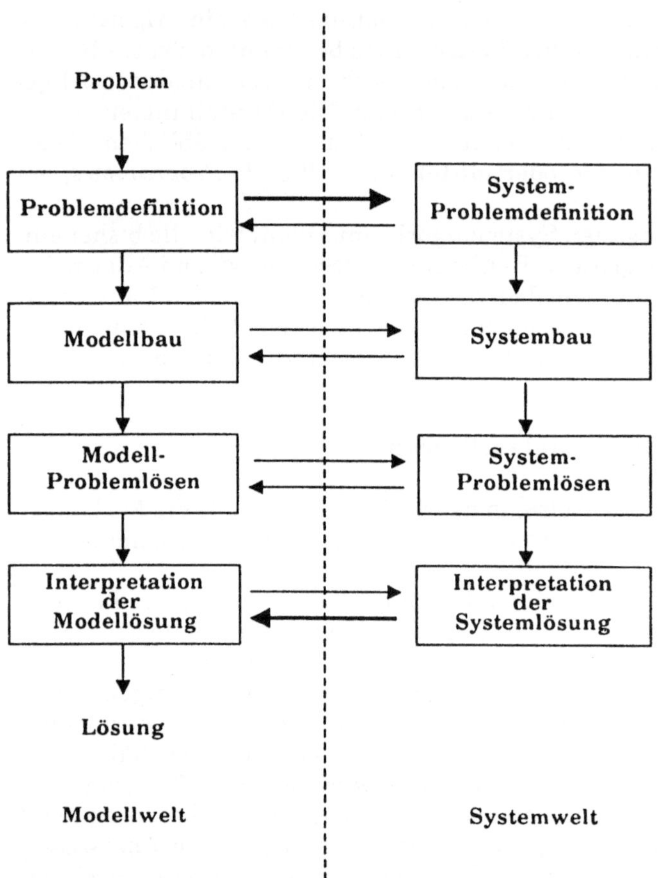

Bild 1.3: Problemlösen mit der Systemmethode

können. Diese einzelnen Transformationen sind häufig für sich schon so mächtig und umfangreich, daß sie vom Problemlöser nicht mehr ad hoc während des Problemlösungszyklus entwickelt werden können. Sie bereits vorliegen zu haben, also ihre Apriori-Verfügbarkeit, ist deshalb von erheblichem ökonomischen Vorteil beim Problemlösungsprozeß. Jeder mit den Transformationen entwickelte Systemalgorithmus löst ein relevantes Systemproblem. Diese Lösung wird dann in die Modellwelt interpretiert und kann zur Erreichung der angestrebten Modellösung beitragen.

In Bild 1.3 ist das Ablaufschema für den Problemlösungszyklus bei Anwendung der Systemmethode gezeigt. Aus Gründen der Übersichtlichkeit beschränkt sich die Darstellung auf die lineare Abfolge und verzichtet auf Schleifen.

1.3 Angewandte Systemtheorie

1.3.1 Geschichtliche Entwicklung

Die Entwicklung der Systemtheorie und ihrer Anwendung in den verschiedenen Fachgebieten sei kurz beleuchtet. Nur um eine Skizze kann es sich handeln. Das Ziel soll sein, dem Leser die Grundideen der Systemtheorie vorzustellen, um ihn zu motivieren, Probleme mit der Systemmethode zu lösen.

Die präzise Abgrenzung von Wissenschaftsgebieten zueinander ist naturgemäß schwierig. Auch führt es zu weit, ausführlich zu erörtern, seit wann man mit Sicherheit von *Systemtheorie* als einem eigenen Wissenschaftsgebiet sprechen kann. Auf jeden Fall kann sie wissenschaftstheoretisch in die gleiche Entwicklungslinie wie die *Angewandte Mathematik* und die *Theoretische Physik*, - die ursprünglich Mathematische Physik hieß -, gestellt werden. Aber auch die *Technische Mechanik*, die seit der Zeit der Genieoffiziere des Napoleonischen Heeres existiert, - es sei auf das Werk von *Poncelet* hingewiesen -, ist in diesem Zusammenhang zu nennen.

Die Systemtheorie ist auf jeden Fall eng mit der Entwicklung der Elektrotechnik, die vor etwa hundert Jahren industriell zu nutzen begonnen wurde, verbunden. In Zusammenhang mit elektrotechnischen Problemen beim Studium der Einschwing- und Ausbreitungseigenschaften in elektrischen Maschinen, Leitungsnetzen und Kabeln waren neue theoretische Lösungsmethoden zu entwickeln. Mit den Namen *Thomson* (der spätere *Lord Kelvin*), *Helmholtz*, *Heaviside* und *Steinmetz* sind Forscherpersönlichkeiten genannt, deren Werke die Grundlagen für die Systemtheorie schufen.

Als Grundpfeiler einer auf die Anwendung in der Elektrotechnik, besonders in der Schwachstromtechnik, hin ausgerichteten Systemtheorie entstanden damals zum Beispiel die *Theorie der Kabelleitung*, die *Zwei- und Vierpoltheorie* und die *Theorie der Siebschaltungen (Filtertheorie)*. Als mathematisches Hilfsmittel konnte dabei vor allem die *Theorie der Funktionen mit einer komplexen Variablen (Funktionentheorie)* eingesetzt werden. Die von *Heaviside* begründete *Operatorenrechnung* bildete die Motivation für die Entwicklung der Theorie der *Laplace-Transformation (Doetsch, Wagner)* und für die Operatorenrechnung (*Mikusinski*), beide bis heute wichtige mathematische Grundpfeiler der Systemtheorie. Die damit verbundenen Theorien und Methoden zum Lösen technischer Probleme in der Nachrichtentechnik und später auch in der Regelungstechnik wurden von *Küpfmüller* in seinem Buch *"Die Systemtheorie der elektrischen Nachrichtenübertragung"* zum ersten Mal unter systemtheoretischen Gesichtspunkten zusammengefaßt. Mit diesem Buch wurde der Name *Systemtheorie* in die Nachrichtentechnik eingeführt. Die Anwendungen in der Regelungs- und Steuerungstechnik, sowie der Einsatz von Computern zur Simulation von Systemen, verlangten neben der *Frequenzbeschreibung* auch die Beschreibung im *Zustandsraum*. Damit konnte die Modellierung der Wirklichkeit als Dynamisches System unter Verwendung von Methoden aus den Gebieten der Mathematik, der Theoretischen Physik und besonders der Technischen Mechanik, die bereits gut entwickelt waren, durch die Systemtheorie angegangen werden.

Heute existiert für die Nachrichten- und Regelungstechnik und für alle Gebiete, die ähnliche Modellierungsmethoden nutzen können, eine sorgfältig ausgebaute Systemtheorie. Sie erlaubt die Behandlung der adäquaten Modelle mittels Dynamischer Systeme, die von gewöhnlichen Differential- oder Differenzengleichungen generiert werden. Besonders ausgebaut ist die *Lineare Systemtheorie*, die wegen ihrer engen Beziehung zur Linearen Algebra und zur Funktionentheorie über einen besonderen Reichtum an Methoden, das heißt an Systemtransformationen verfügt. Sie gehört standardmäßig zum Lehr-und Übungsstoff in der Grundausbildung der Ingenieure.

Neben dieser Hauptströmung in der Entwicklung der Systemtheorie müssen noch wichtige Nebenströmungen erwähnt werden. Eine solche Nebenströmung kann in dem Werk von *Mach* gesehen werden. Er setzte mit seinen Schriften neue Akzente beim Modellbau, indem er verlangte, daß Modelle *denkökonomisch* und aufgrund der *beobachtbaren Phänomene* konstruiert werden sollen. Er war ein Gegner von Modellen, deren Inneres *spekulativ* erschlossen werden mußte. Wir finden deshalb in seinem Werk bereits das so wichtige Konzept der Black Box.

Einen weiteren Beitrag zur Entwicklung der Systemtheorie lieferte der Biologe *v. Bertalanffy* mit seiner *General Systems Theory*. Er wollte ein Begriffs- und Methodengebäude schaffen, welches für das *Systemdenken* in allen Wissensgebieten einen verbindlichen Rahmen abgeben sollte, und in dem wichtige *allgemeine Gesetzmäßigkeiten*, die als *systemspezifisch* einzuordnen sind, aufgezeigt werden. Sein Werk hat zweifellos einen großen Einfluß auf die Anwendung systemtheoretischer Denkansätze außerhalb der technischen Wissenschaften ausgeübt und geradezu eine Systemtheorie-Bewegung ausgelöst. Es hat so in wichtiger Weise zum Bekanntwerden der Systemtheorie verholfen.

Eng mit der Entwicklung der modernen Systemtheorie verbunden sind auch die um die Mitte unseres Jahrhunderts entstandenen Gebiete *Operations Research* und *Kybernetik*. Beide Gebiete haben mit der Systemtheorie gemeinsam, daß sie ausgehend von Problemstellungen, die außerhalb der traditionellen Wissenschaften auftraten, ausgebaut wurden. Bei Operations Research waren dies bekanntlich Problemstellungen im Zusammenhang mit den großen organisatorischen Aufgaben während des zweiten Weltkrieges, und zwar mit dem Ziel, hierfür optimale Lösungen mit mathematischen Methoden zu gewinnen. Bei der Kybernetik standen biologische Kommunikations- und Steuerungsprobleme im Zentrum des Interesses. Viele der in beiden Gebieten entwickelten Methoden sind durchaus als systemtheoretisch einzustufen. Es ist schwer, eine strenge Abgrenzung zu finden. Als Pionier für eine allgemeine und mathematisch sehr einfach gehaltene Fassung wichtiger kybernetischer Grundtatsachen wird *Ashby* angesehen.

Für den Aufbau von Methodenbanken, die computerunterstützt benutzt werden können, sind derzeit aber die Nebenströmungen der Systemtheorie, Kybernetik und Operations Research eingeschlossen, im Vergleich zur *Systemtheorie der Nachrichten- und Regelungstechnik* nur von untergeordneter Bedeutung.

Eine der großen Erfindungen unserer Zeit ist zweifellos der Computer. Als technische Systeme sind Computer sehr komplexe Systeme. Ähnlich wie bei der Entwicklung der Elektrotechnik im vorigen Jahrhundert ist man auch in der Computertechnik gezwungen, spezielle Theorien und Methoden zur Lösung der neuen Probleme zu entwickeln. Dabei unterscheidet man zwei wichtige Problemkreise:

- Der Problemkreis, der sich mit der Konstruktion, dem Aufbau und der Fertigung von Computern beschäftigt, umfaßt die *Hardwareprobleme.*
- Der Problemkreis, der sich mit der Entwicklung von Programmen zur Steuerung und Nutzung von Computern beschäftigt, umfaßt die *Software-probleme.*

Für beide Problemkreise sind in den vergangenen zwanzig Jahren wichtige theoretische Grundlagen und methodische Hilfsmittel geschaffen worden. Wir wollen der Frage nachgehen, welche davon als systemtheoretisch einzustufen sind.

Als erstes seien Theorien, die der *Hardware* eines Computers näherstehen, betrachtet. Für die Zwecke des *Logic Design*, also des Entwurfs von elektronischen digitalen Schaltungen, wurde bereits in den Pionierjahren der Computertechnik die *Schaltnetztheorie* und die *Schaltwerktheorie* und für letztere, - in abstrakter Form -, die *Automatentheorie* (Theorie der *Endlichen Automaten*) entwickelt.

Die Theorie der Schaltnetze behandelt die Probleme, die ein Logikdesigner bei der Analyse und Synthese von Funktionen der Art $f : B^n \rightarrow B^m$, - B^k bezeichnet für $k \in \{1,2,3,...\}$ die Menge der k-Tupel über $B := \{0,1\}$, - zu lösen hat. Wesentliche Teile der Schaltnetztheorie wurden zuvor bereits beim Studium von *Kontaktnetzwerken von Relaisschaltungen* für die *Telefonvermittlungstechnik* entwickelt. Die Schaltnetztheorie ist ohne Zweifel systemtheoretisch orientiert. Die Schaltwerktheorie und die Theorie der Endlichen Automaten wurden gleichzeitig mit der Entwicklung der digitalen elektronischen Schaltkreise, die Speicherbausteine enthalten, geschaffen. Sie ermöglichen für solche Schaltungen die Konstruktion von Systemen, die mathematische Abbilder von Modellen mit *diskreter Zeit und mit Wertebereichen mit endlich vielen Quantisierungsstufen* sind. Diese können als Musterfälle spezieller Systemtheorien angesehen werden. Mit der stark angewachsenen Komplexität von digitalen Schaltungsmoduln, besonders solchen, die in Computern gebraucht werden, hat allerdings ihre Bedeutung für die Praxis des *Logic Design* abgenommen. Die Schaltwerke und endliche Automaten, die in praktisch genutzten Schaltmoduln auftreten, haben zumeist eine sehr große Anzahl von Zuständen. Es gelingt im allgemeinen nicht, zugehörige Problemlösungsmethoden, - Systemtransformationen und Systemalgorithmen -, algorithmisch effektiv zu realisieren. Eine Verbesserung dieses Zustandes kann durch gezielte Nutzung gewisser Automatenklassen, - z.B. der *Linearen Automaten* oder der *Rückgekoppelten Schieberegister* -, und durch die Einrichtung von *benutzerfreundlichen Methodenbanken* auf leistungsfähigen Workstations erreicht werden. Dieses Ziel wird im Projekt CAST.FSM, der Entwicklung einer systemtheoretisch organisierten interaktiven Methodenbank für Automaten- und Schaltwerke verfolgt.

Neben der Schaltnetztheorie und der automatenorientierten Schaltwerktheorie gibt es bis heute keine weitere ausgereifte Theorie, die den Hardwareentwurf in systemtheoretischer Weise wesentlich unterstützen kann. Eine Ausnahme bildet höchstens die Theorie der *Petri-Netze*, die punktuell erfolgreich beim Entwurf von VLSI-Chips angewendet wird.

Für den *Softwarebereich* sind als Theorien die Theorie der *Formalen Sprachen* und die Theorie der *Sprachverarbeitenden Automaten*, - mit der Turing-Maschine als stärkster allgemeiner Form -, zu nennen. Beide Theorien liefern Grundlagen für den Entwurf von Programmiersprachen und für den Bau der zugehörigen Compiler. Sie sind nützlich für die Entwicklung von Programmen. Trotz mancher eindeutiger Merkmale werden beide Theorien üblicherweise nicht als systemtheoretisch orientiert eingestuft. Ein Grund dafür mag wohl darin liegen, daß diese Theorien sehr eng mit den Grundlagen der Mathematik und der Mathematischen Logik verbunden sind.

An dieser Stelle sollen auch systemtheoretische Entwicklungen, die den *Top Down-Entwurf* von Hardware und Software betreffen, erwähnt werden. Als systemtheoretische Methode für beide Anwendungen kann die Theorie der *Hierarchisch Strukturierten Mehrebenen-Systeme (Hierarchical Multilevel Systems)* herangezogen werden. Obwohl für beide Anwendungsgebiete zahlreiche CAD-Werkzeuge zur Verfügung stehen, fehlt noch eine konsequente systemtheoretische Formulierung des Entwurfsprozesses. An einer solchen zu arbeiten, ist sicherlich eine lohnende Aufgabe. Denn sowohl im Hardwarebereich, - Schlagwort *Siliconcompiler* -, als auch im Softwarebereich, - Schlagwort *Automatisches Programmieren* -, wird eine Automatisierung des Entwurfsprozesses oder zumindestens von einigen seiner Teilprozesse angestrebt.

1.3.2 Augenblicklicher Stand

Eine Bestandsaufnahme zeigt, daß die Systemtheorie in einigen Bereichen gut ausgearbeitet ist. Ein umfangreiches Angebot von Lehrbüchern, Monographien und Methodenbanken zum computerunterstützten Problemlösen ist verfügbar. Besonders gut entwickelt sind
-   die Theorie Linearer Zeitinvarianter Differentialsysteme,
-   die Theorie Linearer Zeitinvarianter Differenzensysteme,
-   die Theorie der Endlichen Automaten und Schaltwerke,
-   die Theorie der Schaltnetze,
-   die Theorie der Allgemeinen Mengentheoretischen Systeme.

Hinzu kommen Theorien, die Teilaspekte behandeln, und Theorien, die erst kürzlich entwickelt worden sind und noch der Abrundung bedürfen. Zu nennen sind
-   die Lineare Systemtheorie nach Kalman,
-   die Theorie Linearer Systeme über Gruppen,
-   die Theorie Zellularer Automaten,
-   die Theorie der Petri-Netze,

- die Theorie Dissipativer Dynamischer Systeme,
- die Theorie der Fraktale,
- die Katastrophentheorie von Thom.

Im allgemeinen ist es für den Praktiker schwer, Ergebnisse der jüngeren systemtheoretischen Teilgebiete für seine Arbeit zu nutzen. In den wenigsten Fällen existieren einsatzfähige Methodenbanken, - oder aber, wenn sie existieren, sind sie noch nicht allgemein zugänglich -, oder aber, sie sind so gestaltet, daß sie nur mit großem Aufwand auf den eigenen Computer übertragen werden können. Eine Besserung ist erst durch den zunehmenden Einsatz von Personalcomputern und Workstations mit standardmäßigen *Betriebssystemen, Programmiersprachen, Entwicklungsumgebungen und Benutzeroberflächen* zu erwarten.

Es ist nicht Ziel dieses Buches , die Anwendbarkeit unserer Vorgehensweise für die Fülle der speziellen Systemtheorien und für alle ihre Teilaspekte zu demonstrieren, und zugleich eine vollständige Software-Implementierung der CAST-Methodik vorzustellen. Vielmehr soll die Anwendbarkeit der CAST-Methodik an konkreten Fällen aufgezeigt werden. Wir wählen dazu die Theorie der Endlichen Automaten (Finite State Machines) und konstruieren dafür die interaktive Methodenbank CAST.FSM. Sie soll aber nicht das einzige Beispiel sein. Deshalb behandeln wir in Kapitel 5 auch die Theorie der *Linearen Systeme über Gruppen* und die Implementierung der entsprechenden Methodenbank CAST.FOURIER. Außerdem wird die Anwendung unserer Konzepte für *Lineare Systeme* in genereller Weise skizziert. Auch wird knapp auf die Implementierung von Methodenbanken für die *Allgemeine Systemtheorie (General Systems Theory)* eingegangen.

Wir sind überzeugt, daß das existierende Gebäude der Systemtheorie auch für den in der industriellen Praxis stehenden Ingenieur von großer Wichtigkeit ist. Deshalb ist es uns ein Anliegen, dafür zu sorgen, daß die Methoden in Form von Systemtransformationen zusammen mit Systemalgorithmen computerunterstützt verfügbar sind, - und somit angewendet werden können.

Für den angehenden Ingenieur stellt das Kennenlernen der Systemtheorie sicherlich einen wichtigen Teil seines Studiums dar. Der Student bekommt dabei für das Lösen einer Vielzahl von technischen Problemen einen geeigneten Grundrahmen vermittelt. Er wird ihm, ausgehend von einer ganzheitlichen Erfahrungswelt, das Kennenlenen einer präzisen, formalen Problemlösungsmethodik erleichtern. Der pädagogische Wert der Systemtheorie ist für die Verfasser unbestritten.

Die bisherige Praxis, systemtheoretisches Wissen durch die Besuche von Vorlesungen und Vorträgen, durch das Studium von Lehrbüchern und Monographien und durch das *Durchrechnen von relativ einfachen Handbeispielen* zu vermitteln, ist sicherlich nicht mehr ausreichend. Mit dem Durchrechnen von einfachen Beispielen kann zwar das Kennenlernen einzelner Algorithmen von Systemtransformationen geübt werden. Diese sind aber wegen der notgedrungenen Einfachheit und Übersichtlichkeit vielfach zu klein und zu praxisfremd. Ziel aber muß es sein, den Studenten an möglichst realistischen, praxisnahen Problemstellungen zu schulen. Die Bereitstellung von CAST-Software in Form von Systemtheorie-Methodenbanken fördert diesen sicherlich wichtigen Trend zu einer sowohl theoretisch fundierten,als auch praxisgerechten Ausbildung.

1.3.3 Zukünftige Aufgaben

Die vordringlichen Aufgaben der Systemtheorie sind nach unserer Meinung:

- Die Erarbeitung neuer Theorien, die bestehende Lücken in den Anwendungen ausfüllen.
- Der Aufbau und die allgemeine Verfügbarkeit von Systemtheorie-Methodenbanken.

Dieses Buches bietet vorwiegend einen Beitrag zum zweiten Themenkomplex. Dazu werden wir die Kernimplementierungen von verschiedenen Systemtheorie-Methodenbanken vorstellen.
 Zunächst formulieren wir in plausibler Weise gewisse allgemeine Anforderungen an Methodenbanken. In den dann folgenden Kapiteln befassen wir uns mit der Konstruktion und Anwendung von Methodenbanken auf der Basis des Konzepts der STIPS-Maschine. Wir zeigen an Beispielen der Automaten- und Schaltwerktheorie in ausführlicher Weise die Konstruktion und Implementierung der Methodenbank CAST.FSM in *Loops* und von CAST.FOURIER in den Sprachen Common *Lisp/Flavors* und C für den Arbeitsplatzrechner *Siemens EMS 5815* bzw. *Siemens WS 30*.

1.4 Literaturhinweise und Ergänzungen

1.4.1 Problemlösen mit System

Die Anfänge des *Systemdenkens, -* also des Denkens mit System -, in den Wissenschaften reichen weit zurück. Frühe Meilensteine in der Entwicklung der europäischen Kultur sind sicherlich das Geometrie-Werk von *Euklid* [EUCL] und die Astronomie-Werke von *Ptolemäus* [PTOL] und *Kopernikus* [KOPE]. In ihnen werden bereits Systeme in unserem Sinne verwendet und die Modellmethode, wie beschrieben, angewendet. Ähnliches kann von anderen wichtigen Beiträgen zur Angewandten Mathematik, Astronomie, Physik und Mechanik, die z.B. mit den Namen *Kepler, Galilei, Newton, Euler, Lagrange* u.a. verbunden sind, behauptet werden.In ihnen ist *Sytemdenken* implizit vorhanden.
 Eine explizite Hinwendung zu den Ideen, die heute mit dem Gebiet der Systemtheorie verbunden sind, erfolgte wohl erst Ende des letzten und in der

ersten Hälfte dieses Jahrhunderts. Anlaß dazu gaben die wissenschaftlichen Fortschritte in der Biologie und in der Elektrotechnik, die durch die Pionierleistungen von *Darwin, Haeckel, Maxwell, Hertz, Heaviside* und vielen anderen erzielt worden sind. Als eine für die Grundlagen der Systemtheorie besonders wichtige Forscherpersönlichkeit kann der Physiker und Philosoph *Ernst Mach* gelten. Er hat in seinem Werk den Stellenwert der Modellmethode genau dargestellt. Er hat das bis dahin als universell eingestufte *mechanische Weltbild* durch sein Prinzip der *Denkökonomie* und durch die Betonung des Modellbaues auf der Basis empirischen Faktenwissens auf einen angemessenen Stellenwert gebracht. In seinen Werken [MACH 1], [MACH 2], [MACH 3] finden sich wichtige Ansätze für die Systemtheorie, insbesondere für die Verwendung des Konzeptes der Black Box.

Unsere Darstellung ist besonders beeinflußt von den Beiträgen, die von *Küpfmüller* [KÜPF], *Zadeh* [ZADE 1], [ZADE 2], *Mesarovic* [MESA 1], [MESA 2], *Klir* [KLIR 1], [KLIR 2] zur Grundlegung einer *Systemtheorie für Ingenieure* geleistet wurden. Da unsere Darstellung aus der Sicht der Wissenschaftstheorie sicherlich unvollständig ist, sei für interessierte Leser auf die einschlägigen Beiträge von *v. Mises* [MISE 1], *Nagel* [NAGE 1] und *Stachowiak* [STACH 1], [STACH 2] hingewiesen. Obwohl einerseits die Anforderungen während des zweiten Weltkrieges zu wissenschaftlichen Aufgaben geführt haben, die die Entwicklung der Systemtheorie, - zusammen mit *Operations Research* und *Kybernetik* -, zweifellos gefördert haben, ist andererseits der Schaden, den dieser Krieg der Entwicklung der Systemtheorie zugefügt hat, besonders, wenn man die wissenschaftstheoretischlogische Seite betrachtet, nicht abzuschätzen. Wichtige Forschergruppen, wie der *Wiener Kreis* und der *Berliner Kreis* wurden zerschlagen. Die Forscher wurden über die ganze Welt verstreut. Trotz großer Anstrengungen, die begonnene Arbeit beschleunigt wieder fortzusetzen, - als Beispiel dafür steht etwa das von *Neurath* herausgegebene Buch [NEUR] -, konnte an das bereits früher erreichte hohe wissenschaftliche Niveau noch nicht wieder aufgeschlossen werden. Auch verlagerten sich die Zentren der systemtheoretischen Forschung von Europa nach den USA. Die Entwicklung der Systemtheorie an europäischen Universitäten leidet bis heute darunter.

Eine wissenschaftliche Entwicklungsrichtung, die auch von der Systemtheorie gespeist wurde, - vor allem in den USA - , und die in gewissem Sinne als Kombinationsergebnis von Teilen der Wissenschaftsgebiete Informatik, Psychologie und Systemtheorie gesehen werden kann, sei besonders erwähnt: die *Künstliche Intelligenz* oder *Artificial Intelligence*, begründet durch die Pinonierarbeiten von *Newell, Simon, Minsky* [NEWE], [SIMO], [MINSK] und anderen. Wir werden später bei der Konstruktion der STIPS-Maschine, die das Problemlösen mit Hilfe von Systemalgorithmen unterstützt, nach dem von *Newell* und *Simon* entwickelten Konzept des *Allgemeinen Problemlösers* GPS (*General Problem Solver*) vorgehen.

Einen guten Überblick über den derzeitigen Stand der Anwendungen der Systemtheorie in der Nachrichten- und Automatisierungstechnik vermittelt das Buch von *Wunsch* [WUNS 1].

Die von uns eingeführte Einteilung der Systemtypen und Systemprobleme hat sich in Vorlesungen für Studenten der Informatik und Angewandten Mathematik in vielen Jahren bewährt. Die STIPS-Maschine wird als Grundrahmen für Vorlesungen zu den Themen *Lineare Systeme für Ingenieure* und *Diskrete Systeme für Ingenieure* mit Erfolg verwendet. In diesen Vorlesungen wird der Student mit der Systemmethode soweit vertraut gemacht, daß er bei Übungen und prototypischen Anwendungen CAST-Software an seinem Arbeitsplatzrechner nutzen kann. Auch wird er motiviert, neue Systemtransformationen bei Bedarf zu entwickeln und zu implementieren. Das Buch von *Pichler* [PICH 1] bietet einen tragfähigen Ansatz für eine mathematisch orientierte Darstellung der Systemtheorie. Es bedarf jedoch der Ergänzung durch Methoden und Instrumente, die unter didaktisch-pädagogischen Gesichtspunkten bei Übungen begleitend zu Vorlesungen eingesetzt werden können.

Mit diesen knappen Anmerkungen zur Motivation für den in diesem Buch vorgestellten Rahmen zur Entwicklung einer CAST-Methodologie und zum Aufbau einer CAST-Methodenbank wollen wir uns unter Hinweis auf die Arbeiten ([PICH 2], [PICH 3], [PICH 4]) und ([SCHW 1], [SCHW 2]) begnügen.

1.4.2 Angewandte Systemtheorie

Für die Anwendung der Systemtheorie durch Ingenieure sind aus historischer Sicht die Werke von *Heaviside* [HEAV], *v. Bertalanffy* [BERT] und *Küpfmüller* [KÜPF] bedeutsam. Die mathematisch strenge Entwicklung der Laplacetransformation geht auf *Wagner* [WAGN] und *Doetsch* [DOET] zurück. Ihre algebraische Formulierung wurde von *Mikusinski* [MIKU] in Form der Operatorenrechnung eingeführt. Für *Operations Research* und *Kybernetik* stellen die Bücher von *Ackoff* [ACKO], *Ashby* [ASHB] und *Gluschkow* [GLUS] wichtige Werke dar.

Die Automaten- und Schaltwerktheorie wurde in engem Zusammenhang mit der Entwicklung des Computers und der digitalen Schaltungstechnik ins Leben gerufen. Wichtige Lehrbücher dazu stellen die von *Arbib* [ARBI], *Kohavi* [KOHA] und *Hartmanis* und *Stearns* [HART] dar. Die Systemtheorie für Hierarchisch Strukturierte Mehrebenen-Systeme wird von *Mesarovic* und *Takahara* [MES 3] behandelt. Zahlreich sind die Lehrbücher zur Theorie Linearer Zeitinvarianter Differentialsysteme. Ein Standardwerk ist immer noch das Buch von *Zadeh* und *Desorer* [ZADE 1]. An weiteren Lehrbüchern dazu seien die von *Luenberger* [LUEN], *Casti* [CAST] und *Unbehauen* [UNBE] genannt.

Die Theorie der Allgemeinen Mengentheoretischen Systeme ist vor allem von *Mesarovic* ([MESA 1], [MESA 2]) entwickelt worden. Ein weiterer wichtiger Beitrag, der nicht zur Veröffentlichung kam, stammt von *Windeknecht* [WIND]. Besonders gewürdigt werden müssen auch die Werke von *Klir* ([KLIR 1], [KLIR 2]) und von *Wunsch* [WUNS 2]. Ein Grundlagenwerk, das eine Behandlung der Allgemeinen Systemtheorie mit den Mitteln der Theorie der Kategorien anstrebt, ist von *Takahara* [TAKA] in Vorbereitung.

2 Problemlösen mit der STIPS-Maschine

2.1 Systemtheorie-Methodenbanken

2.1.1 Allgemeines

Im Prinzip ist bereits aufgezeigt, wie das Problemlösen nach der Systemmethode mit Hilfe von *Systemen* und zugehörigen *Systemtransformationen* angegangen werden kann. Auch wurde der geschichtliche Bogen von den Anfängen der Systemtheorie bis zu systemtheoretischen Aufgaben der Zukunft skizziert. Das Hauptziel des Buches kann nun unmittelbar angesteuert werden. Wir werden die Architektur und die Funktionen einer Systemtheorie-Methodenbank erläutern und sie an implementierten Prototypen verdeutlichen.

Zunächst jedoch erscheint es zweckmäßig, einige allgemeine Aspekte und Konzepte von Methodenbanken anzusprechen. Dabei wird der Leser um Nachsicht dafür gebeten, daß manche Aspekte zu kurz dargestellt werden. Zur Entschuldigung sei angeführt, daß dieses Buch ja hauptsächlich das Ziel verfolgt, zu zeigen, wie Systemtheorie erfolgreich mit Computern betrieben werden kann. Obwohl dazu natürlich eine gründliche architekturelle Diskussion über den Aufbau interaktiver Methodenbanken hilfreich wäre, würde sie über die Zielsetzung dieses Buches hinausgehen und zu weit führen. Auch fühlen sich die Autoren nicht als Fachleute zuständig für dieses Gebiet. Auch besteht der Eindruck, daß die Methodenbanken-Thematik noch nicht so ausgereift ist, daß sie auf einem stabilen Fundament fest verankert ist. Vielmehr erscheint dieses Gebiet noch sehr im Fluß. Für eine gute Darstellung zu *Methodenbanken für CAD-Systeme* sei auf das Buch von *Encarnacao* und *Schlechtendahl* [ENCA] verwiesen. Es behandelt das Thema ausgiebig.

Die Architektur einer Methodenbank kann aus drei Aspekten heraus betrachtet werden:

1. Beschreibt man die Architektur von den *Funktionen* her, so erhält man die *Funktionale Architektur*,- häufig auch die *Logische Architektur* genannt -, einer Methodenbank. Im Vordergrund stehen die dem Benutzer zur Verfügung stehenden Funktionen, also

   - die Systemspezifikationen und deren sprachliche Darstellung und
   - die zugehörigen Systemtransformationen mit allen Verwaltungsfunktionen zur Durchführung der aus Benutzersicht wichtigen Manipulationen.

Für dieses Buch ist die Logische Architektur vorrangig. Deshalb wird sie in den Vordergrund gestellt. Neben die Logische Architektur treten die Software-Architektur und die Hardware-Architektur einer Methodenbank.

2. Die *Software-Architektur* beschreibt die Art und Weise, wie die einzelnen Funktionen der Methodenbank durch Programme realisiert sind. Die Festlegung der Logischen Architektur steht am Anfang des Entwurfes einer Methodenbank. Sie repräsentiert vor allem das Benutzerinteresse. Die Software-Architektur bietet für die Implementierung einer Methodenbank den notwendigen Rahmen.

3. Die *Hardware-Architektur* bestimmt die gerätemäßige Ausstattung und Basis einer Methodenbank. Während früher die Hardware-Architektur von Methodenbanken weitgehend durch den speziellen Typ des Computers bestimmt und damit als Invariante für die Einrichtung einer Methodenbank vorgegeben war, ist inzwischen ein Wandel eingetreten. Die Entwicklung der Personalcomputer, der leistungsfähigen Workstations und die Möglichkeiten des Aufbaues von distribuierten Computersystemen in der LAN (Local Area Network) -Technologie erlauben freizügige Anpassungen der Hardware-Architektur an die speziellen Anforderungen von Methodenbanken.

Für die *Logische Architektur* einer Systemtheorie-Methodenbank wird in Anlehnung an die Arbeit von *Dittrich*, *Hüber* und *Lockemann* [DITT] ein Drei-Ebenen-Modell gemäß Bild 2.1 zugrunde gelegt. Es besteht aus dem Grundsystem, dem Anpassungssystem und dem Anwendungssystem.

1. Das *Grundsystem* erlaubt die Programmierung der einzelnen *Methoden* und enthält die *Verwaltungsfunktionen*, die zum Aufbau der Methodenbank notwendig sind. Ebenso werden die Daten, die bei der Nutzung der Methoden zur Verfügung stehen müssen, dort verwaltet. Das Grund-

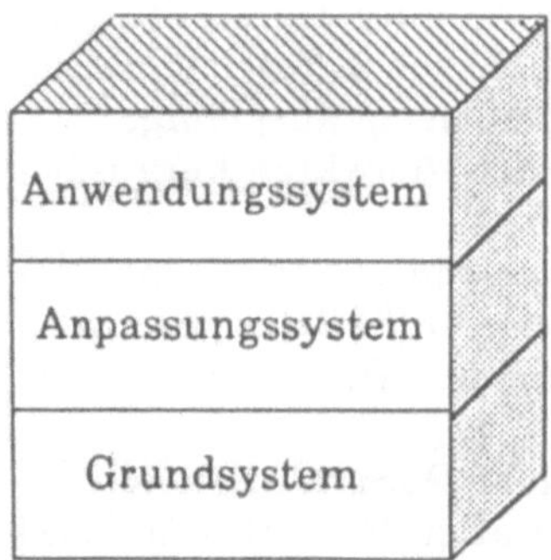

Bild 2.1: Drei-Ebenen-Modell einer Systemtheorie-Methodenbank

system stellt auch die Funktionen zur Realisierung der *interaktiven Ablaufsteuerung*, die zur Entwicklung von Systemalgorithmen erforderlich sind, zur Verfügung. Es kann auch die Aufgabe übernehmen, Funktionen zur Realisierung eines Auskunftssystems, mit dem sich der Benutzer einen Überblick über die vorhandenen Leistungsmerkmale verschaffen will, anzubieten. Auch die Realisierung eines Datensicherungssystems, das die Methodenbank gegen Mißbrauch durch Unbefugte schützt, kann im Grundsystem erfolgen. Für die Verwirklichung der Funktionen des Grundsystems kann man erwarten, daß in der Regel auf ausreichend universelle Vorleistungen an Systemsoftware durch den Computerlieferanten, die für den Aufbau verschiedener Methodenbanken nutzbar ist, zurückgegriffen werden kann.

2. Das *Anpassungssystem* stellt, wie der Name schon sagt, ein Interface dar, mit dem das Anwendungssystem an das Grundsystem angepaßt wird. Es enthält die Funktionen, die für Systemerweiterungen und für die logische Anpassung von Systemtypen und Systemtransformationen an das Grundsystem benötigt werden. Es bildet das Entwicklungssystem zur Erstellung der Methodenbasis, d.h. im Falle einer Systemtheorie-Methodenbank zur Erstellung der einzelnen Systemtypen und Systemtransformationen. Die Implementierung des Anpassungssystems erfolgt durch den Methodenbankentwickler.

3. Im *Anwendungssystem* ist die Benutzerschnittstelle realisiert. Als Bedienoberfläche stellt es das interaktive Arbeiten mit der Methodenbank sicher. Programmiertechnische Details der Anpassungsebene und des Grundsystems werden von ihm abgefangen und dringen deshalb nicht bis zum Anwender durch.

2.1.2 Beziehungen zu CAD

Werkzeugsysteme für CAD *(Computer Aided Design)* sind für die Entwicklung von Industrieprodukten des Maschinenbaues und der Elektronik unentbehrlich geworden. Mit CAD-Systemen wird die Arbeit des Ingenieurs, beginnend beim Entwurf erster Modelle und endend bei der Herstellung der Fertigungsunterlagen und der Prüfunterlagen, in wesentlicher Weise unterstützt. CAD-Systeme sind in vielen Ingenieurbereichen gängige Werkzeugsysteme. Ohne sie ist Ingenieurarbeit häufig nicht mehr effizient möglich.

Eine besondere Rolle für die Entwicklung von leistungsfähigen CAD-Systemen kommt der industriellen Computerentwicklung selbst zu [ALBE]. Dabei sei als Beispiel auf das CAD-System VENUS [HÖRB] für den Entwurf von komplexen, hochintegrierten, elektronischen Schaltungen, - den Chips, insbesonders von ASIC-Chips (Application Specific Integrated Circuit-Chips), - verwiesen. In Systemen dieser Leistungsklasse ist z.B. die integrierte, aufeinander bezogene Bereitstellung von Konstruktions- und Prüfdaten unbedingte Notwendigkeit. Dies bedeutet natürlich, daß solche CAD-Systeme besonders hohen Anforderungen gerecht werden müssen. Sie stellen mit ihren vielfältigen Konstruktions- sowie Verifikationsbibliotheken mit Modellen, die unter Fertigungsbedingungen vorfabriziert sind, die Funktionsblöcke mit allen logisch-elektrischen, geometrisch-mechanischen und konstruktions- und prüfregelspezifischen Eigenschaften für eine optimale Nutzung bereit. Sie unterstützen zwar vornehmlich den *technischen Entwurf, -* also die Konstruktion und die Verifikation -, eines Objekts. Sie stellen dabei aber auch sicher, daß die Anforderungen der Fertigung und des Prüffeldes erfüllt werden. Der *funktionale Entwurf*, d.h. die Entwicklung der funktionalen Architektur und ihre Verfeinerung, wofür gegebenenfalls formale mathematische und systemtheoretische Methoden und Verfahren eingesetzt werden können, wird von den bislang bekannten CAD-Systemen nur unzulänglich unterstützt. Systemtheorie-Methodenbanken können in Kombination mit herkömmlichen CAD-Systemen diesem Nachteil abhelfen. Mit CAST (Computer Aided Systems Theory) verbinden wir deshalb auch die Zielsetzung, zu den herkömmlichen CAD-Systemen Methodenbanken hinzuzufügen, die den funktionalen Entwurf unterstützen. Die Integration von CAST-Systemen mit herkömmlichen CAD- Systemen zu einer erweiterten Art von CAD-Systemen, die dann auch den funktionalen Entwurf mit den formalen Mitteln der Mathematik und Systemtheorie unterstützen, erscheint uns als bedeutsames Ziel. Bild 2.2 zeigt in Anlehnung an die bekannte *Y-*

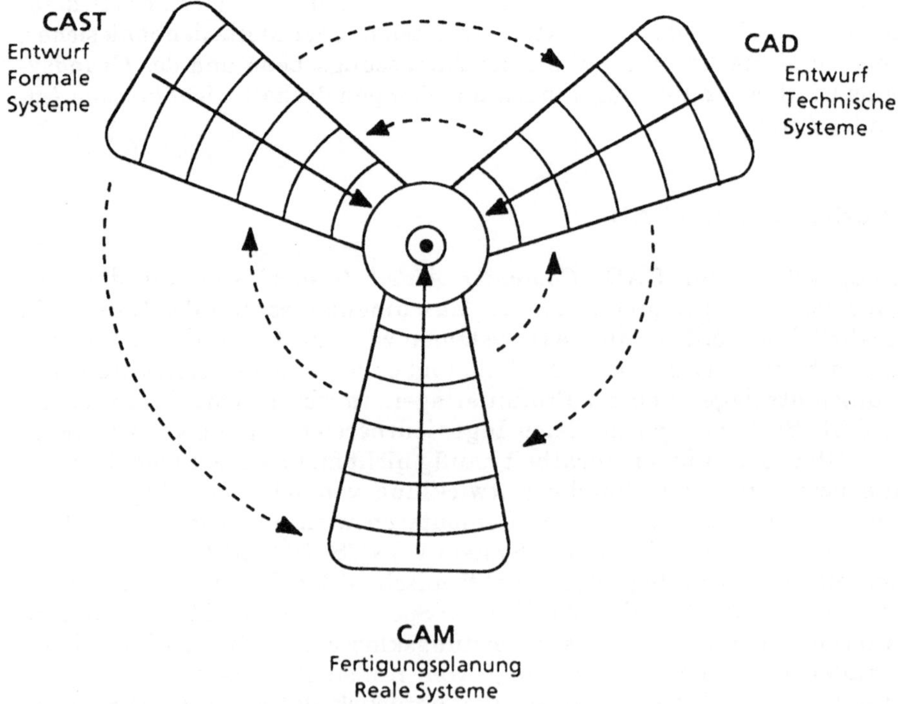

Bild 2.2: CAST-CAD-CAM-Designpropeller

Chart-Darstellung von *Gajski* und *Kuhn*, [WALK], den *Design-Propeller*. Er kann metaphorisch als das Zusammenwirken von CAST, CAD und CAM (Computer Aided Manufacturing) interpretiert werden, und zwar so, daß sowohl für den Entwurf, als auch für die Konstruktion, als auch für die Fertigung des Produkts aus einem *Zentrum* heraus ein wirkungsverstärkender Schub so erzeugt wird, daß eine ökonomisch optimale Lösung für den Gesamtprozess erreicht wird.

2.1.3 Klassen von Methodenbanken

Wir haben den Terminus *Systemtheorie-Methodenbank* verwendet, ohne genauer deren Abgrenzung zu Methodenbanken für andere Anwendungsgebiete zu umreißen. Zur Einteilung von Methodenbanken in verschiedene Klassen betrachten wir die Art und Weise, in der ein Benutzer die Methodenbank beim Problemlösen verwendet. Wir stellen uns dafür vier verschiedene Situationen vor:

1. Es existiert zu einer Anzahl von vorgegebenen Problemstellungen aus einem Gegenstandsbereich ein Satz von Programmen, die zur Erzielung einer Lösung eingesetzt werden können. Vom Benutzer wird erwartet, daß er die Problemstellung soweit untersucht, daß er in der Lage ist, geeignete Programme auszuwählen und deren Initialwerte festzulegen. Typisch für diese Art von Methodenbanken sind Programmpakete für die Fächer *Operations Research* oder *Statistik*. Sie sind kommerziell standardmäßig erhältlich. Wir wollen im folgenden Methodenbanken dieser Art als *Programmpakete* bezeichnen.

2. Für eine bestimmte *Methodendisziplin*, z.B. für die *Angewandte Algebra*, die *Statistik*, die *Systemtheorie* oder die *Spieltheorie* sind zur Lösung von wichtigen fundamentalen Problemstellungen Funktionen als Programme implementiert. Dem Benutzer stehen zusätzliche Hilfsfunktionen oder Softwareprogramme für die Nutzung vorgenannter Funktionsprogramme und für deren Verkettung zur Verfügung. Die Problemlösung wird interaktiv durch geeignete Verkettung der bereitgestellten Programme und gegebenenfalls durch Einfügungen von weiteren, dann speziell zu erstellenden Hilfsprogrammen erzielt. In diesem Falle steht die interaktive Kooperation von Problemlöser und Methodenbank im Vordergrund. Die Methodenbank muß so leistungsfähig sein, daß sie im gesamten Problemlösungsprozeß genutzt werden kann. Methodenbanken dieser Art sollen als *Interaktive Methodenbanken* bezeichnet werden.

3. Vom Benutzer wird erwartet, daß er die Problemstellung in einer der Methodenbank verständlichen Form präsentiert. Die Methodenbank zieht aufgrund ihres eingegebenen heuristischen Wissens mittels einer Inferenzmaschine *richtige* und *erwartete* Schlüsse. Sie kommt so selbständig zu Lösungen. Solche Lösungen werden dann als *zulässige* Lösungen dem Be-

nutzer angeboten. Er wählt eine *angemessene* Lösung aus oder erzielt in Interaktion mit der Methodenbank eine *zulässige und angemessene* Lösung. Methodenbanken dieser Art nennen wir *Wissensbasierte Methodenbanken.*

4. Eine höhere Programmiersprache mit Compiler, Debugger etc. zur Implementierung von Algorithmen steht zur Verfügung. Der Benutzer entwickelt mit ihr ausgehend von der Problemstellung, einen Algorithmus oder eine Kette von Algorithmen. Er programmiert diese und nutzt sie zur Erzielung einer Problemlösung. Ein Werkzeugsystem dieser Art, in dem also alle Instrumente für die Programmentwicklung integriert sind, bezeichnet man üblicherweise als *Programmierumgebung* und nicht als Methodenbank.

Gemäß dieser Einteilung werden wir eine Systemtheorie-Methodenbank zur Klasse der Interaktiven Methodenbanken zählen. Die Entwicklung eines Systemalgorithmus kann mit ihr in interaktiver Weise erfolgen. Sie verlangt vom Benutzer, daß er geeignete Systemtransformationen aus der Methodenbank auswählt, und daß er diese geeignet verkettet.

Methodenbanken, die heute in der Praxis eingesetzt werden, können selten in Reinkultur zu einer bestimmten der vorgenannten Klassen gezählt werden. Meistens kommen bei ihnen Eigenschaften mehrerer Klassen mehr oder weniger stark ausgeprägt zum Ausdruck. Sicherlich werden auch Methodenbanken, die für die Anwendung in der Systemtheorie entwickelt werden, davon nicht verschont bleiben. Aber mit dem Darstellungsmittel einer Mehrebenen-Methodenbank in Form eines Multi-Layer-Systems werden die Zusammenhänge sicherlich klarer.

2.1.4 Mehrebenendarstellung

Im Rahmen des computerunterstützten Problemlösens wäre es sicher vorteilhaft, eine Methodenbank zur Verfügung zu haben, die die wichtigsten Leistungsmerkmale und Vorteile aller vier angesprochenen Klassen von Methodenbanken vollständig vereinigt. Eine Architektur dafür wäre eine hierarchisch strukturierte Methodenbank in Form eines Mehrebenen-Systems. Bild 2.3 zeigt die Organisation einer vierstufigen Methodenbank, die unter Heranziehung der vorangehenden Klasseneinteilung gebildet wird.

Die hierarchische Anordnung zeigt die wechselseitige Abhängigkeit der einzelnen Ebenen voneinander. An der obersten Ebene stehen die Wissensbasierten Methodenbanken. Ihre Konstruktion stützt sich auf Funktionen und Leistungsmerkmalen aus den darunterliegenden Ebenen. Genauso kann der Aufbau einer Interaktiven Methodenbank nur unter Verwendung von Programmen aus einem Programmpaket, angeordnet in der darunter liegenden Ebene, ergänzt durch zusätzliche, aktuell entwickelte Programmteile unter Verwendung der Hilfsmittel der untersten Ebene, also der Programmierumgebung, erfolgen.

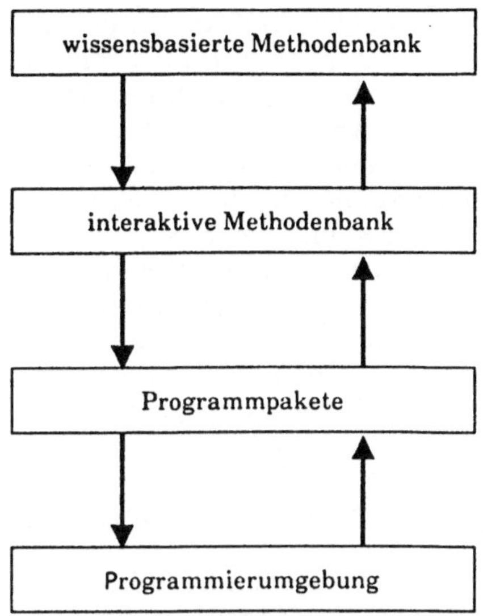

Bild 2.3: Hierarchische Mehrebenen-Methodenbank

Im praktischen Fall der Entwicklung einer Systemtheorie-Methodenbank ist es günstig, das Mehrebenenmodell von Bild 2.3 als Architekturziel vor Augen zu haben. Den Hauptaufwand wird jedoch ohne Zweifel die Entwicklung des interaktiven Teils, also die Implementierung der *Systemtypen* und *Systemtransformationen* erfordern.

Gibt es allerdings fertige Programme für spezielle Funktionen, die durch die Software-Implementierung bereits entwickelter Systemalgorithmen entstanden sind, so ist darauf zu achten, daß sie über geeignete Schnittstellen eingebunden und aufgerufen werden können. Für das Vorhandensein einer leistungsfähigen Programmierumgebung, welche die Entwicklung von Hilfsprogrammen zur Verkettung von Systemalgorithmen aber auch zur Implementierung von Systemtypen und Systemtransformationen erleichtert, muß ebenfalls gesorgt sein. Die Vorteile, welche die Verfügbarkeit von aufeinander abgestimmten Instrumenten aus den vier Ebenen einer Mehrebenen-Methodenbank bietet, werden wir später bei der Automatentheorie-Methodenbank CAST.FSM an Beispielen verdeutlichen.

2.2 Konstruktion der STIPS-Maschine

2.2.1 Definition von STIPS.M

Wir kommen nun zum konkreten Aufbau einer Systemtheorie-Methodenbank, welche die in Kapitel 1 eingeführten allgemeinen Systemkonzepte nutzt. Zur Beschreibung der logischen oder funktionalen Architektur des Anwendungssystems benutzen wir das Automatenkonzept in Form der *STIPS-Maschine* (System Theory Instrumented Problem Solving-Machine). Diese Maschine hat die Aufgabe, ausgehend von einem Anfangszustand S(0), der die von der Problemstellung induzierte *initiale Systemspezifikation* darstellt, durch gezieltes Anwenden von Systemtransformationen nach endlich vielen Schritten einen Endzustand S(n) zu erreichen, der mit der Systemspezifikation der Lösung, - der Zielspezifikation -, gleichzusetzen ist. Eine STIPS-Maschine beschreibt also durch ihre *Zustandstrajektorien* Systemalgorithmen. Sie stellt einen konzeptionell einfachen Rahmen für die Anordnung und Organisation von Systemen und Systemtransformationen während des Problemlösungsprozess dar. Die Darstellung des Problemlösungsprozesses in dieser Art entspricht weitgehend den Darstellungen, die im Gebiet der *Künstlichen Intelligenz* beim Problemlösen (Problem Solving) nach dem Konzept der *Zustandsraumdarstellung* (State Space Representation) üblich sind.

Zur formalen Definition einer STIPS-Maschine, - also von STIPS.M -, benutzen wir für die Beschreibung der möglichen Zustandsüberführungen *Produktionsregeln*. Wir machen dabei auch von graphentheoretischen Darstellungen Gebrauch. Als Zustände treten geordnete Mengen auf, deren Elemente Systeme in unserem Sinne sind. Jeder Zustand stellt ein im Rahmen eines deterministischen Systemalgorithmus erreichtes Zwischenresultat dar. Die Zustandsüberführung wird durch Anwenden von Systemtransformationen auf die einzelnen im Zustand enthaltenen Systeme erreicht. Wir können jede Systemtransformation, die auf einen Zustand in diesem Sinne anwendbar ist, als möglichen Input von STIPS.M deuten. Um zu einer formalen Definition von STIPS.M zu kommen, führen wir folgende beide Mengen ein:

1. SYST bezeichnet die Menge aller Systeme, die für STIPS.M zur Verfügung stehen. Wir nennen SYST die *Systembank* von STIPS.M.
2. TRANS bezeichnet die Menge aller Systemtransformationen für die Systeme aus SYST. Wir nennen TRANS die *Transformationsbank* von STIPS.M.

Nun definieren wir die Relation, die die Anwendung von Transformationen aus TRANS auf die Systeme aus SYST beschreibt. Das *Produktionssystem* P(STIPS.M) von STIPS.M ist definiert als eine Menge von mit SYST und TRANS konstruierten Transformationsregeln der Art:

$$\text{(P1)} \quad (S,T) \rightarrow S^*,$$
$$\text{(P2)} \quad (U,T) \rightarrow S^* \text{ mit } U \subset SYST,$$

wobei $S, S^* \in SYST$ und $T \in TRANS$ gilt.

Bei (P1) handelt es sich um eine reine Ableitungsregel. Dem System S wird mit ihr mittels T ein weiteres System $S^* = T(S)$ zugeordnet. Ist T eine deduktive Transformation, so ist S* ein in gewissem Sinne homomorphes, - im Grenzfall auch isomorphes -, Bild von S. Bei einer induktiven Transformation T ist dagegen S ein homomorphes, - im Grenzfall isomorphes -, Bild von S*. Wir führen später am Beispiel STIPS.FSM genauer aus, welche Art von Operationen mit den Produktionen der Art (P1) in STIPS.M konstruiert werden können. Die Regeln der Art (P2) realisieren eine Verknüpfung der Systeme $S \in U$ zu einem neuen System S* mittels der Transformation T. Sie beschreiben also Systemkopplungen im weitesten Sinne.

Jedem Produktionssystem P(STIPS.M) kann auf natürliche Weise ein gerichteter bipartiter Graph G(STIPS.M) nach folgenden Regeln zugeordnet werden:

1. Die Knoten der 1. Art werden durch die Systeme aus SYST gebildet.
2. Die Knoten der 2. Art sind mit den Transformationen aus TRANS gegeben.
3. Die gerichteten Kanten sind mit den Produktionen aus P(STIPS.M) auf folgende Weise definiert:
3.1 Gilt die Regel $(S,T) \rightarrow S^*$, so geht eine Kante von S nach T und eine Kante von T nach S*.
3.2 Gilt dagegen die Regel $(U,T) \rightarrow S^*$, so geht von jedem System $S \in U$ eine Kante zu T sowie eine Kante von T nach S*.

Wir nennen den auf diese Weise konstruierten Graph G(STIPS.M) den *Generatorgraph* von STIPS.M. Neben dem Produktionssystem P(STIPS.M) ist der Generatorgraph G(STIPS.M) ein bequemes Mittel, um die STIPS-Maschine STIPS.M anschaulich darzustellen. Zur Demonstration der eben eingeführten Darstellungsmittel für STIPS.M sei ein einfaches Beispiel ausgeführt, und zwar dadurch, daß ein Produktionssystem P(M) durch folgende Liste mit fünfzehn Regeln gegeben ist:

1. $(S_0,T_0) \rightarrow S_1$	7. $(S_4,T_6) \rightarrow S_7$	13. $(\{S_3,S_6,S_{10}\},T_{10}) \rightarrow S_{13}$
2. $(S_0,T_1) \rightarrow S_2$	8. $(S_7,T_7) \rightarrow S_8$	14. $(S_{12},T_{13}) \rightarrow S_{13}$
3. $(S_1,T_2) \rightarrow S_3$	9. $(S_8,T_8) \rightarrow S_9$	15. $(S_{13},T_{14}) \rightarrow S_{14}$
4. $(S_1,T_3) \rightarrow S_4$	10. $(S_9,T_9) \rightarrow S_{10}$	16. $(S_{12},T_{15}) \rightarrow S_{11}$
5. $(S_2,T_4) \rightarrow S_5$	11. $(S_8,T_{11}) \rightarrow S_{11}$	17. $(S_9,T_{16}) \rightarrow S_8$
6. $(S_4,T_5) \rightarrow S_6$	12. $(S_{11},T_{12}) \rightarrow S_{12}$	

Wir sehen, daß alle Produktionsregeln mit Ausnahme der Regel 13 von der Art (P1) sind. Der zugehörige Generatorgraph G(M) ist in Bild 2.4 dargestellt.

2.2.2 Interpretation von STIPS.M

Die Transformationen in STIPS.M können, wie aus dem Generatorgraph unseres Beispiels zu sehen ist, unterschiedliche Bedeutung haben.

Betrachten wir z.B. S_5 und S_{14} als gleichwertige Lösung eines durch S_0 gegebenen Systemproblems, so stehen die Transformationen T_0 und T_1 in

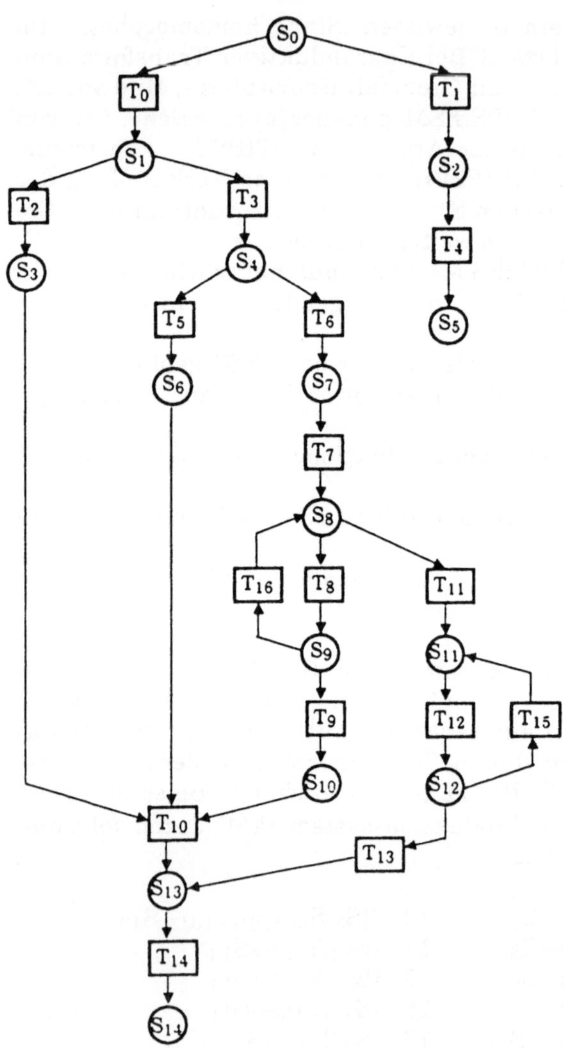

Bild 2.4: Generatorgraph G(M) einer STIPS-Maschine STIPS.M

bezug auf S_0 in *OR-Relation*. T_0 oder T_1 kann, um eine Lösung zu erzielen, angewandt werden. Analog dazu stehen T_8 und T_{11} in *OR-Relation*. An den Systemen S_0 und S_8 existieren also *OR-Verzweigungen*. Wir sehen weiters, daß, wenn von S_8 weg der Zweig $T_8 \rightarrow S_9 \rightarrow T_9 \rightarrow S_{10}$ verfolgt wird, unbedingt S_3 und S_6 zu berechnen sind.

Wenn wir annehmen, daß G(M) keine *Sackgassen* zeigt, so ist es zwingend, die Verzweigungen bei S_1 und S_4 als *AND-Verzweigungen* aufzufassen. Bei beiden Systemen sind, um den notwendigen Input für T_{10} zu erzeugen, zur Realisierung eines Systemalgorithmus, der die Transformation T_{10} enthält, jeweils die zwei nachfolgenden Transformationen T_2 und T_3 bzw. T_5 und T_6 auszuführen.

Die STIPS-Maschine STIPS.M, die wir mit Hilfe des zugehörigen Produktionssystems P(STIPS.M) oder des Generatorgraphs G(STIPS.M) dargestellt haben, hat rein symbolischen Charakter, das heißt, die zugehörigen Systeme aus SYST und die Transformationen aus TRANS liegen in allgemeiner symbolischer Notation vor. Die zugehörigen Variablen und Parameter können in ihren Werten noch festgelegt werden. Entsprechend sind die mit STIPS.M erzeugbaren Systemalgorithmen symbolischer Natur.

Eine andere Situation besteht, wenn von konkreten durch Wertzuweisung festgelegten Systemen und Transformationen ausgegangen wird. In diesem Fall startet eine STIPS-Maschine von einer Systemspezifikation $S_0 := s_0$ (oder in anderer üblicher Notation $S_0 \leftarrow s_0$). Diese Wertzuweisung bestimmt auch die Art der nachfolgenden Transformationen und Systeme. Zur Unterscheidung wollen wir die auf diese Weise festgelegten Systeme und Transformationen mit Kleinbuchstaben bezeichnen. Jeder mit STIPS.M entwickelte Systemalgorithmus ALG, der von S_0 aus eine Systemlösung $S_n = ALG(S_0)$ symbolisch berechnet, stellt ein Mittel dar, um für ein spezielles Systemproblem $S_0 := s_0$ eine zugehörige Lösung $s_n = ALG(S_0 := s_0)$ zu erzielen.

Man kann allgemein davon ausgehen, daß sich der *Konstrukteur* einer STIPS-Methodenbank hauptsächlich mit der STIPS-Maschine STIPS.M und ihrer Implementierung für ein geeignetes Computersystem zu befassen hat, während der *Problemlöser* die STIPS-Maschine ausschließlich für die Behandlung eines speziellen Systemproblems, welches durch $S_0 := s_0$ festgelegt ist, bedient. Ein Problemlöser erzielt also für konkrete Systeme eine Lösung mit Hilfe von STIPS.M durch die Entwicklung von Systemalgorithmen für konkrete Fälle von Systemen, die durch Festlegung von Variablen und Parametern definiert werden oder entstehen.

2.3 Literaturhinweise und Anmerkungen

Das Konzept der STIPS-Maschine wurde von *Pichler* [PICH 3], [PICH 4] eingeführt. Es entstand aus dem Bemühen, für typische Problemstellungen der Systemtheorie einen allgemeinen Lösungsrahmen zu schaffen. Die Bezeichnung STIPS ist durch das Buch von *Nagel* [NAGE] motiviert, in dessen 3. Kapitel (*The Instrumentalist View of Theories*) unsere Sicht der Rolle der Systemtheorie für das Problemlösen erklärt ist. Eine detaillierte wissenschaftstheoretische Darstellung liegt mit dem Werk von *Mattesich* [MATT] vor.

Es kann von Interesse sein, das Konzept der STIPS-Maschine genauer auszuarbeiten. Eine Erweiterung von STIPS.M könnte zum Beispiel dadurch geschehen, daß der Generatorgraph G(M) zu einem *Petri-Netz* PETRI.M erweitert wird, und zwar dadurch, daß die Systembank SYST als die Menge der Stellen und die Transformationsbank TRANS als die Menge der Transitionen aufgefaßt wird. Zeichnet man die initiale Systemspezifikation S_0 dadurch aus, daß man nur ihr einen *Token* gibt, man also die Markierungsfunktion μ:SYST$\rightarrow$N$_0$ mit
- $\mu(S_0) = 1$ und
- $\mu(S_i) = 0$ für alle anderen $S_i \in$ SYST wählt,

so hat jeder Systemalgorithmus ALG von STIPS.M im Petri-Netz PETRI.M einen zugehörigen Fallgraphen, der das zu ALG gehörige Dynamische System darstellt.

Bei dieser Betrachtungsweise ist es dann ganz natürlich, Petri-Netz-Eigenschaften wie *lebendig, sicher, deadlock-frei* und andere zur Charakterisierung wichtiger Eigenschaften von STIPS.M einzuführen. Die STIPS-Maschine in dieser Weise als Petri-Netz zu beschreiben, ist sicher auch für die weiterreichenden Fragen nach der automatischen Konstruktion von Systemalgorithmen, nach dem dazu notwendigen Steuerungsmechanismus und nach dem Raum der erzielbaren Systemalgorithmen und ihren Wirkungen von Bedeutung.

Wir haben die Beziehung von CAST zu CAD anhand des *Design Propellers* aufgezeigt. Es ist zu sehen, daß die STIPS-Maschine vorwiegend ein Mittel ist, die Entwicklung von Algorithmen für den funktionalen Entwurf zu unterstützen. Die Integration von CAST und CAD, etwa beim Entwurf von Systemen, erfordert jedoch, daß die CAST-Welt der Systemspezifikationen mit der CAD-Welt der technischen Anforderungsspezifikationen von Geräten und Bausteinen in Beziehung gesetzt und aufeinander abgestimmt wird. Es ist daher sinnvoll, die STIPS-Maschine STIPS.M in der Weise zu erweitern, daß in ihr auch Funktionen zur *Festlegung von Systemspezifikationen von außen* und zur *Abbildung von Systemspezifikationen nach außen*, enthalten sind. Diese Erweiterung führt zur STIX-Maschine STIX.M [PICH 5]. STIX.M enthält in Erweiterung von STIPS.M noch ein Steuerwerk, das durch ein *Markiertes Petri-Netz* definiert ist. Es kann den Benutzer bei der Auswahl von Systemtransformationen unterstützten, insbesonders dann, wenn einschränkende Randbedingungen zu beachten sind. Die Einführung der STIX-Maschine ist durch die Arbeit von *Holcombe* [HOLC] motiviert worden. Da für CAST.FSM, dem Musterbeispiel dieses Buches einer Implementierung von SITPS.M, die STIX.M-Funktionen keine Rolle spielen, wird das STIX.M-Konzept nicht weiter behandelt.

3 STIPS.FSM für Automaten und Schaltwerke

Anhand der allgemeinen Konstruktion der STIPS-Maschine haben wir aufgezeigt, wie mit ihrer Hilfe die Entwicklung von symbolischen Systemalgorithmen und deren Auswertung in konkreten Fällen erfolgen kann. Nun kann die Beschreibung der einzelnen Systeme und Transformationen für eine spezielle STIPS.M erfolgen.

Bei der Festlegung der Systemtypen und Systemtransformationen für STIPS.M wird prinzipiell die zuvor eingeführte allgemeine Einteilung eingehalten. Es erscheint aber nicht sinnvoll, diese Einteilung in einer universell verwendbaren, formalisierten Weise für eine generelle STIPS.M festzulegen. Vielmehr werden zweckmäßigerweise für gewisse, als wichtig erkannte Systemklassen und Methoden, zugehörige spezielle STIPS-Maschinen aufgebaut. Insbesonders bietet sich die Konstruktion von STIPS-Maschinen für

- die Automaten- und Schaltwerktheorie FSM,
- die Lineare Systemtheorie LM,
- die Allgemeine Systemtheorie GS

an. Die entsprechenden STIPS-Maschinen sollen mit STIPS.FSM, STIPS.LM und STIPS.GS bezeichnet werden.

Die Konstruktion von STIPS-Maschinen für diese drei Theoriegebiete und ihre Implementierung auf leistungsfähigen Arbeitsplatzrechnern sind sehr nützlich für die Ausbildung von Ingenieuren. Studenten können mit der Nutzung und Anwendung von STIPS-Maschinen praxisnäher die Tragweite der zugehörigen Theorien und der aus ihnen ableitbaren Methoden studieren. Aber auch für den in der Praxis stehenden Ingenieur sind Werkzeuge dieser Art zur Bearbeitung von Problemkreisen, die mit Methoden und Verfahren der drei genannten Theoriengebiete behandelt werden können, nützlich.

Im folgenden wird deshalb der Aufbau von STIPS.FSM, einer STIPS-Maschine für das Problemlösen mit den Methoden der *Automaten- und Schaltwerktheorie*, genauer dargelegt.

3.1 Die Architektur von STIPS.FSM

Mit STIPS.FSM können wichtige Methoden der Automaten- und Schaltwerktheorie, die durch einschlägige Publikationen ausreichend bekannt sind, in Form von Systemalgorithmen entwickelt werden. Da Schaltwerke als spezielle, symbolische Automaten und damit selbst wiederum als grobe Fassungen von schaltalgebraisch strukturierten Netzwerken mit Speichern aufgefaßt werden können, erscheint es zweckmäßig, die Architektur von STIPS. FSM hierarchisch in Form eines Drei-Ebenen-Systems anzulegen.

Die oberste Ebene EA wird durch die abstrakten *Endlichen Automaten* und die zugehörigen Methoden zum Lösen von Automatenproblemen gebildet. Als mathematische Hilfsmittel für die Konstruktion der Systeme und Transformationen kommen für diese Ebene vor allem die *Mengenlehre* und Teile der *Allgemeinen Algebra*, z.B. aus der Theorie der *Verbände*, der *Endlichen Körper* und der *Linearen Räume über Endlichen Körpern*, zur Anwendung.

Die mittlere Ebene SW, die für die praktische Anwendung von STIPS. FSM für den Hardware-Entwurf Bedeutung hat, enthält die Systeme und Transformationen, die für *binär codierte Automaten*, - den *Schaltwerken* -, gebraucht werden. An zusätzlichen mathematischen Hilfsmittel kommen für diese Ebene speziell solche, die mit dem *Endlichen Körper GF(2)* und mit *Linearen Räumen über GF(2)* verknüpft sind, in Betracht.

In der untersten Ebene GS von STIPS.FSM werden Automaten- und Schaltwerke mit bestimmten Bausteinen, die wir allgemein als Gatterbausteine bezeichnen, realisiert. Diese Ebene bildet bei der Modellierung die Schnittstelle zur *elektronischen* Realisierung. An mathematischen Hilfsmittel stehen in dieser Ebene gewisse algebraische Theorien, die im Zusammenhang mit den Gatterbausteinen entwickelt worden sind, vor allem aber die *Schaltalgebra*, zur Verfügung. Bild 3.1 zeigt im Blockschaltbild den Drei-Ebenen-Aufbau von STIPS.FSM.

Im folgenden werden die einzelnen Systeme und Transformationen für STIPS.FSM beschrieben. Dabei verzichten wir auf Details und beschränken uns auf das Grundsätzliche. Die Erarbeitung von Details, d.h. die genaue Kenntnis der jeweiligen Systemspezifikationen und der automatentheoretische Formulierung der einzelnen Systemtransformationen muß dem Leser selbst überlassen bleiben.

Für jede der drei Ebenen existiert prinzipiell eine systematisch geordnete Sammlung von speziellen Systemtypen. Zur Vermeidung einer Überschneidung der Ebenen sei deshalb die für STIPS.FSM in Frage kommende Menge SYST von Systemtypen entsprechend ihrer Zuteilung zu den drei Ebenen disjunkt in die Klassen SYST(EA), SYST(SW), SYST(GS) eingeteilt.

Eine analoge Einteilung betrifft die Systemtransformationen von STIPS. FSM. Mit TRANS(EA), TRANS(SW), TRANS(GS) seien die zueinander disjunkten Mengen von Systemtransformationen, die zur Transformation der Systeme innerhalb der jeweils zugehörigen Ebenen EA, SW und GS dienen,

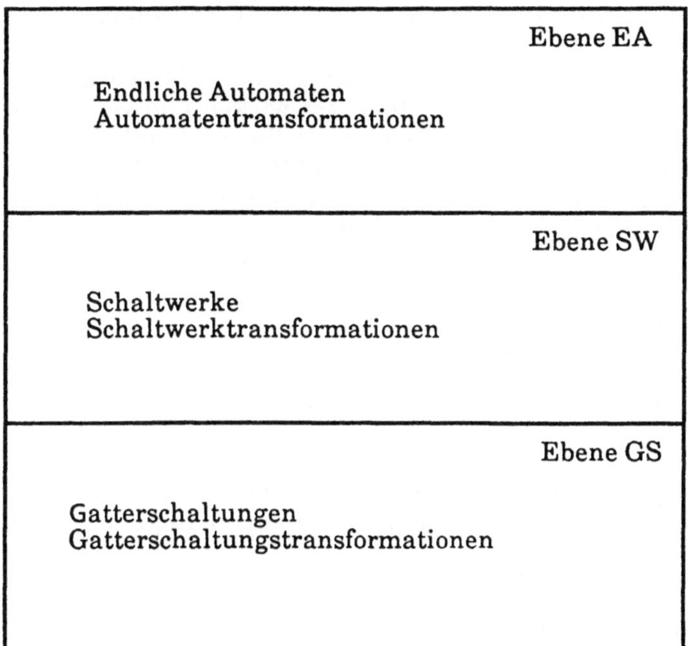

Bild 3.1: STIPS.FSM als Drei-Ebenen-System

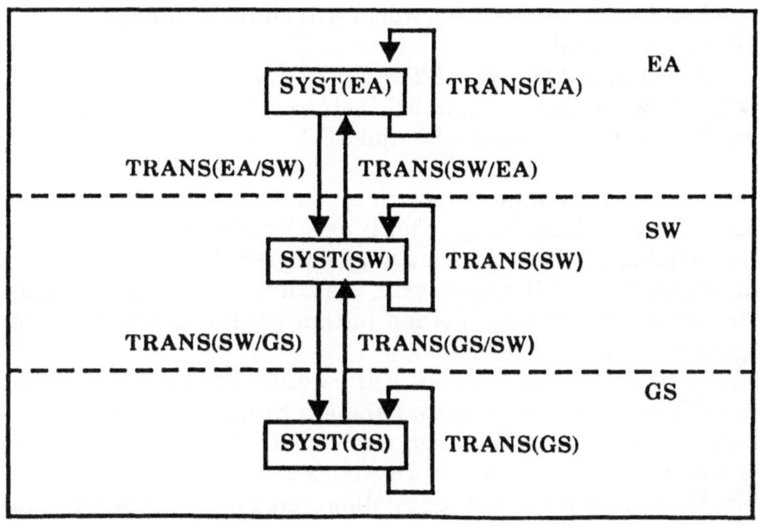

Bild 3.2: Klassen der Systemtypen und Systemtransformationen in STIPS. FSM

bezeichnet. Diese bilden die *Horizontalen Systemtransformationen* von STIPS.FSM.

Zusätzlich zu den Horizontalen Systemtransformationen gibt es auch *Vertikale Systemtransformationen* in STIPS.FSM. Diese wirken und vermitteln zwischen benachbarten Ebenen. Sie werden der Reihe nach mit TRANS (EA/SW), TRANS(SW/EA), TRANS(SW/GS) und TRANS(GS/SW) bezeichnet.

Bild 3.2 veranschaulicht die Einteilung der Systemtypen und Systemtransformationen gemäß der hierarchischen Architektur von STIPS.FSM in die verschiedenen Klassen und dient so der einfacheren Einsicht und dem leichteren Erlernen der Zusammenhänge.

3.2 Systemtypen für STIPS.FSM

Einige wichtige Systemtypen, die in der Automaten- und Schaltwerktheorie gebraucht werden, sind die ersten Kandidaten für die Aufnahme in STIPS. FSM.

3.2.1 Systemtypen für die Automatenebene EA

Die Klassen der *Systemtypen für die Automatenebene* werden mit SYST(XEA) abgekürzt, wobei X durch den Systemtyp jeweils spezifiziert wird. Für sie kommen in Frage:

a.   *SYST(BEA)*   *Black Boxes*

aa.   B1EA := (w,w') mit w$\in$A* und w'$\in$B*, wobei A,B endliche Mengen
                (Alphabete) sind.
ab.   B2EA := {B1EA : E(B1(EA))}   (d.h. B2EA$\in$P(B1EA)).
ac.   B3EA := (w,q) mit w$\in$A* und q$\in$Q, wobei Q eine endliche Menge ist.
ad.   B4EA := (w,w',q) mit w$\in$A* und w'$\in$B* und q$\in$Q.

B1EA stellt ein *einfaches I/O-Experiment* an einem Endlichen Automaten mit Eingabealphabet A und Ausgabealphabet B dar. Es wird durch ein Paar (w,w') von Wörtern beliebiger, aber gleicher Länge dargestellt.

B2EA ist ein *mehrfaches I/O-Experiment*, das aus einer Menge von einfachen Experimenten, die im allgemeinen unterschiedliche Längen und eine gewissen Eigenschaft E haben, besteht.

B3EA ist ein *Wort/Zustandspaar* eines Automaten. Es kann etwa zur Modellierung einer Eingabe dienen, wobei w dann ein Eingabewort und q den Anfangszustand darstellt. Man kann aber auch w als Synchronisierwort deuten, das einen Automaten in den Zustand q steuert.

B4EA kann ein Homing-Experiment darstellen, das einen Automaten in den Zustand q bringt. Auch könnte B4EA ein Diagnose-Experiment, welches den Anfangszustand q festlegt, sein.

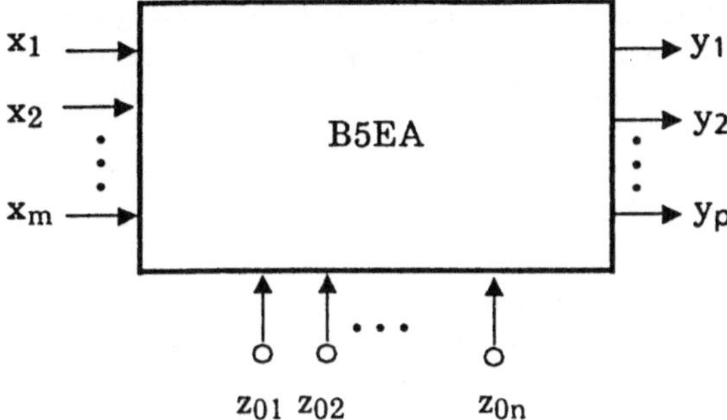

Bild 3.3: Blockdiagramm einer Black Box

Ebenfalls von Interesse sind die folgenden sehr allgemeinen Black Boxes B5EA und B6EA für Automaten:

ae.　$B5EA := [(x_1,x_2,...,x_m),(z_{01},z_{02},...z_{0n}),(y_1,y_2,...y_p)]$.

B5EA kennzeichnet einen Automaten mit m Eingangsvariablen x_i, n initialen Zustandsvariablen z_{0i} und p Ausgangsvariablen y_i als Black Box. Eine Darstellung von B5EA als Blockdiagramm zeigt Bild 3.3.

Wenn wir die Wertebereiche der einzelnen Variablen von B5EA festlegen, erhalten wir folgende Black Box für B6EA:

$$\text{af.}\quad B6EA := \left[\begin{array}{c|c|c} x_1,x_2,...,x_m & z_{01},z_{02},...,z_{0n} & y_1,y_2,...,y_p \\ A_1,A_2,...,A_m & Q_{01},Q_{02},...,Q_{0n} & B_1,B_2,...,B_p \end{array}\right]$$

Auch sei noch auf der Basis der Black Box B6EA eine Black Box B7EA, die den Typ einer mit den initialen Zustandsvariablen parametrisierten Input/Output-Relation repräsentiert, angegeben:

ag.　$B7EA := (A,Q_0,B,f)$, wobei gilt:

- 　　$A := A_1 \times A_2 \times ... \times A_m$,
- 　　$Q_0 := Q_{01} \times Q_{02} \times ... \times Q_{0n}$,
- 　　$B := B_1 \times B_2 \times ... \times B_p$,
- 　　$f := (A \times Q_0) \to B$　　　　(partielle Funktion)

Die Mengen A, Q_0 und B sind analog zu den entsprechenden Wertebereichen in B6EA konstruiert, f stellt die partiell auf $A \times Q_0$ definierte I/O-Funktion von B7EA dar, mit der bestimmten Paaren (a,q_0), bestehend aus einem Input a und einem Anfangszustand q_0, jeweils ein Output b zugeordnet wird.

Während B5EA einen Automaten nur durch seine äußeren (exogenen) Variablen kennzeichnet, sind bei B6EA auch die zugehörigen Wertebereiche angegeben. B7EA stellt das Verhalten einer I/O-Black Box mit konkreten Daten dar.

b.   *SYST (GEA)*   *Generatoren*

ba.   G1EA := (A,B,Q,δ,λ) (Endlicher Automat).
bb.   G2EA := $(N,K,\varnothing)$ (Gerichteter Graph).
bc.   G3EA := (S,T,α,β,μ) (Petri-Netz).

Endliche Automaten von der Art G1EA bilden wohl den wichtigsten Generatortyp für die Ebene EA von STIPS.FSM. Sie beschreiben zeitlich lokal die Zustandsüberführung mittels der Zustandsüberführungsfunktion $\delta : Q \times A \to Q$ in der Form, daß für ein Paar (q,a) zum Zeitpunkt $t \in N_0$, bestehend aus einem Zustand q und einem Eingabebuchstaben a, mit δ ein neuer Zustand $\delta(q,a)$ zum Zeitpunkt $t + 1$ bestimmt wird.

Neben dem Systemtyp *Endlicher Automat* schlagen wir auch die Systemtypen *Gerichteter Graph* und *Petri-Netz* zur Aufnahme in STIPS.FSM vor. Beide Systemtypen finden bekanntlich bei Problemen der Automaten- und Schaltwerktheorie häufig Anwendung.

Weitere Generatoren, die in STIPS.FSM aufgenommen werden sollen, sind:

bd.   G4EA := LINEARER AUTOMAT LM = (A,B,C).
be.   G5EA := SCHIEBEREGISTER AUTOMAT SRM = (A,B,C^n,f,g).
bf.   G6EA := REGISTERFLUSS-MASCHINE RFM = (A,B,R,r_0,f,a_0).

c.   *SYST (DEA)*   *Dynamiken*

Folgende Dynamiken sollen für STIPS.FSM in Betracht gezogen werden:

ca.   D1EA := $(A^*,B^*,Q,\delta^*,\lambda)$ (Dynamisches System eines Endlichen Automaten).
cb.   D2EA := $(U,Y,Q,\psi,\lambda,Q_0,N_0)$ (Dynamikgraph).

d.   *SYST (AEA)*   *Algorithmen*

Die Darstellung von Algorithmen kann in STIPS.FSM mittels Pseudocode (z.B. Pseudo-Pascal oder Algolic) oder mittels Flußdiagrammen erfolgen. Auf Details verzichten wir.

e.   *SYST (NEA)*   *Netzwerke*

ea.   N1EA   Serien-Parallel-Netzwerk von Black Boxes.

Als wichtigsten Systemtyp N1EA für Netzwerke nehmen wir die Kopplung von Black Boxes vom Typ B5EA, B6EA und B7EA in STIPS.FSM auf.

Das Kopplungsprinzip, das wir dabei annehmen, verbindet die Output-Variablen jeder Black Box mit gewissen Input-Variablen anderer Black Boxes. Auch werden die Input-Variablen und die Output-Variablen des Gesamtsystems mit den entsprechenden Variablen der Black Box-Komponenten verbunden. Wir beschreiben dies genauer:

Gegeben seien k Black Boxes vom Typ B5EA, die wir mit $B_1,B_2,...,B_k$ bezeichnen. Jede solche Black Box B_i ist durch das Tripel

$$B_i = [(x_1^{(i)},x_2^{(i)},...,x_m^{(i)}), (z_{01}^{(i)},z_{02}^{(i)},...,z_{0n}^{(i)}), (y_1^{(i)},y_2^{(i)},...,y_p^{(i)})]$$

von Zeilenvektoren angegeben. Mit der Kopplungsoperation C, die zu definieren ist, soll aus $(B_1,B_2,...,B_k)$ ein Netzwerk $N = C(B_1,B_2,...,B_k)$ mit *Serien-Parallel-Struktur* gebildet werden.

Ein Charakteristikum eines solchen Netzwerkes ist, daß zwischen den einzelnen Komponenten $B_1,B_2,...,B_k$ eine Ordnungsrelation besteht und die Kopplungen mit dieser Ordnungsrelation in dem Sinne verträglich sind, daß keine Rückkopplung erfolgt. Wir demonstrieren diese Forderung an die Kopplung am besten durch das Beispiel der Konstruktion eines Serien-Parallel-Netzwerkes (N1EA) von B5EA Black Boxes. Die Komponenten B_1, B_2 und B_3 seien gegeben durch:

-     $B_1 := [(x_1^{(1)},x_2^{(1)}),z_0^{(1)},y^{(1)}]$,
-     $B_2 := [(x_1^{(2)},x_2^{(2)},x_3^{(2)}), (z_0^{(2)},z_1^{(2)}), (y_1^{(2)},y_2^{(2)})]$,
-     $B_3 := [x^{(3)}, z_0^{(3)}, (y_1^{(3)},y_2^{(3)},y_3^{(3)})]$.

Die Blockschaltbilder von B_1, B_2, B_3 zeigt Bild 3.4.

Ein konkretes Beispiel für eine Serien-Parallel-Kopplung von (B_1, B_2, B_3) zu einem Netzwerk $N = C(B_1,B_2,B_3)$ zeigt Bild 3.5.

Eine Möglichkeit, die gewählte Kopplung C formal zu beschreiben, besteht darin, die zugehörigen Kopplungsmatrizen C_N und C_O explizit anzugeben. Sie werden nun für unser Beispiel explizit dargestellt. Die Matrix C_N beschreibt dabei die Kopplung der I/O-Variablen der einzelnen Komponenten. Sie ist für das Beispiel in Bild 3.6 angegeben.

Die Kopplungsmatrix C_N besitzt die Blockstruktur von Bild 3.7. Die Blöcke $C_{I/K}$, $C_{I/O}$ und $C_{K/O}$ sind allgemein Boolesche Matrizen, die in jeder Spalte höchstens eine "1" haben. Der Block $C_{K/K}$, der die innere Kopplung der Komponenten beschreibt, hat, um die Serien-Parallelstruktur des Netzwerkes zu garantieren, folgende Bedingung zu erfüllen: bei Anordnung der Input- und Outputvariablen gemäß der zwischen den Komponenten-Black Boxes B_i vereinbarten Ordnung und Einteilung von $C_{K/K}$ in Blöcke nach dieser, muß $C_{K/K}$ eine obere Block-Dreiecksmatrix sein.

Die Kopplung der initialen Zustandsvariablen wird durch eine Matrix C_O beschrieben. In unserem Beispiel hat C_O die Form von Bild 3.8. Die Darstellung der Kopplungsmatrizen C_N und C_O in der angegebenen Form ist im allgemeinen mühsam. Oft ist es einfacher, die Kopplungsrelation als Gleichungssystem anzugeben. Das gewählte Kopplungsprinzip besteht nämlich in

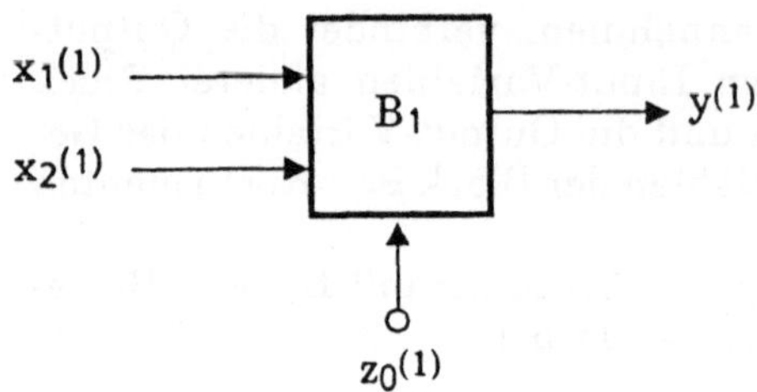

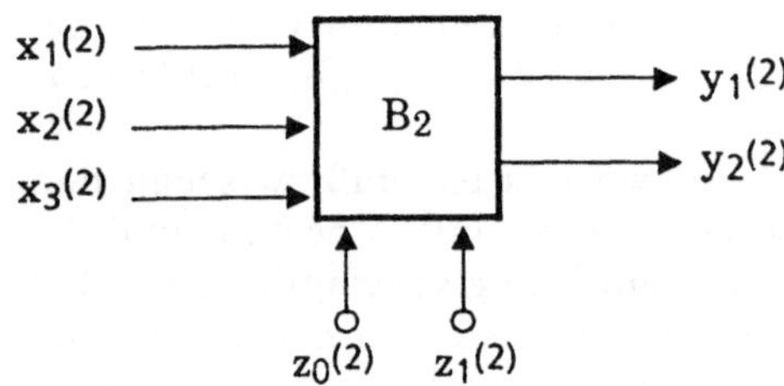

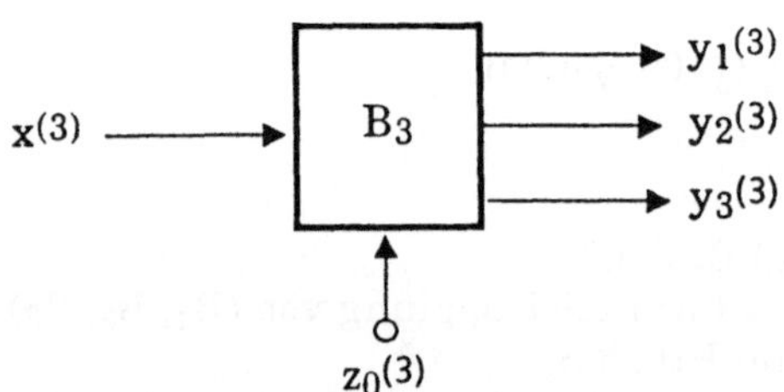

Bild 3.4: Black Box-Schaltbilder der Komponenten B_1, B_2 und B_3 eines Serien-Parallel-Netz werkes

der Gleichsetzung von Variablen (joining variables). Dies wird nachfolgend anhand unseres Beispiels demonstriert:

Die Kopplungsoperation C, die aus (B_1, B_2, B_3) ein Netzwerk N erzeugt, ist durch die folgenden Gleichungen festgelegt:

1.	$x_1 = x_1^{(1)}$	5.	$y_1^{(3)} = x_3^{(2)}$	9.	$y_2^{(2)} = y_2,$
2.	$x_2 = x_2^{(1)} = x_2^{(2)}$	6.	$y_2^{(3)} = y_3$	10.	$z_{01} = z_1^{(1)}$
3.	$x_3 = x^{(3)}$	7.	$y_3^{(3)} = y_4$	11.	$z_{02} = z_0^{(3)} = z_0^{(2)}$
4.	$y^{(1)} = x_1^{(2)}$	8.	$y_1^{(2)} = Y_1$	12.	$z_{03} = z_1^{(2)}$

Die Serien-Parallel-Struktur ist daran zu erkennen, daß die Kopplung zwischen den Komponenten nur *in Richtung* der zwischen den Komponenten definierten Ordnung erfolgt.

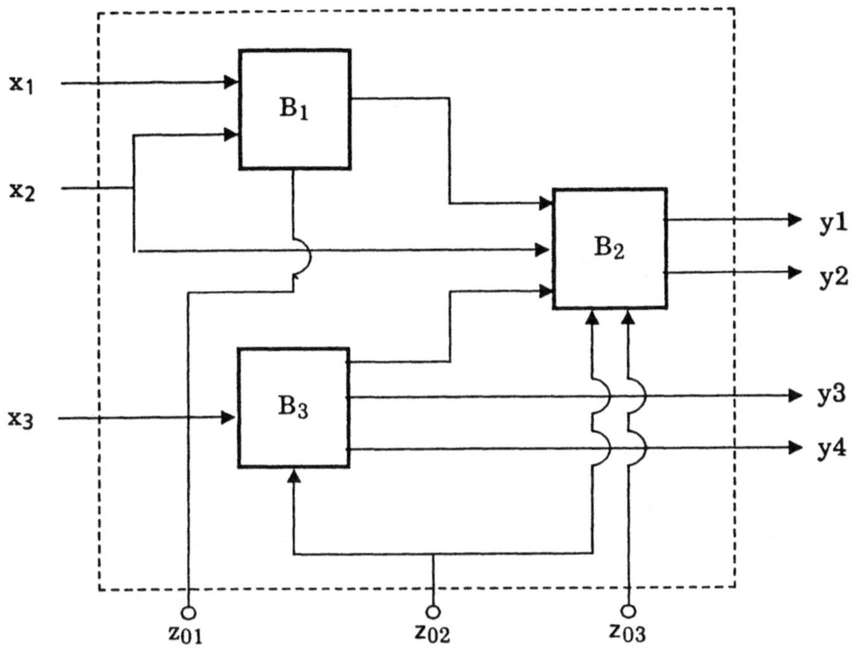

Bild 3.5: Serien-Parallel-Kopplung $N = C(B_1, B_2, B_3)$

	$x_1^{(1)}$	$x_2^{(1)}$	$x^{(3)}$	$x_1^{(2)}$	$x_2^{(2)}$	$x_3^{(2)}$	y_1	y_2	y_3	y_4
x_1	1	0	0	0	0	0	0	0	0	0
x_2	0	1	0	0	1	0	0	0	0	0
x_3	0	0	1	0	0	0	0	0	0	0
$y^{(1)}$	0	0	0	1	0	0	0	0	0	0
$y_1^{(3)}$	0	0	0	0	0	1	0	0	0	0
$y_2^{(3)}$	0	0	0	0	0	0	0	0	1	0
$y_3^{(3)}$	0	0	0	0	0	0	0	0	0	1
$y_1^{(2)}$	0	0	0	0	0	0	1	0	0	0
$y_2^{(2)}$	0	0	0	0	0	0	0	1	0	0

Bild 3.6: Kopplungsmatrix C_N

$$C_N = \begin{bmatrix} C_{I/K} & C_{I/0} \\ \hline C_{K/K} & C_{K/0} \end{bmatrix}$$

Bild 3.7: Blockstruktur der Kopplungsmatrix C_N

	$z_0^{(1)}$	$z_0^{(3)}$	$z_0^{(2)}$	$z_1^{(2)}$
z_{01}	1	0	0	0
z_{02}	0	1	1	0
z_{03}	0	0	0	1

Bild 3.8: Kopplungsmatrix C_0

Das Kopplungsprinzip in Form des *Gleichsetzens von Variablen* ist bei einem Netzwerk von Black Boxes besonders einfach. Werden im Gleichungssystem auf der rechten Seite jedoch Funktionen in mehreren Variablen angenommen, so erhalten wir kompliziertere Kopplungen. Bei der Wahl dieser Funktionen sollte pragmatisch vorgegangen werden, und zwar so, daß sie noch von gewisser operationeller Einfachheit bleiben und nicht zu zusätzlichen Komponenten ausarten.

In der Automatentheorie treten neben algebraischen Verknüpfungsoperationen häufig auch allgemeine Funktionen für die Definition von Variablen-Kopplungen auf. Das Netzwerk N1EA hat Black Box-Komponenten, die vom reinen Variablentyp sind.

Die Konstruktion von Netzwerken der Art N1EA kann aber auf natürliche Weise auch auf die reicher ausgestatteten Black Boxes B6EA (Variable und Wertebereiche) und B7EA (parametrisierte I/0-Funktion) übertragen werden. Jedoch ist definitionsgemäß zu beachten, daß im Netzwerk die Wertebereiche der durch Kopplung gebildeten Variablen durch die mengentheoretischen Durchschnitte der entsprechenden Wertebereiche der Komponentenvariablen bestimmt werden. Im Grenzfall kann ein solcher Durchschnitt auch leer sein. Dies bedeutet, daß dann keine Kopplung zwischen den betroffenen B6EA bzw. B7EA Komponenten-Black Boxes besteht. Analoges gilt bei der Kopplung von B7EA Black Boxes, wobei im Netzwerk nur die Argumente und Werte der Komponentenfunktionen eine Rolle spielen, welche gekoppelte Variable gemeinsam annehmen können.

Der von uns eingeführte Netzwerktyp N1EA, das Serien-Parallel-Netzwerk von Black Boxes, stellt für STIPS.FSM einen wichtigen Fall dar. Vielfach können in der Automatentheorie Kopplungen von Komponenten auf diesen Fall zurückgeführt werden. Zusätzlich sind jedoch auch andere Netzwerktypen, besonders solche für die Kopplung von Petri-Netzen und für die Kopplung von Algorithmen in STIPS.FSM wünschenswert.

Nach diesen detaillierten Ausführungen zu den Systemtypen für die Automatenebene von STIPS.FSM kann die Erläuterung der weiteren Systemtypen für die Schaltwerkebene SW und für die Ebene der Gatterschaltungen GS kürzer ausfallen.

3.2.2 Systemtypen für die Schaltwerkebene SW

Schaltwerke sind definitionsgemäß spezielle Endliche Automaten, nämlich solche, bei denen die Wertebereiche der Variablen Mengen von Binärzahlen mit jeweils gleicher Länge sind. Ein Schaltwerk entsteht also aus einem Endlichen Automaten, in dem die Elemente des Eingabealphabets, der Zustandsmenge und des Ausgabealphabets in binären Blockcodes dargestellt werden.

Daraus folgt unmittelbar, daß alle in STIPS.FSM für die Automatenebene vorgeschlagenen Systemtypen gleichzeitig auch in der Schaltwerkebene einsetzbar sind. Darüberhinaus erscheint es aber zweckmäßig, einige dieser von der Ebene EA übertragbaren Spezialisierungen gesondert in der Ebene SW hervorzuheben. Beispiele dieser Art sind durch die folgenden Systemtypen für die Schaltwerkebene gegeben. Ihre Klassen werden analog mit SYST(XSW) abgekürzt.

a.   *SYST (BSW)*   *Black Boxes*

aa.   B1SW := $(b_0,b_1,b_2,...)$ (Binäre Folge).
ab.   B2SW := $f{:}B^n{\to}B$ (Schaltfunktion).
ac.   B3SW := $n{:}B^n{\to}B^m$ (Schaltnetz).

b.   *SYST (GSW)*   *Generatoren*

ba.   G1SW = BSR   (Binäres Schieberegister).
bb.   G2SW = BFSR   (Binäres Feedback Schieberegister).
bc.   G3SW = LFSR   (Lineares Feedback Schieberegister).
be.   G4SW = NLFSR   (Lichtlineares Feedback Schieberegister).

3.2.3 Systemtypen für die Gatterschaltungsebene GS

Auf der Ebene GS der Gatterschaltungen geht es darum, die in den darüber liegenden Ebenen konzipierten Systeme durch elementare Bausteine, die *Gatter*, zu realisieren. Als wesentliche Bausteine kommen für diese Ebene *Register* bestimmter Länge, *Speicher* und die bereits genannten *Gatter* in Betracht. Aber auch Bausteine, die in vorfabrizierter Weise bereits Aggregate dieser Elementarbausteine enthalten, z.B. *PLA's (Programmable Logic Arrays)* oder *EPLD's (Erasable Programmable Logic Devices)*, können auf dieser Ebene als Systemtypen eingebaut werden.

Während in den oberen Systemebenen die Struktur der *Verdrahtung*, also die Kopplungsstruktur der Gatterschaltungen, noch keine besonderen Probleme aufwirft, tritt jetzt die Frage nach der besten Verdrahtung deutlich in den Vordergrund. Im Prinzip kommen keine wesentlich neuen Systemtypen für die Ebene der Gatterschaltungen in Betracht. Zweckmäßigerweise sollten jedoch gewisse Grundbausteine als bereits vorgefertigte, formale Systemtypen auf dieser Ebene in STIPS.FSM zur Verfügung stehen. Ihre Klassen werden analog mit SYST(XGS) bezeichnet. Wohlbekannte Beispiele für solche *formale Systemtypen* sind:

a.   *SYST (BGS)*   *Black Boxes*

aa. $B1GS := AND:B^2 \rightarrow B.$
ab. $B2GS := OR:B^2 \rightarrow B.$
ac. $B3GS := NOT:B \rightarrow B.$
ad. $B4GS := EXOR:B^2 \rightarrow B.$
ae. $B5GS := NAND:B^2 \rightarrow B.$
af. $B6GS := NOR:B^2 \rightarrow B.$
ag. $B7GS := THRESHOLD\ ELEMENT\ (a_1,a_2,...,a_n,k).$

b.   *SYST (GGS)*   *Generatoren*

ba. $G1GS :=$ BINÄRES REGISTER DER LÄNGE n.
bb. $G2GS :=$ D-FLIP FLOP.

c.   *SYST (NGS)*   *Netzwerke*

ca. $N1GS := T(x_1,x_2,...,x_n)$ (Schaltform in n Variablen).

Als kleine Übungsaufgabe sollte der Leser sich selbst überlegen, daß N1GS als spezieller Fall eines Netzwerkes N1EA angesehen werden kann.

3.3   Systemtransformationen für STIPS.FSM

Zunächst sollen die *Horizontalen Transformationen* für STIPS.FSM diskutiert werden. Dabei wird von der Automatenebene ausgehend mit TRANS (EA) begonnen.

3.3.1 Systemstransformationen für die Automatenebene EA

Systemtransformationen für die Automatenebene tragen in ihrem Namen das Suffix EA.

3.3.1.1 Transformationen von Black Boxes

Die Klassen solcher Transformationen werden mit TRANS(BXEA) abgekürzt, wobei X wiederum durch den Systemtyp spezifiziert ist:

a.   *TRANS(BBEA)*   *Black Box in Black Box*

aa.   BB1EA   Variablen-Homomorphismus.

Diese Transformation bildet aus einer Black Box B vom Typ B5EA (Variablentyp) ein mengentheoretisch homomorphes Bild B* gleichen Typs. Sie kann mittels einer nicht injektiven Funktion vh, welche den Variablen von B entsprechende Variablen von B* zuordnet, angegeben werden. Im folgenden Beispiel sei

$$B := [(x_1,x_2), (z_{01},z_{02}), (y_1,y_2)] \text{ und}$$
$$B^* := [(x^*),(z_0^*),(y^*)] .$$

Dann stellt

$$vh: \{x_1,x_2\} \times \{z_{01},z_{02}\} \times \{y_1,y_2\} \to \{x^*\} \times \{z_0^*\} \times \{y^*\} \text{ mit}$$
$$x_1 \to x^*, x_2 \to x^*, \qquad z_{01} \to z_0^*, z_{02} \to z_0^*, \qquad y_1 \to y^*, y_2 \to y^*$$

einen Variablen-Homomorphismus in diesem Sinne dar.

Eine spezielle Art eines Variablen-Homomorphismus ist die Variablen-Projektion vp. Mit dieser Transformation werden die Variablenmengen von B auf Teilmengen abgebildet.

ab.   BB2EA   Black Box-Projektion pr.

Diese Transformation kann für jeden Black Box-Typ definiert werden. Das Bild pr(B) einer Black Box B unterscheidet sich von B dadurch, daß gewisse Mengen (Variablenmengen, Wertebereiche, I/0-Funktionen) auf Teilmengen eingeschränkt sind. Wichtige spezielle Black Box-Projektionen sind mit der *Zeitdiskretisierung* einer Black Box, deren Variablen kontinuierliche Zeitfunktionen repräsentieren, und mit der *Quantisierung von Wertebereichen* auf endlich viele diskrete Stufen gegeben.

b.   *TRANS (BGEA)*   *Black Box in Generator*

Wichtige Transformationen dieser Gattung sind die *Realisierungstransformationen* re. Sie sind dadurch ausgezeichnet, daß es zu jeder Transformation re eine inverse Transformation re^{-1} gibt, sodaß mit re(B)=G auch re^{-1}(G)=B gilt. Das Bild G=re(B) heißt *Realisierung* von B. Beispiele für Realisierungstransformationen sind:

ba.   BG1EA   Realisierung einer Black Box B1EA (I/O-Paar) durch einen Endlichen Automaten.

bb.   BG2EA   Realisierung einer Black Box B2EA (Menge von I/O-Paaren) durch einen Endlichen Automaten.

bc.   BG3EA   Realisierung einer Black Box B3EA (Wort/Zustands-Paar) durch einen Endlichen Automaten, wobei w als Synchronisierwort und q als Synchronisierzustand auftreten soll.

bd. BG4EA Realisierung einer Black Box B4EA (I/O-Experiment/ Zustands-Paar) durch einen Endlichen Automaten, wobei (w,w') als Diagnose-Experiment für q auftritt.

c. *TRANS (BDEA)* *Black Box in Dynamik*

ca. BD1EA Konstruktion eines Dynamischen Systems zu einer Black Box von Typ B7EA (Parametrisierte I/O-Relation).

Diese Transformation ist immer durchführbar. Zu Dynamischen Systemen einfacher Art kommt man jedoch nur, wenn B7EA zusätzlich spezielle Eigenschaften hat, z.B. wenn die Funktion f nichtantizipativ (kausal) ist.

d. *TRANS (BNEA)* *Black Box in Netzwerk*

Transformationen dieser Art zerlegen eine Black Box in ein Netzwerk. In STIPS.FSM sollen vor allem Transformationen, die eine Black Box in ein Netzwerk von Funktionen der Art B7EA (parametrisiertes I/O-Verhalten) transformieren, zur Verfügung stehen. Einfache Beispiele dafür sind:

da. BN1EA Zerlegung einer Funktion $f:A \rightarrow B$ in die kanonische Serienkopplung $f = f_s \rightarrow f_i$, bestehend aus einer surjektiven Funktion f_s und einer injektiven Funktion f_i (Bild 3.9).

db. BN2EA Zerlegung einer linearen Funktion $f:K^n \rightarrow K^n$ in eine Serienkopplung $f_1 \rightarrow f_2 \rightarrow ... \rightarrow f_n$ von n linearen Funktionen (Bild 3.10).

dc. BN3EA Zerlegung einer linearen Funktion $f:K^n \rightarrow K^n$ in ein Serien-Parallel-Netzwerk $f_0 \rightarrow (f_1 \| f_2 \| ... \| f_k) \rightarrow f_0^{-1}$ mittels Transformation in eine Blockdiagonalform (Bild 3.11).

dd. BN4EA Darstellung einer Black Box der Art B7EA durch eine algebraische Form.

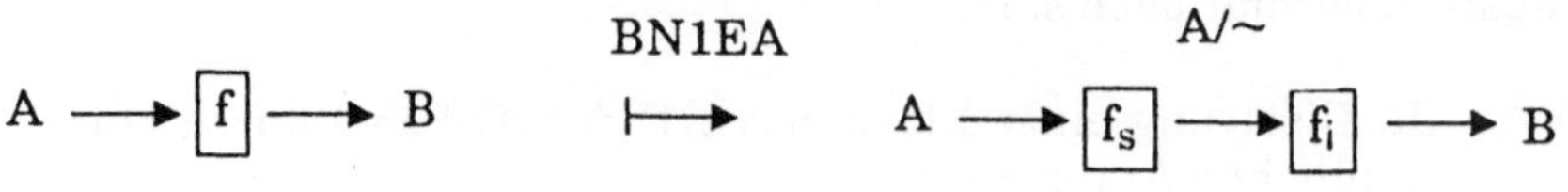

Bild 3.9: Zerlegung einer Funktion in eine kanonische Serienkopplung

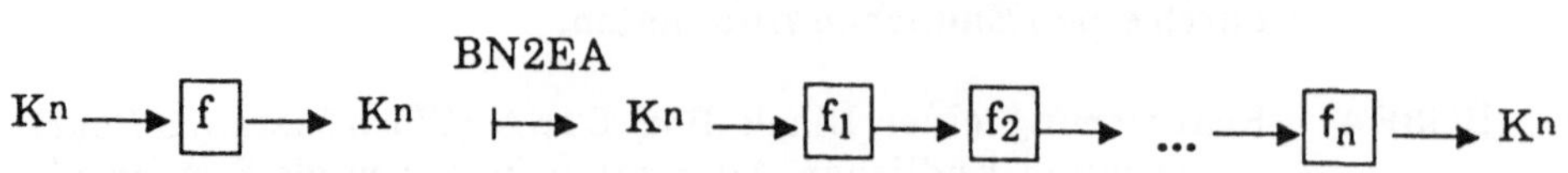

Bild 3.10: Zerlegung einer Linearen Funktion in eine Serienkopplung

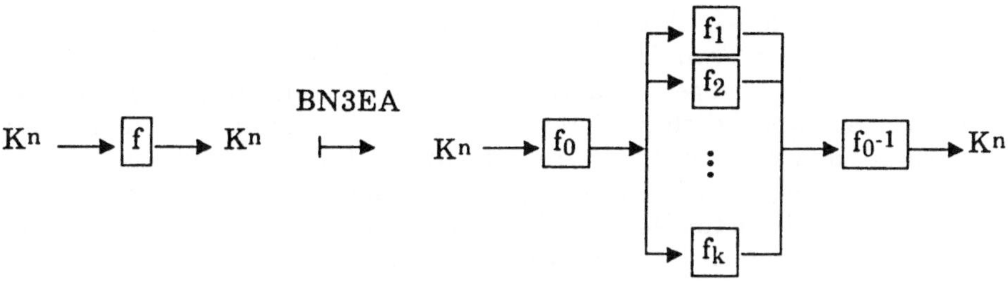

Bild 3.11: Zerlegung einer Linearen Funktion in ein Serien-Parallel-Netzwerk

Die Grundidee für eine Transformation dieser Art ist, für die I/O-Funktion $f: A \times Q_0 \to B$ geeignete algebraische Verknüpfungen so zu kennen, daß es gelingt, für f eine mit ihnen konstruierte algebraische Form $T_f(x,z_0)$ anzugeben, die mit den Zuweisungen $x := a$ und $z_0 := q_0$ jeweils den Wert $f(a,q_0)$ annimmt. Dazu sei als Beispiel B7EA mit folgender Tabelle für f gegeben:

a	q_0	$f(a,q_0)$
1	2	3
2	2	6
3	3	12
4	3	19

Ein zugehöriges Netzwerk in Form einer algebraischen Form ist dann zum Beispiel durch $y = T_f(x,z_0) = x^2 + z_0$ gegeben. Dieses Netzwerk hat eine Struktur nach Bild 3.12.

de.   BN5EA   Berechnung des Testgraphen aus der Menge der kompatiblen Zustandspaare eines Endlichen Automaten.

e.   *TRANS (BAEA)*   *Black Box in Algorithmus*

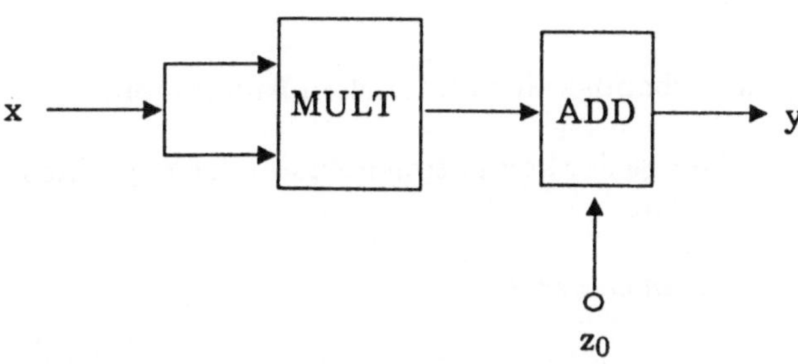

Bild 3.12: Struktur eines Netzwerkes für $y = x^2 + z_0$

Transformationen dieser Art sind verwandt mit dem gerade dargestellten Beispiel BN4EA, der Transformation einer Black Box in ein Netzwerk, das als algebraische Form gegeben ist. Bei Algorithmen steht jedoch über die Algebra hinaus ein wesentlich größerer Satz von Verknüpfungsbausteinen für Transformationen zur Verfügung. Ein Nachteil ist aber, daß für die theoretisch gestützte Konstruktion von Algorithmen keine so starken mathematischen Hilfsmittel wie für die Konstruktion der übrigen Systemtypen verfügbar sind. Ausgenommen sind die Verfahren, die im Rahmen der *Automatischen Programmierung* mit Kalkülen der Logik entwickelt werden.

3.3.1.2 Transformationen von Generatoren

Wir behandeln wieder nur Transformationen für Endliche Automaten. Diese sind für die Aufnahme in die Maschine STIPS.FSM besonders wichtig. Auf eine Behandlung der begleitenden Theorie und der algorithmischen Realisierung wird verzichtet. Wir begnügen uns also damit, die einzelnen Transformationen, die in STIPS.FSM vorkommen werden, nur dem Namen nach anzugeben. Für ein tieferes Studium muß auf die einschlägige Literatur zur Automatentheorie verwiesen werden. Die Klassen der Transformationen von Generatoren werden analog mit TRANS(GXEA) abgekürzt.

a.   *TRANS (GBEA)*   *Generator in Black Box*

aa.   GB1EA   Transformation eines Endlichen Automaten G1EA in sein I/O-Verhalten beschrieben durch eine Black Box vom Typ B7EA.

ab.   GB2EA   Projektion eines Endlichen Automaten auf die Zustandsüberführungsfunktion δ.

ac.   GB3EA   Projektion eines Endlichen Automaten auf die Ausgabefunktion λ.

ad.   GB4EA   Berechnung der Impulsantwort h für einen Linearen Automaten.

ae.   GB5EA   Berechnung des Verbandes eines Endlichen Automaten.

af.   GB6EA   Berechnung der Menge der kompatiblen Zustandspaare eines Endlichen Automaten.

b.   *TRANS (GGEA)*   *Generator in Generator*

ba.   GG1EA   Transformation eines Endlichen Automaten in den zugehörigen Quotientenautomaten.

bb.   GG2EA   Berechnung einer linearen Realisierung eines Endlichen Automaten.

bc.   GG3EA   Berechnung einer Schieberegister-Realisierung eines Endlichen Automaten.

bd.   GG4EA   Berechnung einer Registerfluß-Maschinen-Realisierung eines Endlichen Automaten.

be.   GG5EA   Berechnung einer Automaten-Realisierung einer Registerfluß-Maschine.

bf.   GG6EA   Berechnung eines homomorphen Bildes eines Endlichen Automaten.

bg.   GG7EA   Berechnung eines Simulators eines Endlichen Automaten.

bh.   GG8EA   Berechnung des zu einem Endlichen Automaten gehörigen Inversen Automaten.

bi.   GG9EA   Berechnung des zu einem initial markierten Petri-Netz gehörigen Fallgraph.

c.   *TRANS (GDEA)*   *Generator in Dynamik*

ca.   GD1EA   Berechnung des zu einem Endlichen Automaten vom Typ G1EA gehörigen Dynamischen Systems D1EA.

cb.   GD2EA   Berechnung des zu einer Registerfluß-Maschine G6EA gehörigen Dynamischen Systems D1EA.

d.   *TRANS (GNEA)*   *Generator in Netzwerk*

da.   GN1EA   Berechnung einer Parallelzerlegung eines Endlichen Automaten M = G1EA (nach Hartmanis-Stearns) (Bild 3.13).

db.   GN2EA   Berechnung einer Kaskadenzerlegung eines Endlichen Automaten M = G1EA (nach Hartmanis Stearns) (Bild 3.14).

dc.   GN3EA   Berechnung der RKF-Schieberegister-Zerlegung eines Linearen Automaten LM = (A,B,C) (Bild 3.15).

dd.   GN4EA   Berechnung der Kalman-Zerlegung eines Linearen Automaten (Bild 3.16).

de.   GN5EA   Berechnung des Homingbaumes eines Endlichen Automaten.

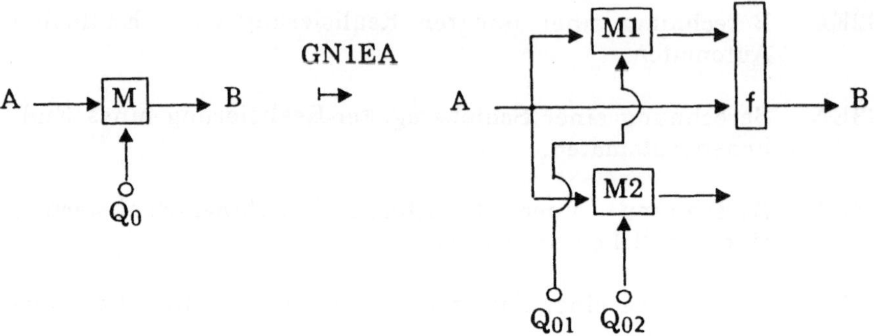

Bild 3.13: Parallelzerlegung eines Endlichen Automaten

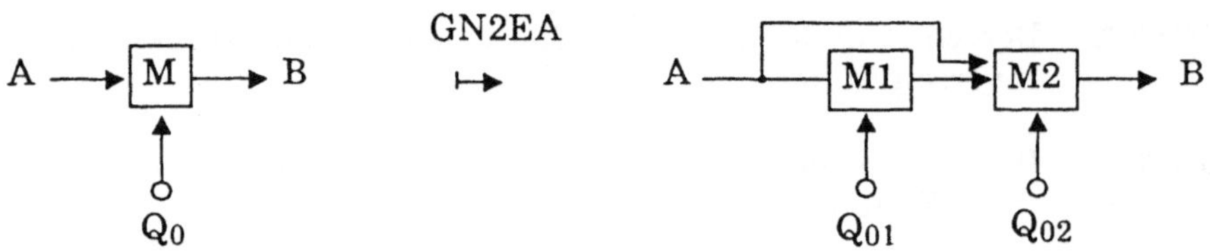

Bild 3.14: Kaskadenzerlegung eines Endlichen Automaten

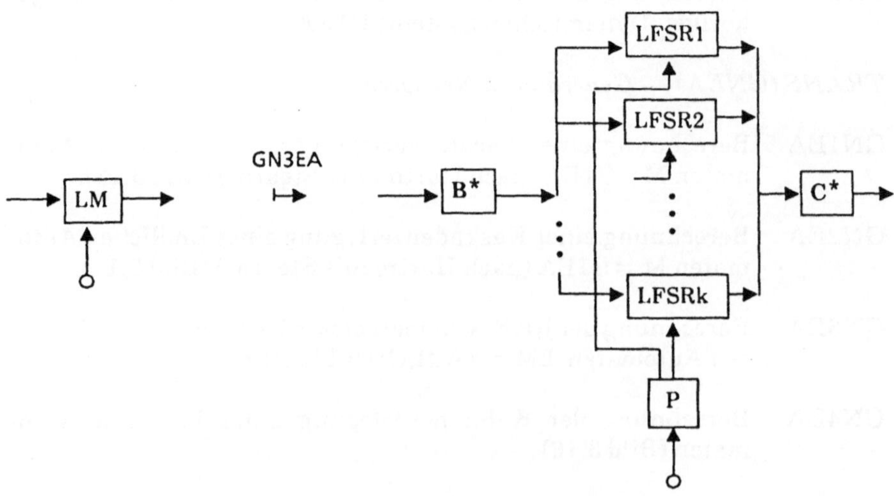

Bild 3.15: Schieberregister-Zerlegung eines Linearen Automaten

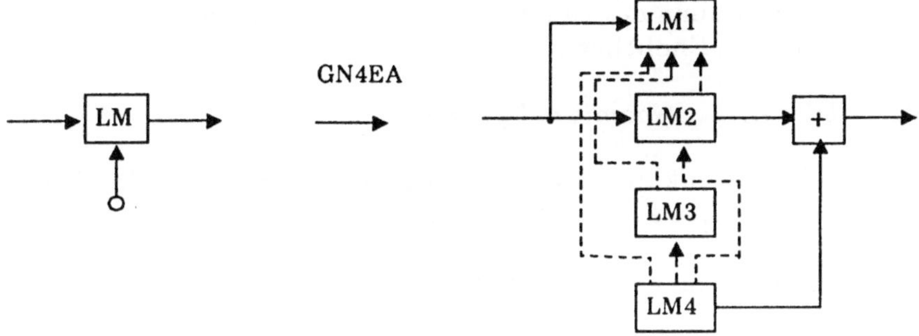

Bild 3.16: Kalman-Zerlegung eines Linearen Automaten

df. GN6EA Berechnung des Diagnosebaumes eines Endlichen Automaten.

dg. GN7EA Berechnung des Synchronisationsbaumes eines Endlichen Automaten.

dh. GN8EA Berechnung des Zustandsgraphen eines Endlichen Automaten.

e. *TRANS (GAEA)* *Generator in Algorithmus*

ea. GA1EA Transformation eines Endlichen Automaten in einen Algorithmus, der diesen exakt realisiert.

3.3.1.3 Transformationen von Dynamiken

Die Klassen solcher Transformationen werden analog mit TRANS(DXEA) bezeichnet.

a. *TRANS (DBEA)* *Dynamik in Black Box*

aa. DB1EA Berechnung des I/O Verhaltens eines Endlichen Automaten aus dessen Beschreibung als Dynamisches System.

ab. DB2EA Berechnung der Menge der optimalen Inputwörter zu einem kantenbewerteten Dynamikgraph und gegebenen Zielzuständen (z.B. mit der Methode der dynamischen Optimierung von Bellman).

b. *TRANS (DGEA)* *Dynamik in Generator*

ba. DG1EA   Berechnung des zu einem vorgebenen Dynamikgraphen ge-
             hörigen Endlichen Automaten.

c. *TRANS (DDEA)*   *Dynamik in Dynamik*

ca. DD1EA   Einschränkung des Dynamischen Systems eines Endlichen
             Automaten auf eine Teilmenge des I/O-Verhaltens.

3.3.1.4 Transformationen von Netzwerken

Transformationsklassen von Netzwerken werden mit TRANS(NXEA) abgekürzt.

a. *TRANS (NBEA)*   *Netzwerk in Black Box*

aa. NB1EA   Berechnung der Black Box, die die Kopplung eines Netzwer-
             kes mit der Netzwerkumgebung realisiert.

b. *TRANS (NNEA)*   *Netzwerk in Netzwerk*

ba. NN1EA   Berechnung der Vergröberung eines Black Box-Netzwerkes
             aufgrund einer auf der Menge der Komponenten gegebenen
             mittels einer Äquivalenzrelation induzierten Klassenein-
             teilung.

bb. NN2EA   Berechnung der Verfeinerung eines Netzwerkes durch die
             Anwendung von Zerlegungsoperationen auf die einzelnen
             Komponenten.

3.3.1.5 Transformationen von Algorithmen

Die analoge formelhafte Abkürzung von Transformationsklassen von Algorithmen ist TRANS(AXEA).

a. *TRANS (ABEA)*   *Algorithmus in Black Box*

aa. AB1EA   Berechnung der zu einem Algorithmus gehörigen Black Box.

b. *TRANS (AGEA)*   *Algorithmen in Generatoren*

ba. AG1EA   Abbildung eines Algorithmus in ein zugehöriges Petri-Netz
             mit Anfangsmarkierung.

c. *TRANS (AAEA)*   *Algorithmus in Algorithmus*

ca. AA1EA   Transformation zur Vergröberung von Algorithmen.
cb. AA2EA   Transformation zur Verfeinerung von Algorithmen.

3.3.2 Systemtransformationen für die Schaltwerkebene SW

Die meisten der in der Automatenebene behandelten Systemtransformationen können auch in der Schaltwerkebene angewendet werden. Im folgenden werden einige spezielle Systemtransformationen für die Schaltwerkebene, die zusätzlich für STIPS.FSM in Betracht kommen, behandelt. Sie
tragen in ihren formelhaften Bezeichnungen den Doppelbuchstaben SW.

Transformationen von Black Boxes werden mit TRANS(BXSW) abgekürzt. Der Buchstabe X wird durch den Ziel-Systemtyp spezifiziert. Zu ihnen
zählen:

a. *TRANS(BBSW)*   *Black Box in Black Box*

aa. BB1SW:=DFT   Diskrete Fouriertransformation einer Schaltfunktion.
ab. BB2SW:=WFT   Walsh-Fouriertransformation einer Schaltfunktion.
ac. BB3SW:=GFT   Allgemeine Fouriertransformation einer Schaltfunktion.

b. *TRANS (BGSW)*   *Black Box in Generator*

ba. BG1SW   Transformation einer binären Folge $b_0,b_1,b_2,...$ in ein
sie erzeugendes LFSR minimaler Länge (z.B. mit dem
Massey-Berlekamp-Algorithmus).

c. *TRANS (BNSW)*   *Black Box in Netzwerk*

ca. BN1SW   Kanonische Transformation eines Schaltnetzes
$f:B^n \rightarrow B^m$ in eine Parallelschaltung von m Schaltfunktionen $f_1,f_2,...,f_m$.

cb. BN2SW   Transformation einer Schaltfunktion in eine Kaskadenschaltung von Schaltfunktionen mit disjunkten
Inputvariablen (z.B. mit der Methode von Ashenhurst).

Die Bilder 3.17 und 3.18 veranschaulichen die Transformationen BN1SW und
BN2SW.

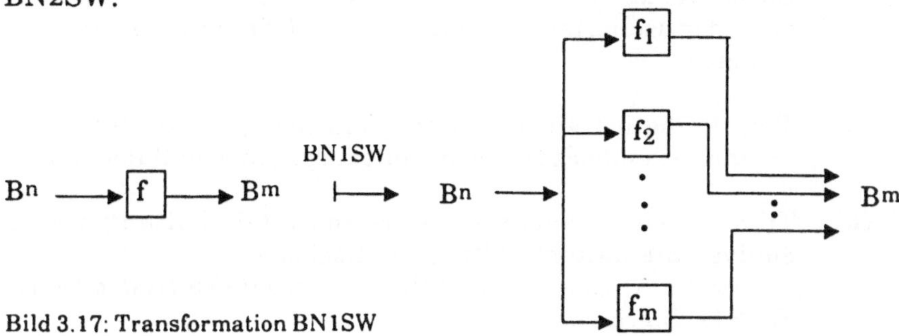

Bild 3.17: Transformation BN1SW

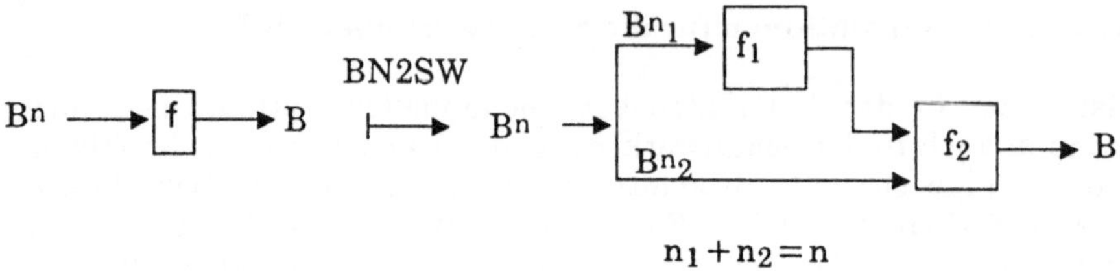

$$n_1 + n_2 = n$$

Bild 3.18: Transformation BN2SW

3.3.3 Systemtransformationen für die Gatterschaltungsebene GS

Die Gatterschaltungsebene GS stellt in der Architektur von STIPS.FSM das Bindeglied zwischen der Schaltwerkebene und darunterliegenden, nicht mehr zu STIPS.FSM gehörigen Ebenen, die verfeinerte Modelle für die elektrotechnische Konstruktion beinhalten, dar. In der Ebene GS können Schaltwerke und Schaltnetze mit elementaren Bausteinen, die zusammengefaßt mit dem Sammelnamen *Gatter* bezeichnet werden, konstruiert werden. Im einfachsten Fall sind dies Bausteine in Form der üblichen logischen Gatter, die Operationen wie AND, OR, NOT, EXOR, NAND, NOR und andere beinhalten. Aber auch kompliziertere Gatter, wie Threshold-Elemente oder auch Speicherbausteine wie ROM's, RAM's, PROM's, EPROM's und andere, sowie programmierbare Hardwarebausteine, etwa PLA's und EPLD's, sind Elemente der Gatterschaltungsebene. Diese Bausteine verwirklichen konkrete Systemtypen und bilden die Menge SYST(GS). Der Name *Gatterschaltung* deutet bereits an, daß der Systemtyp Netzwerk in seinen speziellen Ausprägungen für die Gatterschaltungsebene im Vordergrund stehen wird. Beispiele für Systemtransformationen in der Gatterschaltungsebene, - sie beinhalten die Kennzeichnung GS -, in STIPS.FSM sind:

a. NN1GS Transformation einer schaltalgebraischen Form $T(x_1,x_2,...,x_n)$ in eine zugehörige minimale *Summe von Produkten* der Form $T_{MIN}(x_1,x_2,...,x_n)$ mittels des Quine-Mc Cluskey Algorithmus.

b. NN2GS Positionierung der Bausteine einer Gatterschaltung in der Ebene, sodaß bei Verwendung einer Leiterplatte mit k voneinander isolierten Schichten keine Überkreuzungen vorkommen.

c. NN3GS Transformation einer schaltalgebraisch spezifizierten Form in eine optimale Realisierung mit vorgegebenen Bausteinen.

d. NN4GS Transformation einer speicherfreien Gatterschaltung in eine äquivalente Gatterschaltung mit Speicher.

Damit beenden wir die Angabe von wichtigen *Horizontalen Systemtransformationen*, die für STIPS.FSM in Betracht kommen.

3.3.4 Vertikale Systemtransformationen

Als nächstes werden *Vertikale Systemtransformationen*, die zwischen den einzelnen Ebenen vermitteln, behandelt. In Abschnitt 3.1 haben wir die vertikalen Systemtransformationen von STIPS.FSM in vier Klassen eingeteilt. Die Klasse TRANS(EA/SW) besteht aus Transformationen, die Systemtypen, die in der Automatenebene definiert sind, auf Systemtypen der Schaltwerkebene abbilden. Grob gesprochen können diese Transformationen als *Binäre Codierungen* bezeichnet werden. Die Klasse TRANS(SW/EA) besteht aus Transformationen, die Systemtypen der Schaltwerkebene auf solche in der Automatenebene abbilden. Transformationen dieser Klasse sind oft *Homomorphismen*. Die übrigen zwei Klassen von vertikalen Systemtransformationen, nämlich die Klassen TRANS(SW/GS) und TRANS(GS/SW) haben analoge Bedeutungen, aber bezogen auf die Schaltwerkebene und Gatterschaltungsebene. Mit jeder Transformation aus TRANS(SW/GS) wird einem Systemtyp aus der Schaltwerkebene ein korrespondierender Systemtyp der Gatterschaltungsebene zugeordnet. Die Transformationen dieser Klasse können als *Gatter-Realisierungen* eingestuft werden. Die Transformationen aus TRANS(GS/SW) dagegen setzen Systemtypen aus der Gatterschaltungsebene in Korrespondenz zu entsprechenden Systemtypen der Schaltwerkebene und stellen wiederum eine Art von *Homomorphismen* dar. Die *vertikal nach unten gehenden* Transformationen der Klassen TRANS (EA/SW) und TRANS(SW/GS) berechnen jeweils eine Verfeinerung von Systemtypen. Sie sind deshalb meistens von induktiver Art. Die *vertikal nach oben gehenden* Transformationen der Klassen TRANS(GS/SW) und TRANS (SW/EA) dagegen vergröbern in der Regel. Sie sind deshalb meistens von deduktiver Art.

Einzelne wichtige vertikale Transformationen sollen nun behandelt und in STIPS.FSM eingebracht werden.

3.3.4.1 Transformationen von 'EA vertikal nach unten zu SW'

Transformationen dieser Art werden verkürzt dargestellt als XEAkYSW mit $k = 1,2,\dots$. Beispiele hierfür sind:

a.   BEA1NSW   *Binäre Realisierung einer Funktion*

Die Transformation $T := BEA1NSW$ berechnet zu einer gegebenen Funktion $f{:}A{\to}B$ (sie ist gegeben als Tabelle, A und B sind endliche Mengen) eine binäre Realisierung in der Form einer Serienschaltung $\alpha \to f_B \to \beta$, wobei $\alpha{:}A{\to}B^n$, $f_B{:}B^n{\to}B^m$ und $\beta{:}B^m{\to}B$ ist, sodaß $f = \alpha \circ f_B \circ \beta$ gilt. Ihre grafische Darstellung zeigt Bild 3.19.

Bild 3.19: Binäre Realisierung einer Serienschaltung

b. GEA1GSW *Realisierung eines Endlichen Automaten durch ein Schaltwerk*

Zu einem gegebenen Endlichen Automaten $M=(A,B,Q,\delta,\lambda)$ wird die Aufgabe formuliert, daß eine Transformation $T:=\text{GEA1GSW}$, die M in ein Schaltwerk $S=(B^m,B^p,B^n,\delta_s,\lambda_s)$ abbildet, welches M simuliert, gesucht ist.

Diese Aufgabe ist gelöst, wenn geeignete Codierabbildungen (α,β,γ) gefunden sind mit

1. $\alpha:A\to B^n$, der Input-Codierung,
2. $\beta:B^m\to B$, der Output-Decodierung und
3. $\gamma:Q\to B^n$, der Zustandscodierung (state assignment), so daß sie den folgenden beiden Simulationsbedingungen genügen:
3.1 (S1) $\gamma(\delta(q,a))=\delta_s(\gamma(q),\alpha(a))$ und
3.2 (S2) $\lambda(q,a)=\beta(\lambda_s(\gamma(q),\alpha(a)))$.

Eine stets zu einer Lösung (wenn auch im allgemeinen nicht zu einer optimalen Lösung) führende Konstruktion der *Simulationszuordnung* (α,β,γ) ist die folgende:

1. Wähle $\alpha:A\to B^m$ injektiv   (sonst beliebig, m genügend groß).
2. Wähle $\gamma:Q\to B^n$ injektiv (sonst beliebig, n genügend groß).
3. Wähle $\delta_s:B^n\times B^m\to B^n$, sodaß stets für alle $(q,a)\in Q\times A$ gilt, daß $\delta_s(\gamma(q),\alpha(a))=\gamma(\delta(q,a))$ ist.
4. Wähle $\lambda_s:B^n\times B^m\to B^p$, sodaß aus $\lambda_s(\gamma(q),\alpha(a))=\lambda_s(\gamma(q'),\alpha(a'))$ stets $\lambda(q,a)=\lambda(q',a')$ folgt.
5. Wähle $\beta:B^p\to B$, sodaß gilt $\beta(\lambda_s(\gamma(q),\alpha(a)))=\lambda(q,a)$.

Mit der Ausführung der vorangehenden Regeln wird aus $M=(A,B,Q,\delta,\lambda)$ ein zugehöriges Schaltwerk $S=(B^m,B^p,B^n,\delta_s,\lambda_s)$ konstruiert, welches den Endlichen Automaten M simuliert. Die gewünschte Transformation $T=\text{GEA1GSW}$ ist damit gefunden.

c. GEA1NSW *Realisierung eines Endlichen Automaten durch ein Strukturiertes Schaltwerk*

Wird in einer Simulationszuordnung (α,β,γ) eines Endlichen Automaten M zu einem Schaltwerk δ die Zustandscodierung $\gamma:Q\to B^n$ nach der im Verband von M enthaltenen Strukturinformation über mögliche Serien-Parallelzerlegungen von M geeignet gewählt, so kann mit der gerade zuvor konstruierten Transformation GEA1GSW ein Schaltwerk in Form eines Serien-Parallel-Netzes von Schaltwerken und Schaltnetzen (Strukturiertes Schaltwerk) erzielt werden. Es erscheint zweckmäßig, diese wichtige Vertikale Transformation, die allerdings zusätzlich zum Automaten auch die Kenntnis seines Verbandes voraussetzt, als eigene Transformation $T:=\text{GEA1NSW}$ in STIPS.FSM aufzunehmen. Dabei sind jedoch Parameter, die dem Benutzer die Auswahl einer geeigneten (optimalen) Strukturierung erlauben, noch offenzulassen.

d.   **GEA2NSW**   *Realisierung eines Endlichen Automaten durch Binäre Schieberegister*

Die weitgehend universell anwendbare Methode von Böhling zur Schieberegister-Realisierung eines Endlichen Automaten kann auf den Fall der Binären Schieberegister eingeschränkt werden. Als Ergebnis erhält man eine spezielle Zustandscodierung $\gamma:Q\to B^n$, die zu einer gewünschten Strukturierung der Zustandsüberführung in einzelne Schieberegister führt.

3.3.4.2 Transformationen von 'SW vertikal nach oben zu EA'

Transformationen dieser Art werden abgekürzt mit XSWkYEA bezeichnet. Beispiele sind:

a.   **GSW1GEA**   *Abbildung eines Schaltwerkes in einen Endlichen Automaten*

Jedem Schaltwerk $S=(B^m,B^p,B^n,\delta_S,\lambda_S)$ kann, wenn die binäre Darstellung der Elemente von B^m, B^p und B^n *vergessen* wird, und wenn ein mengentheoretischer Isomorphismus $B^m\leftrightarrow A$, $B^p\leftrightarrow B$, $B^n\leftrightarrow Q$ zu endlichen, abstrakten Mengen A,B,Q eingerichtet wird, in trivialer Weise ein Endlicher Automat $M=(A,B,Q,\delta,\lambda)$ zugeordnet werden.

b.   **GSW2GEA**   *Homomorphe Abbildung eines Schaltwerkes in einen Endlichen Automaten*

Sei $S=(B^m,B^p,B^n,\delta_S,\lambda_S)$ das gegebene Schaltwerk. Sei weiters π eine Automatenkongruenz von S, d.h. daß aus $q^{(n)}\,\pi\,q'^{(n)}$ für alle $a^{(m)}\in B^m$ folgt, daß auch $\delta_S(q^{(n)},a^{(m)})\pi\delta_S(q'^{(n)},a^{(m)})$ gilt. Mit B^n/π sei die Quotientenmenge von B^n nach π bezeichnet. Wir konstruieren nun einen Endlichen Automaten $M=(A,B,Q,\delta,\lambda)$ nach folgendem Regelsystem:
1. $A\simeq B^m$ (A isomorph zu B^m).
2. $Q\simeq B^n/\pi$ (Q isomorph zu B^n/π).
3. $B\simeq\{U:U=\{b^{(p)}:b^{(p)}=\lambda_S(q^{(n)},a^{(m)})\wedge q^{(n)}\in[q^{(n)}]_\pi\wedge a^{(m)}\in B^m\}\}$.
4. $\delta:Q\times A\to Q$ ist gegeben durch $\delta(q,a)\to[\delta(q^{(n)},a^{(m)})]_\pi$, wenn $q\simeq[q^{(n)}]_\pi$ und $a\simeq a^{(m)}$ gilt.
5. $\lambda:Q\times A\to B$ ist gegeben durch $\lambda(q,a)\simeq\{b^{(p)}:b^{(p)}=\lambda_S(q^{(n)},a^{(m)})\wedge$ $q^{(n)}\in[q^{(n)}]_\pi\}$, wobei gilt $q\simeq[q^{(n)}]_\pi$ und $a\simeq a^{(m)}$.

3.3.4.3 Transformationen von 'SW vertikal nach unten zu GS'

Als Transformationen dieser Art sind neben anderen folgende von Bedeutung:

a.   **BSW1NGS**   *Realisierung einer Schaltfunktion durch die Disjunktive Normalform*

b.   BSW2NGS   *Realisierung einer Schaltfunktion durch die Konjunktive Normalform*

c.   BSW3NGS   *Realisierung einer Schaltfunktion durch eine speicherfreie Gatterschaltung mittels des Quine-McCluskey-Algorithmus*

d.   BSW4NGS   *Realisierung einer Schaltfunktion durch eine optimale Gatterschaltung mit Speicher*

e.   GSW1NGS   *Berechnung einer optimalen Gatterschaltung für ein vorgegebenes Schaltwerk auf der Basis von Stick-Diagrammen*

3.3.4.4 Transformationen von 'GS vertikal nach oben zu SW'

Die nachfolgenden drei Transformationen werden aufgenommen:

a.   NGS1BSW   *Bestimmung der zu einer schaltalgebraischen Form gehörigen Schaltfunktion*

b.   GGS1GSW   *Bestimmung des zu einer Gatterschaltung mit Speicher gehörigen Schaltwerkes*

c.   NGS2BSW   *Berechnung der Testpattern einer Gatterschaltung mittels des D-Algorithmus*

Die Behandlung von Systemtransformationen in STIPS.FSM soll damit einen vorläufigen Abschluß erhalten. Die mit den Ausführungen in Abschnitt 3.2. angesprochenen Systemtypen zum Aufbau der Systembank SYST von STIPS.FSM und die in Abschnitt 3.3. beschriebenen Systemtransformationen für die Transformationsbank TRANS von STIPS.FSM statten die STIPS-Maschine bereits mit einer umfangreichen Funktionsvielfalt aus. Diese Funktionsvielfalt ist in CAST.FSM, einer Implementierung von STIPS.FSM weitgehend enthalten. Mit CAST.FSM werden derzeit vorwiegend Aufgabenstellungen zum Problemkreis *Design for Testability für ASIC-Bausteine* und zur *Kryptographie* bearbeitet. Eine Ausweitung hin zu weiteren Anwendungsgebieten wird sicherlich die Bereitstellung weiterer spezieller Systemtypen mit zugehörigen Systemtransformationen erfordern.

Für den praktischen Einsatz sollte zweckmäßigerweise STIPS.FSM als eine globale Methodenbank aufgebaut sein, von der Teilbanken für spezielle Aufgaben zur lokalen Anwendung abgeleitet werden können. Anstelle des Problemlösens im allgemeinen tritt dann das spezielle, auf die Anwendung bezogene Problemlösen (Application Domain Specific Problem Solving). So könnte DFT-STIPS.FSM eine Methodenbank für Automaten- und Schaltwerke sein, die speziell für Anwendungen der Systemtheorie beim *Design for Testability* DFT eine nützliche Hilfe ist. Analog würde CRYPTO-STIPS. FSM eine spezielle Methodenbank sein, die vorwiegend für Probleme der Kryptologie eingesetzt werden kann.

Wie erwähnt, soll mit dem Konzept der STIPS-Maschine der Arbeitsplatz eines Ingenieurs eine Ausstattung erhalten, mit dem systemtheoretisch fundierte Werkzeuge in Form von interaktiven Methodenbanken gestaltet und genutzt werden können. Eingebunden in diese Ausstattung soll auch CAST-Software für spezielle Aufgabenstellungen, z.B. für die Behandlung von FSM-Problemen als ein Grundstock von implementierten Systemtypen und Systemtransformationen zur Entwicklung von Systemalgorithmen zur Verfügung stehen. Vom Anwender wird aber erwartet, daß er bei Bedarf weitere Systemtypen und Systemtransformationen, die für seine Arbeit wichtig sind, entwickeln und in die jeweilige STIPS-Maschine ohne größeren Aufwand integrieren kann.

3.4 Beispiele für STIPS.FSM-Algorithmen

Nach der Behandlung der wichtigsten Systemtypen und Systemtransformationen für STIPS.FSM werden wir nun für die Lösung von einigen typischen Problemstellungen die zugehörigen Systemalgorithmen beispielhaft entwickeln. Die nachfolgenden Beispiele verfolgen allerdings nur den Zweck, das Konzept des *Systemalgorithmus* und die Methodik für seine Entwicklung mittels einer STIPS-Maschine an konkreten Fällen zu demonstrieren. Sie haben daher vorwiegend *demonstrativen* Wert.

3.4.1 Automaten-Identifikation mittels Homing- und Diagnose-Experimenten

Gestellt sei die Aufgabe, von einem gegebenen Automaten $M = (A,B,Q,\delta,\lambda)$ die Zustandsüberführungsfunktion δ mittels Homing- und Diagnose-Experimenten auf ihre Korrektheit zu überprüfen. Um zu erkennen, daß von $q \in Q$ mittels $a \in A$ der korrekte Wert $\delta(q,a) \in Q$ erreicht wird, geht man so vor:

1. Bei unbekanntem beliebigen Anfangszustand $q_0 \in Q$ wird ein Homing-Experiment (h,h') mit $h \in A^*$ und $h' \in B^*$ an M durchgeführt, welches zum Zustand q in M führt, also homing state $(h,h') = q$.
2. Dann wird an M der Input $a \in A$ angelegt, wodurch M in den Zustand $q^* = \delta(q,a)$ übergeht.
3. Der Zustand q^* wird schließlich mit einem zugehörigen Diagnose-Experiment (d,d') mit $d \in A^*$ und $d' \in B^*$ diagnostiziert, also diagnosing state $(d,d') = q^*$.

Kann dieser Vorgang für jede Zustandsüberführung $(q,a) \rightarrow \delta(q,a)$ durchgeführt werden, so ist auf diese Weise die Korrektheit der Zustandsüberführungsfunktion δ durch ein einfaches Experiment I = (w,w'), das man durch Konkatenation aller Einzelexperimente erhält, feststellbar, allerdings nur unter der Voraussetzung, daß die verwendeten Homing- und Diagnose-Experimente und auch die Ausgabefunktion λ bereits als korrekt erkannt sind.

Die gleiche Aufgabe wird in der Sprache unserer STIPS-Maschine dadurch formuliert, daß zu einem gegebenen Endlichen Automaten M = (A,B,Q,δ,λ), der in STIPS.FSM als Generator G1EA darstellbar ist, mit Hilfe einer Transformation T ein *Identifikationsexperiment* I = (w,w') *kürzester Länge* zu berechnen ist. I ist in STIPS.FSM als Black Box B1EA dargestellt. Die Transformation T soll dabei mittels der in STIPS.FSM zur Verfügung stehenden Systemtransformationen durch einen Systemalgorithmus realisiert werden.

Bild 3.20 zeigt das Flußdiagramm des zuvor bereits erläuterten Systemalgorithmus T zur Berechnung von I. Ausgehend von M werden mit den Transformationen T_{MH} und T_{MD} passende Homing- und Diagnose-Experimente minimaler Länge von M berechnet. Die anschließende Transformation K konstruiert daraus unter Einbeziehung von M das Identifikationsexperiment I = T(M). Die Transformationen T_{MH} und T_{MD} sind dabei direkt aus den in STIPS.FSM vorhandenen Systemtransformationen GN5EA (Berechnung des Homingbaumes) und GN6EA (Berechnung des Diagnosebaumes) ableitbar. Gilt $(h,q) \in H_{MIN}$, so heißt dies, daß für jeden Anfangszustand q_0 von M das

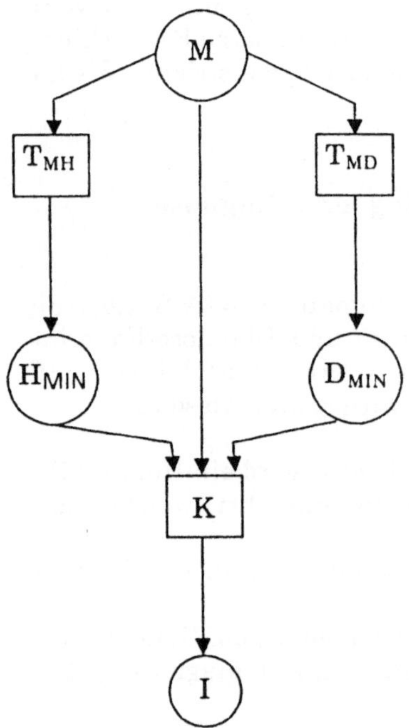

Bild 3.20: Graph des Systemalgorithmus zur Berechnung eines Identifikationsexperiments kürzester Länge

einfache Experiment $(h,\lambda^*(q_0,h))$ den erreichten Zustand $q=\delta^*(q_0,h)$ eindeutig festlegt. Die Zustandsüberführung $(q,a)\rightarrow q^*$ wird als korrekt angesehen, wenn das Diagnoseexperiment $(d,\lambda^*(q^*,d))$ eindeutig den Zustand q^* in M diagnostiziert. Es gilt dann $(d,q^*)\in D_{MIN}$.

Das einfache Experiment (had,h'bd'), wobei $h'=\lambda^*(q_0,h)$, $b=\lambda(q,a)$ und $d'=\lambda^*(q^*,d)$ gilt, sichert daher, daß die Zustandsüberführung $(q,a)\rightarrow\delta(q,a)$ korrekt ist. Die Transformation K realisiert mittels H_{MIN}, D_{MIN} und M diese Experimente und fügt sie durch Konkatenation zum Identifikationsexperiment $I=(w,w')$ mit $w=h_1a_1d_1h_2a_2d_2...h_ka_kd_k$ und $w'=h_1'a_1'd_1'h_2'a_2'd_2'...h_k'a_k'd_k'$ zusammen.

Wir sehen, daß für dieses Beispiel weder T_{MH} und T_{MD} noch K in der Transformationsbank von STIPS.FSM explizit enthalten sind. Diese Transformationen können aber im Rahmen der Entwicklung des Systemalgorithmus ad hoc realisiert werden. Das Beispiel ist absichtlich so gewählt, daß es nicht mit den bereits in STIPS.FSM vorhandenen Systemtransformationen unmittelbar gelöst werden kann. Aber in STIPS.FSM sind mit G1EA (für M), B1EA (für I) und B3EA (für H_{MIN} und D_{MIN}) die in Frage kommenden Systemtypen verfügbar. Ebenso kann H_{MIN} und D_{MIN}, wie bereits erwähnt, mittels GN5EA bzw. GN6EA bestimmt werden, sodaß auch die Transformationen T_{MH} und T_{MD} indirekt bereits vorhanden sind. Ebenso erfordert die Realisierung von K zur Konkatenation der einzelnen Homing- und Diagnose-Experimente keinen besonderen zusätzlichen Aufwand bei der Entwicklung des Systemalgorithmus.

Ist einmal die Lösung T für ein Beispiel gefunden, so kann sie, wenn gewünscht, natürlich unmittelbar in die Transformationsbank TRANS von STIPS.FSM aufgenommen werden.

3.4.2 Berechnung einer Gatterschaltung, die eine vorgegebene vektorwertige binäre Folge erzeugt

Häufig tritt in der Informationstechnik das Problem auf, für eine vorgegebene binäre vektorwertige, periodische Folge $u=b_0b_1b_2...$ einen Endlichen Automaten M zu konstruieren, der diese Folge erzeugt. In der Terminologie von STIPS.FSM besteht dieses Problem in der Konstruktion einer Systemtransformation T von der Art BG1EA. Wir wollen die Entwicklung eines Systemalgorithmus beschreiben, der mittels anderer, in STIPS.FSM bereits vorgegebener Systemtransformationen diese Aufgabe löst.

Dazu fassen wir als erstes die Folge $b_0b_1b_2...$ als das kartesische Produkt (Parallelschaltung) von p skalaren Folgen $u^{(i)}=b_0^{(i)}b_1^{(i)}b_2^{(i)}...$, $(i=1,2,...,p)$, auf. Formal gesehen besteht dieser Schritt in der Ausführung von p Projektionen $P^{(1)},P^{(2)},...,P^{(p)}$ von u auf die einzelnen Koordinaten. Zu den einzelnen Folgen $u^{(i)}$ wird im nächsten Schritt mittels der Systemtransformation LR=BG1SW (Massey-Berlekamp-Algorithmus) ein zugehöriges LFSR minimaler Länge, das die jeweilige Folge erzeugt, berechnet. Wir erhalten damit den Satz LFSR1, LFSR2,...,LFSRp von Linearen Rückgekoppelten Schieberegistern. Diese werden mittels der trivialen Kopplung zu einem kartesischen Produkt LM=LFSR1 × LFSR2 × ... × LFSRp zusammengefaßt. Der Lineare Automat LM wird anschließend mittels der Transformation /~ zustandsreduziert zum Quotientenautomaten LM/~. Dafür kann eine in STIPS.FSM für Lineare Automaten sehr effektiv implementierbare Systemtransformation von der Art GG1EA herangezogen werden. Mit der abschließenden Transformation RKF von der Art GN3EA wird eine Schieberegister-Realisierung LG von LM berechnet, die die von uns angestrebte Lösung darstellt. Bild 3.21 zeigt das Flußdiagramm des so entwickelten Systemalgorithmus.

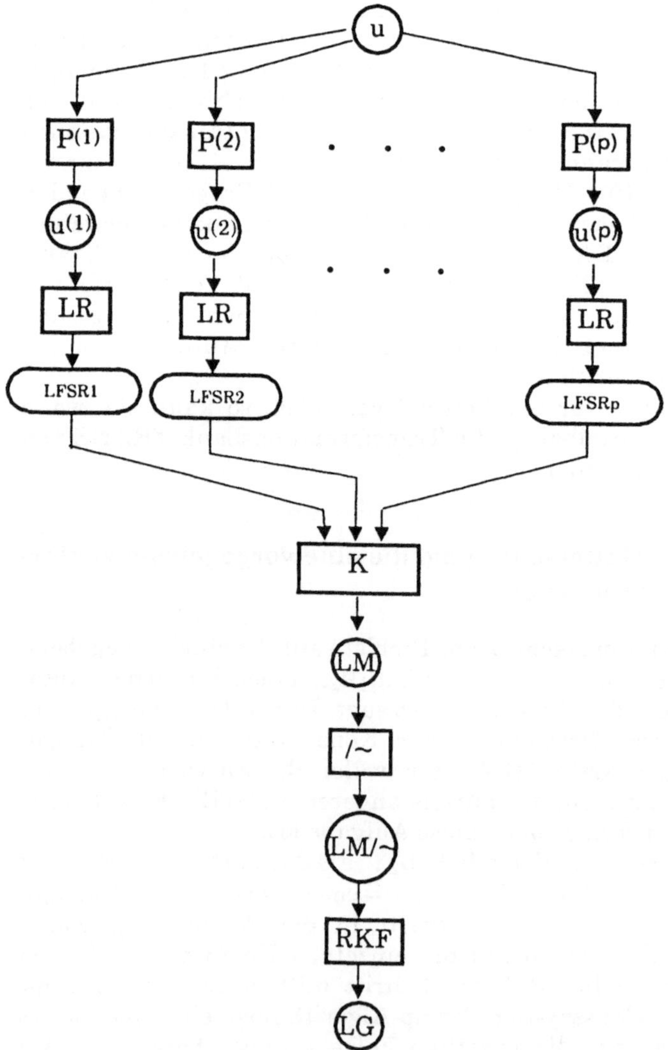

Bild 3.21: Graph des Systemalgorithmus zur Berechnung eines Endlichen Automaten als Generator einer binären Folge

Der Leser sei darauf hingewiesen, daß unsere Beispiele vorwiegend der Demonstration dienen und keinesfalls Beispiele für erfolgreiche, im Sinne praktischer Anwendbarkeit, entwickelte Systemalgorithmen sind. Das vorangehende Beispiel etwa kann nur in speziellen Fällen der Folge u ein Resultat LG, das in konkreten, praktischen Anwendungen verwendet werden kann, z.B als Testpatterngenerator bei der Konstruktion von Built in Self Test-Schaltungen, liefern.

3.4.3 Berechnung einer Schieberegister-Realisierung eines Endlichen Automaten

Das Testen eines in Hardware produzierten Endlichen Automaten auf Korrektheit stellt wegen der möglichen *sequentiellen Tiefe* meistens ein nicht einfach zu lösendes Problem dar. Beim *Design for Testability* bemüht man sich deshalb, Designmethoden zu entwickeln, die zu *leicht testbaren* Endlichen Automaten führen. Eine in der Computertechnik weitverbreitete Methode besteht darin, die in Frage kommenden Zustandsregister im Testfall mit einem *Scan Path* zu verbinden, sodaß über eine zusätzliche Leitung *von außen* durch einen seriellen Input jeder beliebige Zustand gesetzt und ausgelesen werden kann. Damit umgeht man die Forderung nach der Existenz von entsprechenden Homing- und Diagnose-Experimenten, wie wir sie im Beispiel von Bild 3.20 verwendet haben. Das Testen von Automaten wird damit auf das Testen von Funktionen, nämlich der Zustandsüberführungsfunktion und der Ausgabefunktion, zurückgeführt.

Wir beschreiben im folgenden eine Methode, die man in diesem Zusammenhang mit Hilfe von STIPS.FSM entwickeln kann. Diese Methode gestattet, für einen Endlichen Automaten die verschiedenen möglichen Strukturierungen mittels Schieberegister-Komponenten zu berechnen, und zwar so, daß ein geringerer Hardware-Aufwand für die Konstruktion eines Scan Path's erforderlich ist. Außerdem wird dadurch die Komplexität der Zustandsüberführungsfunktion verringert, sodaß sie leichter mit vorhandenen konventionellen Methoden testbar wird. Methoden dieser Art sind heute bei der Entwicklung von Zellen-Bausteinen mit *Built in Self Testing*-Vorkehrungen von besonderer Aktualität.

Wir beschreiben nun eine solche Methode durch die Entwicklung eines Systemalgorithmus mittels STIPS.FSM. Mit ihm kann die Testbarkeit Endlicher Automaten verbessert werden. Die Methode beruht auf der Möglichkeit der Berechnung einer Schieberegister-Realisierung eines Endlichen Automaten. Bild 3.22 zeigt das Ablaufdiagramm des zugehörigen Systemalgorithmus:

1. Im ersten Schritt wird mittels der Transformation BM, die die Böhling-Methode zur Schieberegister-Realisierung von M darstellt, eine Menge SL von Halbverbänden berechnet. Daraus können unmittelbar (mittels S1,S2,..,Sk) die dazugehörigen Zustandscodierungen s1,s2,...,sk, die zu (partiellen) Schieberegister-Realisierungen führen, abgelesen werden.

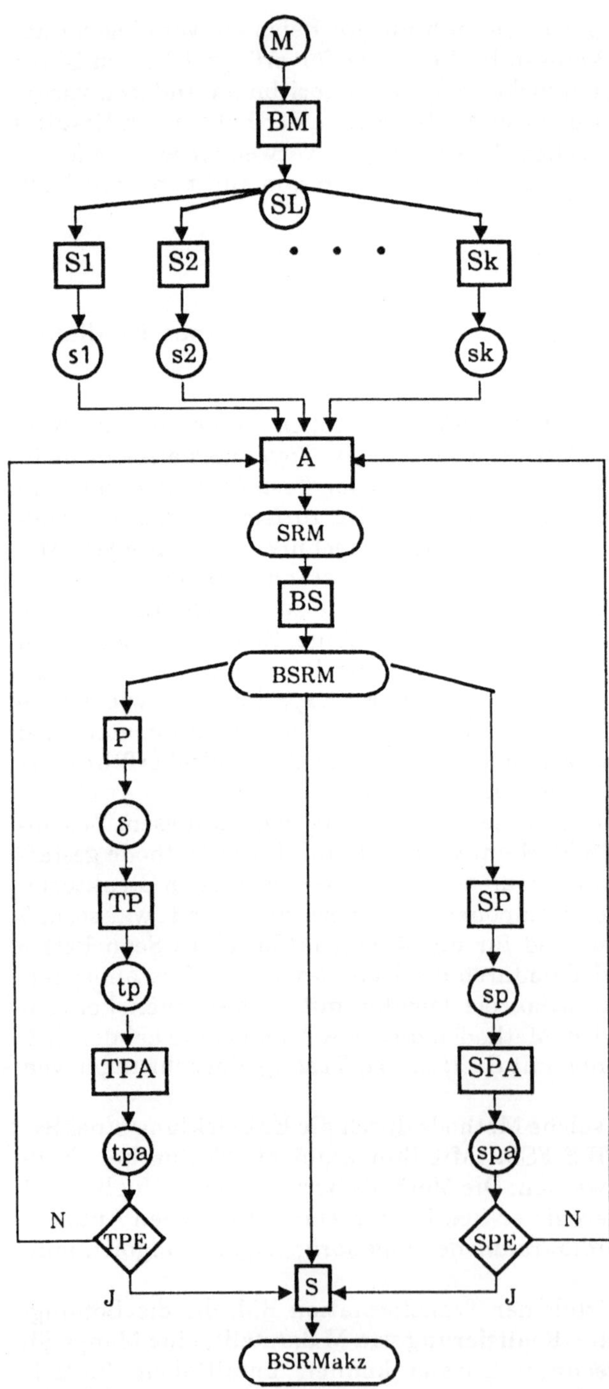

Bild 3.22: Graph des Systemalgorithmus für die Konstruktion eines EndlichenAutomaten mit Scan Path

2. Mit der anschließenden Operation A wird daraus eine Zustandscodierung der Reihe nach ausgewählt und die zugehörige Schieberegister-Realisierung SRM berechnet. Mit BS wird diese in eine Binär Codierte Schieberegister-Realisierung BSRM umgewandelt.
3. P projeziert daraus die Zustandsüberführungsfunktion δ, von der, abhängig von ihrer Realisierung durch eine Gatterschaltung, mittels TP die notwendigen Testpattern tp bestimmt werden.
4. Mittels SP wird aus BSRM das Scan Path-System sp ermittelt.
5. Beide Zwischenergebnisse, tp und sp, werden anschließend mit TPA bzw. SPA evaluiert. Die erhaltenen Bewertungen tpa und spa werden in TPE und SPE auf ihre Akzeptierbarkeit geprüft.
6. Im Falle, daß beide Werte akzeptabel sind, schaltet S die Binär Codierte Schieberegister-Realisierung BSRM, die zur Diskussion steht, als Ergebnis BSRMakz an den Ausgang durch. Andernfalls wird zur Untersuchung der nachfolgenden Zustandscodierung übergegangen.

In STIPS.FSM ist mit der Transformation GG3EA die Transformation von M in SRM vorhanden. Die Transformation BS ist von der Art GEA1GSW. P ist trivial und TP kann aus einer Serienschaltung von BSW1NGS (Berechnung der Disjunktiven Normalform), NN1GS (Optimierung mittels des Quine-McCluskey-Verfahrens) und NGS2BSW (D-Algorithmus) zusammengesetzt werden. Die übrigen Transformationen wie SP, TPA und SPA sind *anwendungsspezifisch*. Sie müssen mittels der in STIPS.FSM verfügbaren Programmierumgebung realisiert werden.

Dieses Beispiel zeigt bereits deutlich die Grenze auf, ab der es nicht mehr sinnvoll ist, eine Lösung mittels STIPS.FSM algorithmisch anzugehen. Vielmehr muß der Graph des Systemalgorithmus von Bild 3.22 als einer von vielen möglichen, zu dem der Designer mittels STIPS.FSM durch Versuche kommen kann, angesehen werden. Dabei ist zu beachten, daß es der Designer selbst in der Hand hat, den Systemalgorithmus in seiner Struktur festzulegen. Auch muß er einzelne Systemtransformationen, die in STIPS.FSM nicht direkt verfügbar sind, aus seiner Erfahrung und praktischen Sicht heraus ad hoc festlegen und implementieren. Dieser Stil des *explorativen Problemlösens* ist typisch für das Arbeiten mit Systemtheorie-Methodenbanken. Deshalb erfordern Systemtheorie-Methodenbanken entsprechend leistungsfähige und bequeme Programmierumgebungen. Diese Forderung ist in CAST.FSM, unserer derzeitigen Implementierung von STIPS.FSM, durch die *Interlisp D/Loops*-Programmierumgebung erfüllt.

3.5 Literaturhinweise und Anmerkungen

Im Rahmen dieses Buches können die einzelnen Systemtypen und Systemtransformationen, soweit sie für STIPS.FSM vorgesehen sind, nicht im Detail behandelt werden. Vom Leser wird für das Studium dieses Kapitels deshalb vorausgesetzt, daß er systemtheoretische Grundkenntnisse der Automaten- und Schaltwerktheorie besitzt. Zur Ergänzung unserer Ausführungen ist es aber doch notwendig, zu einzelnen Systemtypen und Systemtransformationen die entsprechenden Quellen aus der reichlich vorhandenen Literatur anzugeben. Das hier gewählte *Black Box-Konzept* ist vor allem bei [KLIR 1], [KLIR 2] anzutreffen. Das Konzept der *parametrisierten Input/Output-Relation* von der Art B7EA findet sich z.B. bei [PICH1]. Lehrbücher über Automatentheorie sind zahlreich. Erwähnt seien [KOHA], [BOOT], [ARBI], [HART] und als deutschsprachiges Buch [BRAU]. *Petri-Netze* werden in [PETE] und [REIS] behandelt. Für *Lineare Automaten* LM (Systemtyp G4EA) sei auf [GILL] und [REUS 1] verwiesen. Das Konzept der *Registerfluß-Maschine RFM* wurde von *Bainbridge* [BAIN] eingeführt und von Gollmann [GOLL] weiter behandelt. Bezüglich des Konzeptes *Dynamisches System*, wie es in STIPS.FSM zugrundegelegt ist, sei auf [PICH1] verwiesen. Der Systemtyp B7GS *(Threshold-Element)* stellt eine Schaltfunktion von B^n in B dar, die bei $a_1x_1 + a_2x_2 + ... + a_nx_n \geq k$ den Wert "1", sonst aber den Wert 0 hat. Ein Klassiker für die Behandlung von Threshold-Elementen ist das Buch von *Dertouzos* [DERT].

Die angegebenen Systemtypen sollen vorwiegend als typische Beispiele für Systemtypen, die in eine Methodenbank der Art STIPS.FSM aufgenommmen werden, angesehen worden. Es ist nicht notwendig, STIPS.FSM in dieser Hinsicht vollständig zu beschreiben. Jeder konkreten Implementierung einer Methodenbank STIPS.FSM wird sicherlich eine wohldefinierte Menge von Systemtypen und von Systemtransformationen zugrundegelegt werden müssen.

In jedem Falle sollte aber die Grundidee weiter verfolgt werden, daß stets eine Erweiterung durch *Einhängen* weiterer Systemtypen und Systemtrans-formationen möglich sein muß. Dieses Prinzip ist für alle Methodenbanken dieses Buches sichergestellt. Im nächsten Kapitel, in dem unsere Imple-mentierung von STIPS.FSM als interaktive Methodenbank CAST.FSM be-handelt wird, wird dies aufgezeigt.

Auch für die betrachteten Systemtransformationen von STIPS.FSM gilt, daß sie vorwiegend exemplarisch gesehen werden sollten. Wie bereits bemerkt, orientiert sich die Auswahl an den in CAST.FSM implementierten Transformationen und damit vorwiegend an den Erfordernissen der Anwen-dung von CAST.FSM für den prüffreundlichen Entwurf hochintegrierter Schaltkreise (Design for Testability) und in der Kryptographie. Bezüglich der Transformation BD1EA (Transformation einer Black Box in eine Dynamik) sei auf [WIND], [MESA], sowie auf [PICH1], wo Konstruktionen sehr allgemeiner Art behandelt werden, verwiesen. Die Systemtransformationen BN2EA, BN3EA und BN4EA (Transformation von Funktionen in ein Netz-werk von Funktionen) sind nur übersichtsweise angegeben. Sie stehen jeweils für eine *K*lasse spezieller Transformationen dieses Typs. Zum Beispiel stellt die *Fast-Fourier-Transformation FFT* in ihrer algebraischen Formulierung (vgl. z.B. [KUNZ] oder [JARO]) eine spezielle Transformation vom Typ BN2EA dar.

Für den Entwurf von Algorithmen, d.h. für die Konstruktion von Systemtransformationen vom Typ XA, sei auf das fundamentale Werk von *Knuth* [KNUT] verwiesen. Das Thema der *Automatischen Programmierung* wird aus der Sicht der Mathematischen Logik etwa bei *Manna* [MANN] behandelt. Sehr zahlreich sind Systemtransformationen vom Typ GX in der Automatentheorie. Sie ordnen jedem Automaten $M = (A,B,Q,\delta,\lambda)$ ein anderes mathematisches System zu. In den für STIPS.FSM in Abschnitt 3.3.1.2 vorgeschlagenen Transformationen seien mit Hinweis auf wichtige Literaturstellen die folgenden Anmerkungen verbunden.

Das Konzept des *Verbandes eines Automaten* ist bereits bei *Ashby* [ASHB] zu finden. Für die Automatentheorie ist aber das Buch von *Hartmanis-Stearns* [HART] die weitaus wichtigste Quelle, aus der man konkrete Hinweise für die Konstruktion von GB5EA (Berechnung des Verbandes eines Endlichen Automaten) und GN1EA sowie GN2EA (Parallel- bzw. Kaskaden-Zerlegung eines Endlichen Automaten) bekommt. Für die Transformationen GB6EA (Berechnung der kompatiblen Zustandspaare), die im Zusammenhang mit der Inversion von Endlichen Automaten von Bedeutung ist, sowie für GN5EA, GN6EA und GN7EA (Berechnung des Homing- bzw. Diagnose- bzw. Synchronisationsbaumes eines Endlichen Automaten) sei auf [KOHA] verwiesen. Für die lineare Realisierung eines Endlichen Automaten mit der Systemtransformation GG2EA wurde der Methode von *Reusch*, die in [REUS1], [REUS2] dargestellt ist, der Vorzug gegeben. Für die Realisierung eines Endlichen Automaten durch eine Schieberegisterdynamik nach GG3EA stellen die Arbeiten von *Böhling* [BÖHL1], [BÖHL2] und *Schütt* [SCHÜ] bedeutende Beiträge dar. Diese Realisierungsmethode, obwohl für Spezialisten seit mehr als zwanzig Jahren bekannt, scheint allgemein noch unbekannt zu sein. Ihre Aufnahme in einer Methodenbank STIPS.FSM erscheint uns notwendig. Die dafür in CAST.FSM durchgeführte Implementierung kann sicherlich zu einem weiteren Bekanntwerden dieser effektiven, algebraischen Methode beitragen. Die Transformationen GG4EA und GG5EA (Registerfluß-Maschinen-Realisierung eines Endlichen Automaten bzw. Automaten-Realisierung einer Registerfluß-Maschine) sind bis heute in der Automatentheorie nicht allgemein eingeführt. Da sie, wie *Bainbridge* [BAIN] gezeigt hat, einen automatentheoretischen Dualismus darstellen und eine systemtheoretisch interessante Problemstellung behandeln, sind sie in STIPS.FSM aufgenommen worden. Sie sind in CAST.FSM implementiert. Für GG7EA (Berechnung eines Simulators eines Endlichen Automaten) wird das in [PICH1] eingeführte Konzept verwendet. Die Transformation GN3EA (RKF-Schieberegister-Zerlegung eines Linearen Automaten $LM = (A,B,C)$) wird durch eine Änderung der Basis des Zustandsraumes mittels einer geeigneten Koordinatentransformation T erzeugt. T wird dabei so gewählt, daß durch die Ähnlichkeitstransformation $A \rightarrow A^* = TAT^{-1}$ die Dynamikmatrix A in die rational kanonische Form RKF(A) gebracht wird. Damit ist eine Zerlegung (RKF-Zerlegung) von $LM = (A,B,C)$ in der Form des Linearen Automaten $LM^* = (A^*,B^*,C^*)$ erreicht. Die Transformation GN4EA (Kalman-Zerlegung eines Linearen Automaten) bewirkt eine Strukturierung nach Steuerbarkeits- und Beobachtbarkeitseigenschaften. Sie wurde zuerst von *Kalman* in [KALM1] für Lineare Zeitinvariante Differentialsysteme entwickelt. Die Übertragung auf Lineare Automaten kann analog erfolgen.

Zu den angegebenen Transformationen, die auf der Schaltwerkebene in STIPS.M aufgenommen sind, seien die folgenden Literaturhinweise gegeben. DFT, die *Diskrete Fouriertransformation* BB1SW kann in jedem Lehrbuch über Signalverarbeitung nachgelesen werden. WFT, die *Walsh-Fouriertransformation* BB2SW findet sich mit Anwendungen zum Beispiel in [BEAU]. GFT, die *Allgemeine Fouriertransformation* BB3SW wurde von verschiedenen Autoren behandelt. Ein grundlegendes Werk über spektrale Methoden hat *Karpovsky* [KARP] verfaßt. Des weiteren seien noch die Bücher [KUNZ], [BETH] und [JARO] erwähnt. Die Anwendung verallgemeinerter spektraler Methoden stellt ein anspruchsvolles Forschungsgebiet dar. Deshalb werden diese Transformationen zur Aufnahme in eine STIPS.FSM vorgeschlagen. Verallgemeinerte Spektralmethoden bilden aber auch einen integralen Bestandteil der Theorie der *Linearen Systeme über Gruppen*, die in Kapitel 5 behandelt wird. Eine Software-Implementierung der GFT zusammen mit Anwendungen in der Digitalen Bildverarbeitung wurde von *Fellner* [FELL] durchgeführt. Eine Hardware-Implementierung in Form eines Systolischen Arrays wird in der Dissertation von *Hellwagner* [HELL 1], [HELL 2] behandelt.

Die Transformation BG1SW (Realisierung einer binären Folge durch ein LFSR) ist ein wichtiges Werkzeug zur Bestimmung der linearen Komplexität einer binären Folge. Eine Methode zur Realisierung dieser Transformation stellt der zuerst von *Massey* angegebene Algorithmus [MASS] dar. Für eine aktuelle Formulierung dieses Algorithmus und Ideen zur Anwendung vergleiche man *Rueppel* [RUEP]. Die Zerlegung von Schaltfunktionen, die durch die Transformation BN2SW durchgeführt wird, kann nach der Methode von *Ashenhurst* [ASHE] geschehen.

Die Realisierungstransformation GEA1GSW, die in STIPS.FSM vertikal von der Automatenebene EA in die Schaltwerkebene SW geht, berechnet zu einem gegebenen Automaten M ein zugehöriges Schaltwerk S. Der dabei verwendete Begriff der *Simulationszuordnung* (α,β,γ) stammt aus [PICH1]. Die Konstruktion von GEA1NSW (Realisierung eines Endlichen Automaten durch ein Strukturiertes Schaltwerk) wird dort ebenfalls erklärt. Diese Transformation stellt bereits einen Grenzfall für eine in STIPS.FSM aufzunehmende Transformation und einen mit STIPS.FSM entwickelbaren Systemalgorithmus dar. Ähnliches gilt für die Transformation GEA2NSW (Realisierung eines Endlichen Automaten durch Binäre Schieberegister).

Die Gatterschaltungsebene ist in unserem Vorschlag von STIPS.FSM vielleicht etwas zu kurz gekommen. An Lehrbüchern, die sich unter anderem auch mit der Gatterschaltungsebene auseinandersetzen, seien die Bücher von *Hotz* [HOTZ] und *Grass* [GRAS] und, als besonders mathematisch orientiertes Werk, das Buch von *Davio* [DAVI] genannt. Die Gatterschaltungsebene ist bekanntlich das Bindeglied zu Beschreibungsebenen, in denen auf die elektrischen und geometrischen Verhältnisse genauer eingegangen wird. Dementsprechend können bereits in der Gatterschaltungsebene Modelle, mit denen das reale Zeitverhalten der Bausteine, ihre geometrische Anordnung und ihre Verdrahtung studiert werden können, betrachtet werden. In der derzeitigen Implementierung CAST.FSM sind nur einfache Modelle dieser Art vorhanden. Es besteht jedoch die Absicht, CAST.FSM in dieser Hinsicht auszubauen, damit ein Anschluß an andere Modellierungs- und Simulationswerkzeuge, z.B. an solche, die auf CAD-Arbeitsplätzen für Elektronik zur Verfügung stehen, hergestellt werden kann.

Während die *Horizontalen Transformationen* von STIPS.FSM vor allem der Optimierung (im weitesten Sinne) dienen, stellen die *Vertikalen Transformationen* Verfeinerungs- oder Vergröberungsschritte im Entwurfsprozess dar. Die *nach unten* gehenden Transformationen strukturieren die Blöcke der oberen Ebene, indem sie zugehörige Verfeinerungen berechnen. Dies hat in der Regel in Verfolgung eines bestimmten Zieles (z.B. Realisierung durch einen Satz von vorgegebenen Bausteinen) zu geschehen, sodaß bei der Realisierung dieser Transformationen zusätzliches Erfahrungswissen einzubringen ist. Typische Beispiele dafür sind GEA1NSW (Realisierung eines Endlichen Automaten durch ein Strukturiertes Schaltwerk und GEA2NSW (Realisierung eines Endlichen Automaten durch Binäre Schieberegister).

4 CAST.FSM als Implementierung von STIPS.FSM

4.1 Vorbemerkungen

Im folgenden wird über die am Institut für Systemwissenschaften der Johannes Kepler Universität Linz durchgeführte Implementierung von STIPS.FSM in *Interlisp-D* und *Loops* berichtet. Sie wird mit CAST.FSM bezeichnet.

Die Methodenbank CAST.FSM kann, wie die bisherige Erfahrung lehrt, mit Erfolg im Unterricht eingesetzt werden. Neben diesem pädagogischen Motiv besteht aber auch das Ziel, mit ihr Grundlagen dafür zu erarbeiten, daß Methodenbanken wie CAST.FSM von dem in der Praxis arbeitenden Ingenieur genutzt werden können. Dieses Ziel zu erreichen, erscheint um so wichtiger, als die bisher existierenden CAD-Arbeitsplätze für Elektronik dem Logikdesigner für die *höheren funktionalen Entwurfsebenen*, also von der Register-Transfer-Ebene an aufwärts, nur in geringem Maße Werkzeuge, die auf fundierten Methoden aufbauen, anbieten. Mit CAST-Werkzeugen wird ein weiterer Weg beschritten, das systemtheoretische Wissen, das in großer Breite und großer Vielfalt vorhanden ist, an den Arbeitsplatz des Ingenieurs zu bringen. Diese Art von *CAST-Knowledge Engineering* ergänzt den aktuellen Trend, das individuelle Wissen eines erfolgreichen Praktikers zu objektivieren und übertragbar in Softwarebibliotheken oder in Expertensystemen allgemein verfügbar zu machen.

4.2 Objektorientiertes Programmieren

Das KI-orientierte Entwicklungssystem *Loops*, - eine Xerox Parc Entwicklung -, hat sich für die Implementierung von STIPS.FSM als gut geeignet erwiesen. Der damit mögliche objektorientierte Programmierstil kommt der systemtheoretischen Denkweise sehr nahe. *Systeme* sind mit *Objekten*, *Systemtypen* sind mit *Klassen* im Sinne von *Loops* zu assoziieren. Die auf den Systemen operierenden *Methoden* werden durch Definition von *Loops-*

Methoden festgelegt. Sie sind mit Analyse- und Syntheseoperationen, - also mit *Systemtransformationen* -, in Verbindung zu setzen. Das in *Loops* angebotene Klassenkonzept mit mehrstufiger Vererbung entspricht weitgehend den Hierarchieforderungen an die Klassifikation der Systemtypen und Systemtransformationen. Der in *Loops* eingerichtete Browser ermöglicht eine bequeme graphische Darstellung der einzelnen Klassen der Systemtypen von STIPS.FSM in Form eines Graphen. Bild 4.1 zeigt einen Ausschnitt aus dem Browser gemäß der derzeitigen Ausbaustufe von CAST. FSM. Ein weiterer Browser ist der Realisierungsbaum, der das wesentliche *Loops*-Instrument zur Entwicklung von Systemalgorithmen ist. Mit ihm ist es möglich, den Graphen des Systemalgorithmus am Bildschirm zu entwickeln, wobei man stets alle in Frage kommenden Methoden in einem hierarchisch organisiertem Menü zur Nutzung angeboten bekommt. Das *Klettern* im Baum spezieller Systemspezifikationen mittels der jeweils anwendbaren Systemtransformationen ist für den Benutzer damit bequem. Bild 4.2 zeigt einen Ausschnitt aus dem Browser, wie er bei der Entwicklung eines Systemalgorithmus für die Zerlegung eines Endlichen Automaten erzeugt wird.

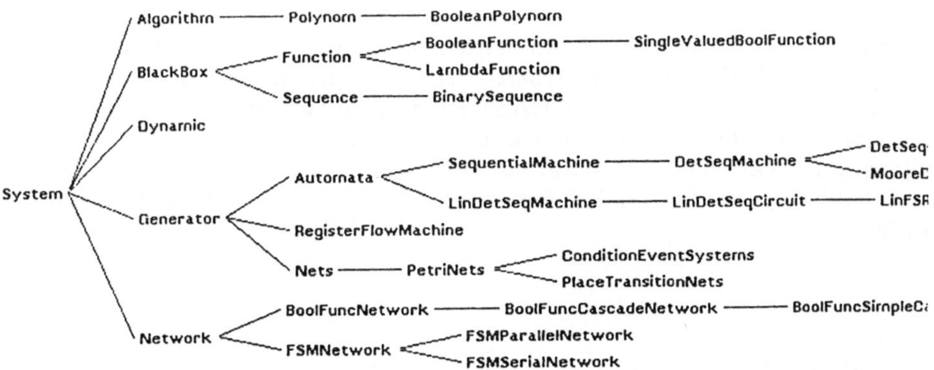

Bild 4.1: Ausschnitt aus demBrowser für Systemtypen von CAST.FSM

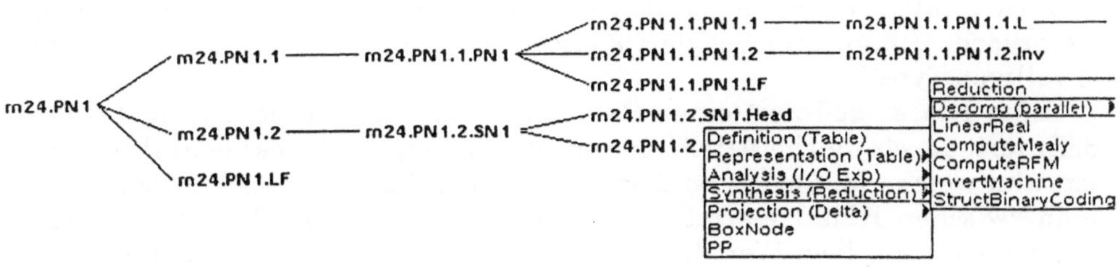

Bild 4.2: Browser zur Entwicklung von Systemalgorithmen

Im ganzen gesehen sind die Möglichkeiten, die *Loops* bei der Implementierung von CAST.FSM bietet, zufriedenstellend. Nicht zuletzt ist das Vorhandensein eines Lokalen Netzes mit Arbeitsplatzrechnern *Siemens EMS 5815* und der darauf laufenden Version *Buttress* von *Loops* auch ein Grund, sich im Netz der *Loops-Welt* zu verfangen.

4.3 Benutzeroberfläche

Bei der Gestaltung der Benutzeroberfläche ließen wir uns von den Gewohnheiten beim Arbeiten mit Endlichen Automaten, so wie es Tradition des Unterrichtens und der vorhandenen Lehrbücher ist, leiten. Die von *Interlisp-D* und *Loops* angebotenen Hilfsmittel, wie *Graphik, Fenster, Maus, Menütechnik* u.a., bieten dafür gute Unterstützung. Leitlinie war, daß alle Aktivitäten, die üblicherweise mit *Bleistift und Papier* unter Zuhilfenahme von Fachbüchern durchgeführt werden, bequem auch am Bildschirm mit Hilfe der Methodenbank CAST.FSM durchgeführt werden können. Deshalb wurden auch die verschiedenen graphischen Darstellungen von Endlichen Automaten und zugehörigen anderen Systemtypen wie Tabellen, Graphen, Hasse-Diagramme, Blockschaltbilder u.a. implementiert und in CAST.FSM aufgenommen. Auf diese Weise ist CAST.FSM ein *offenes System*, das beliebig weiter angereichert werden kann. An der Verbesserung der Benutzeroberfläche von CAST.FSM wird weiter gearbeitet. Dies entspricht auch der Sichtweise, die wir von einem Benutzer von CAST.FSM haben: er soll nämlich imstande sein, sich unter Heranziehung der in CAST.FSM vorhandenen Mittel eigene individuelle Werkzeuge zu schaffen. Bild 4.3 zeigt als Beispiel den Inhalt eines Bildschirms, der im Rahmen einer CAST.FSM-Anwendung erzeugt wurde.

4.4 Implementierung der Systemtypen

Wie bereits vorangehend erwähnt, werden Systemtypen mit Klassen assoziiert. Dies entspricht einer natürlichen Zuordnung. Klassen entsprechen Systemtypen, Inkarnationen der Klassen den eigentlichen Systemen des jeweiligen Typs.

Eine Klasse definiert einen Rahmen für die Inkarnationen. In ihr wird definiert, durch welche Attribute, d.h. Variablen, ein Objekt charakterisiert ist, und welche Methoden an dem Objekt angreifen. In *Loops* unterscheidet man zwischen Klassenvariablen, d.h. Attribute, die für alle Inkarnationen der Klasse denselben Wert haben, und Inkarnationsvariablen, deren Werte für die unterschiedlichen Inkarnationen individuell festgelegt werden kön-

Bild 4.3: Typischer Bildschirm-Inhalt für CAST.FSM ➤

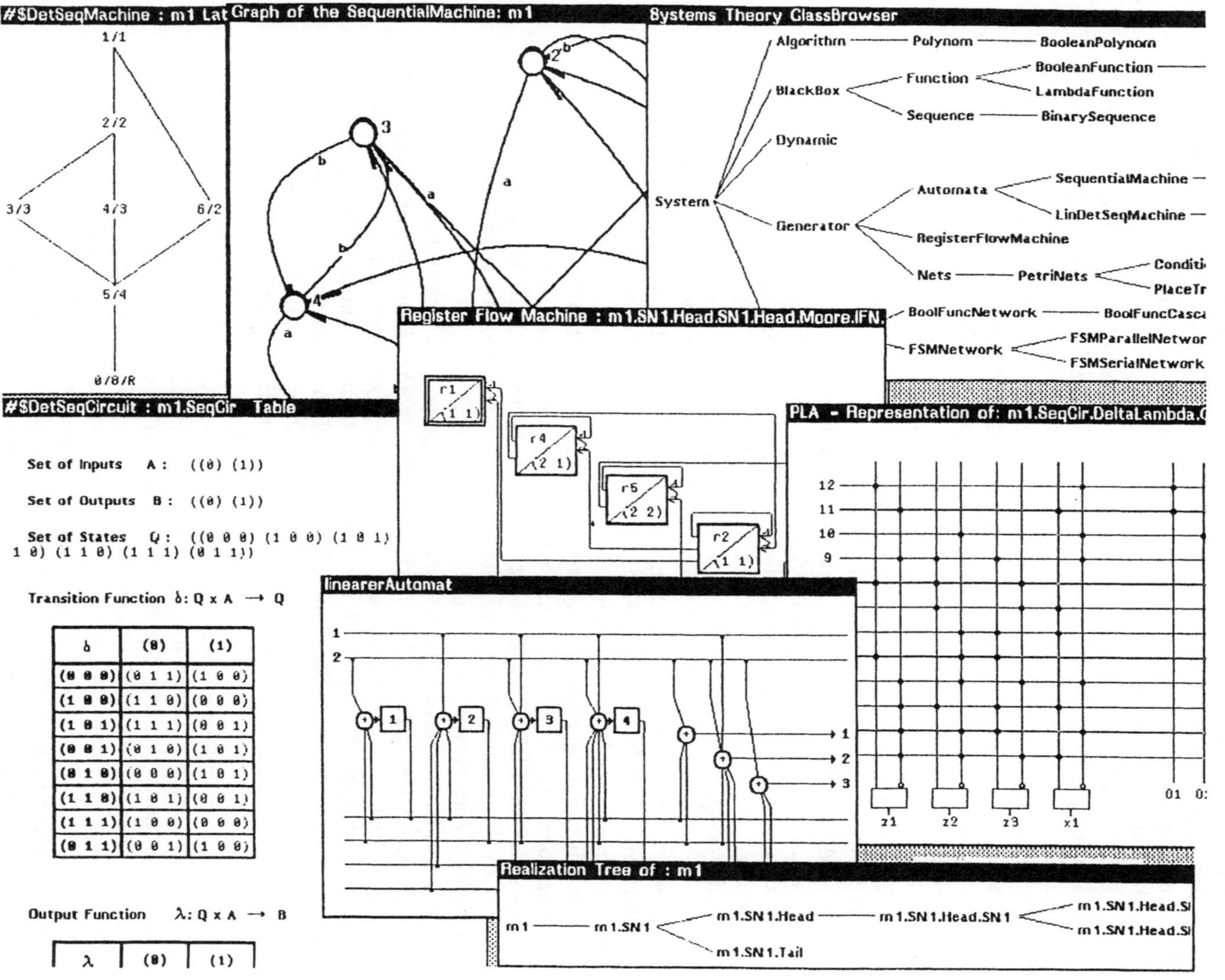

Transition Function δ: Q x A → Q

δ	(0)	(1)
(0 0 0)	(0 1 1)	(1 0 0)
(1 0 0)	(1 1 0)	(0 0 0)
(1 0 1)	(1 1 1)	(0 0 1)
(0 0 1)	(0 1 0)	(1 0 1)
(0 1 0)	(0 0 0)	(1 0 1)
(1 1 0)	(1 0 1)	(0 0 1)
(1 1 1)	(1 0 0)	(0 0 0)
(0 1 1)	(0 0 1)	(1 0 0)

Output Function   λ: Q x A → B

λ	(0)	(1)

nen. Bei der Sytemtypenimplementierung ist es auch sinnvoll, zwischen Variablen, die das System definieren, z.B. der Eingabemenge oder der Zustandsüberführungsfunktion eines Automaten, und einer Reihe von Hilfsvariablen zu unterscheiden.

Die Gliederung der systemtheoretischen Welt erfolgt vom Allgemeinen zum Speziellen. Ausgehend vom allgemeinen Begriff des Systems wird eine Spezialisierung in die fünf Allgemeinen Systemtypen vorgenommen. Von ihnen ausgehend wird dann weiter spezialisiert. Dieses Schema entspricht weitgehend dem Konzept der Spezialisierung und Vererbung des objektorientierten Programmierparadigmas. Variablen und Methoden, die bei der Oberklasse definiert sind, können von den Inkarnationen der Unterklasse verwendet werden. Bei den Spezialisierungen können nun weitere Attribute und Methoden angefügt werden. Der Browser der Systemtypen nach Bild 4.1 stellt diese Beziehungen anschaulich dar.

In CAST.FSM ist eine ausreichende Menge von Systemtypen implementiert, viele von ihnen explizit durch Klassendefinitionen, einige auch nur implizit und zwar dadurch, daß sie als Ergebnisse oder Zwischenergebnisse von Berechnungen auftreten. Der Grund dafür, daß nicht alle Systemtypen nach der Methode der Klassendefinition implementiert sind, liegt darin, daß nicht in allen Fällen die Notwendigkeit besteht, diese Objekte explizit anzugeben. Aus Gründen der Einfachheit wird also darauf verzichtet. Ein System muß nur dann als Objekt explizit vorhanden sein, wenn es Ausgangspunkt für weitere Berechnungen sein soll.

Im folgenden werden die wichtigsten implementierten Systemtypen kurz beschrieben. Ein Zusammenhang zu den allgemein beschriebenen Systemtypen von STIPS.FSM wird, soweit sinnvoll, hergestellt. Eine Unterscheidung zwischen Automatenebene EA und Schaltwerksebene SW wird in der vorliegenden Version von CAST.FSM nicht durchgeführt.

Als implementierte Systemtypen vom allgemeinen Systemtyp *Black Box* (SYST(BEA) bzw. SYST(BSW)) existieren *Funktionen* (Klasse: Function) mit Spezialisierungen, nämlich als *Schaltnetze* (Klasse: BooleanFunction, STIPS.FSM-Typ: B3SW) und als *Schaltfunktionen* (Klasse: SingleValued BoolFunction, STIPS.FSM-Typ: B2SW). Schaltfunktionen sind durch eine endliche Eingabemenge, eine endliche Ausgabemenge in Form von Listen und eine Funktionstabelle, die wegen des schnellen Zugriffs auf die Funktionswerte als Hash Array implementiert ist, definiert. Bild 4.4 zeigt eine Funktion in Form einer Tabelle. Tabellen dieser Art dienen sowohl zur Definition als auch zur Darstellung von Funktionen. Da Tabellen auch für viele andere Systemtypen implementiert sind, kommt ihnen eine besondere Bedeutung zu. Dabei ist zu beachten, daß Mengen stets in Listennotation angegeben werden. Die Elemente dieser Listen können sowohl explizit aufgezählt, als auch durch Aufruf einer *Lisp*-Funktion generiert werden. Die Tabelleneinträge werden mit der Maus und mit Pop-Up-Menüs fixiert.

Der Systemtyp *Folge* (Klasse: Sequence) und seine Spezialisierung als *Binäre Folge* (Klasse: BinarySequence, STIPS.FSM-Typ: B1SW) sind weitere Systemtypen vom Typ Black Box. Die Inkarnationsvariable SeqList nimmt die Elemente der Folge in Form einer Liste auf.

```
Set of Inputs    :   ((0 0 0) (0 0 1) (0 1 0) (0 1 1
(1 0 0) (1 0 1) (1 1 0) (1 1 1))
Set of Outputs   :   ((0 0) (0 1) (1 0) (1 1))

Set of Variables  :   (x y z)
```

Function : BoolFunc1

i	(x y z)	BoolFunc1
0	(0 0 0)	(0 1)
1	(0 0 1)	(1 0)
2	(0 1 0)	(1 0)
3	(0 1 1)	(0 0)
4	(1 0 0)	(1 0)
5	(1 0 1)	(1 1)
6	(1 1 0)	(1 1)
7	(1 1 1)	(0 0)

Bild 4.4: Tabellendarstellung einer Funktion

Der wichtigste Allgemeine Systemtyp ist der Typ des *Generators*
SYST(GEA) bzw. SYST(GSW). Unter diese Kategorie fallen *Endliche Auto-
maten* (Klasse: Automata), *Petri-Netze* (Klasse: PetriNet, STIPS.FSM-Typ:
G3EA) und der Systemtyp der *Registerfluß-Maschine* (Klasse: RegisterFlow
Machine, STIPS.FSM-Typ: G6EA). Diese Typen bilden den Kern von CAST.
FSM.

```
Set of Inputs    A :   (A B C D E F)

Set of Outputs   B :   ((0 0) (0 1) (1 0) (1 1))

Set of States    Q :   (p q r s t u v w x y z)
```

Transition Function δ: Q x A ⟶ Q

δ	A	B	C	D	E	F
p	p	u	q	t	r	w
q	q	w	u	p	v	s
r	z	y	p	t	z	x
s	s	q	u	p	r	r
t	p	y	s	r	v	p
u	p	u	p	q	p	t
v	s	p	z	u	q	r
w	v	p	w	v	p	v
x	u	w	t	s	z	w
y	t	y	q	x	p	u
z	p	u	p	r	s	p

Output Function λ : Q ⟶ B

λ	
p	(1 1)
q	(0 1)
r	(0 0)
s	(0 1)
t	(0 0)
u	(1 0)
v	(1 1)
w	(1 1)
x	(0 0)
y	(0 1)
z	(1 1)

Bild 4.5: Tabellendarstellung eines Automaten

Eine erste Einteilung von Endlichen Automaten erfolgt in *Lineare* (Klasse: LinDetSeqMachine) und *Nichtlineare Endliche Automaten* (Klasse: SequentialMachine, STIPS.FSM-Typ: G1EA). Nichtlineare Automaten sind durch Eingabemenge, Ausgabemenge, Zustandsmenge und durch eine Variable DeltaLambdaList, die die Zustandsüberführungsfunktion und die Ausgabefunktion des Automaten in einer eigenen Datenstruktur festlegt, definiert. Bild 4.5 zeigt die Tabellendarstellung eines Automaten. Neben dieser Darstellung kann man auch den Zustandsüberführungsgraphen betrachten. Von den Nichtlinearen Endlichen Automaten gibt es eine Reihe von Spezialisierungen, an denen spezielle Methoden angreifen. Die zugrundeliegende Datenstruktur bleibt aber immer die gleiche. Zu diesen Spezialisierungen zählen *Deterministische Endliche Automaten* (Klasse: DetSeq Machine), *Moore-Automaten* (Klasse: MooreDetSeqMachine), *Schaltwerke* (Klasse:

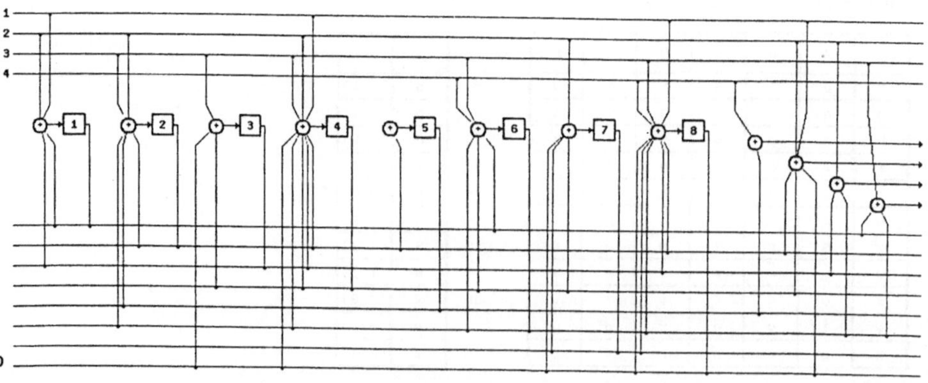

$$A = \begin{bmatrix} 1 & 0 & 1 & 0 & 0 & 0 & 0 & 0 \\ 0 & 1 & 0 & 0 & 1 & 1 & 0 & 0 \\ 0 & 0 & 0 & 1 & 0 & 0 & 0 & 1 \\ 0 & 1 & 1 & 1 & 0 & 1 & 0 & 1 \\ 0 & 1 & 0 & 0 & 0 & 0 & 0 & 0 \\ 1 & 0 & 0 & 1 & 0 & 1 & 0 & 0 \\ 0 & 0 & 0 & 1 & 0 & 0 & 1 & 1 \\ 0 & 1 & 1 & 0 & 0 & 1 & 1 & 1 \end{bmatrix} \quad B = \begin{bmatrix} 1 & 1 & 0 & 0 \\ 0 & 1 & 1 & 0 \\ 0 & 0 & 1 & 0 \\ 1 & 1 & 1 & 0 \\ 0 & 0 & 0 & 0 \\ 0 & 0 & 1 & 1 \\ 0 & 1 & 0 & 0 \\ 1 & 0 & 1 & 1 \end{bmatrix}$$

$$C = \begin{bmatrix} 0 & 0 & 0 & 0 & 1 & 0 & 0 & 0 \\ 0 & 1 & 0 & 1 & 0 & 0 & 0 & 1 \\ 0 & 0 & 1 & 0 & 0 & 1 & 0 & 0 \\ 1 & 0 & 0 & 0 & 0 & 1 & 0 & 0 \end{bmatrix} \quad D = \begin{bmatrix} 0 & 0 & 0 & 1 \\ 1 & 1 & 0 & 0 \\ 0 & 1 & 0 & 0 \\ 0 & 0 & 1 & 0 \end{bmatrix}$$

Bild 4.6: Matrixdarstellung (a) und Schaltbild (b) eines Linearen Automaten

DetSeqCircuit) und *Rückgekoppelte Schieberegister* (Klasse: FeedbackSR, STIPS.FSM-Typ: G2SW). Zu erwähnen ist, daß bei den Schaltwerken die Möglichkeit der Definition und Darstellung durch eine Gatterschaltung besteht (Transformation GGS1GSW).

Lineare Automaten sind durch vier Variablen, die die vier Matrizen A, B, C und D des Linearen Automaten bestimmen, und einer Variablen, die die Ordnung des Galoisfeldes angibt, definiert (Bild 4.6). Bei Linearen Automaten ist die Matrizenrechnung von entscheidender Bedeutung. Ein Paket von *Lisp*-Funktionen, das die wichtigsten Matrix- und Vektoroperationen zur Verfügung stellt, kann als Basis für ihre Implementierung dienen. Wichtige Spezialisierungen von Linearen Automaten sind *Lineare Schaltwerke* (Klasse: LinDetSeqCircuit) und *Linear Rückgekoppelte Schieberegister* (Klasse: LinFSR).

Registerfluß-Maschinen sind ähnlich den Endlichen Automaten implementiert. Anstelle der Zustandsmenge tritt eine *Menge von Registern*, anstelle der Spezifikation der Zustandsüberführungs- und Ausgabefunktion tritt die *Flußfunktion* und die Festlegung von *Ausgabevariablen*. Jedem *Anfangszustand* eines Endlichen Automaten entspricht eine *Anfangsbelegung*. Sie können sowohl in Tabellendarstellung als auch in Flußgraphendarstellung (Bild 4.7) veranschaulicht werden.

Petri-Netze (Klasse: Petri Nets) sind in die Klassen *Petrinets, Condition EventSystems* (Bedingungs-Ereignis-Systeme) und *PlaceTransitionNets* (Stellen-Transitionen-Netze) gegliedert. Bei den Bedingungs-Ereignis-Systemen kann eine Stelle maximal nur einen Token aufnehmen. Bei Stellen-Transi-

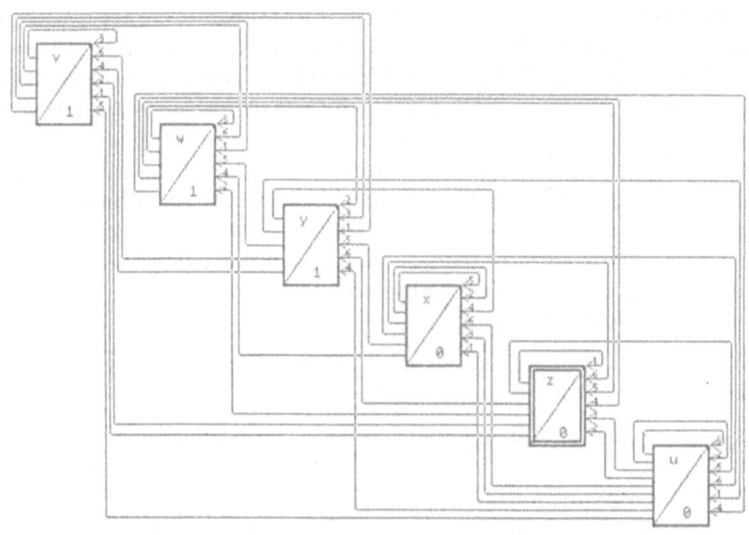

Bild 4.7: Flußgraph einer Registerflußmaschine

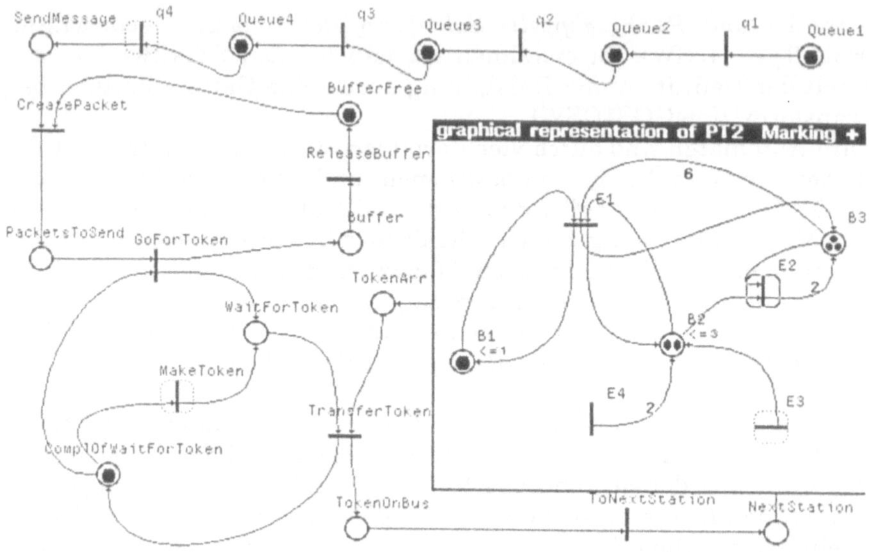

Bild 4.8: Beispiel Petri Netz

tionen-Netzen können die Pfeile gewichtet sein. Auch können die Stellen Kapazitätsbeschränkungen tragen. Alle Netztypen können graphisch mit der Maus erstellt und editiert werden. I/O-Experimente können in Form des Tokenspiels durchgeführt werden. Eine Ausdehnung auf theoretisch anspruchsvollere Petri-Netz-Methoden ist möglich.

Ein weiterer wichtiger allgemeiner Systemtyp umfaßt die *Netzwerke* (SYST (NEA)). Netzwerke sind durch ihre Komponenten, - festgelegt durch eine Reihe von Komponentenobjekten -, und durch die Kopplungsstruktur, - festgelegt durch Gleichungen zwischen den Variablen -, definiert. Wichtige Spezialisierungen von Netzwerken sind *Serien- und Parallelschaltungen* von Automaten.

Von geringerer Bedeutung in der derzeitigen Ausbaustufe sind die Allgemeinen Systemtypen *Algorithmus* und *Dynamik*. Algorithmen haben nur in der Form von *Boolschen Polynomen* (Klasse: BooleanPolynom) Bedeutung. Zur Spezifikation von Algorithmen sind *Lisp*-Ausdrücke bestens geeignet. *Dynamiken* treten nur implizit als Ergebnis von I/O-Experimenten bei Automaten und Registerfluß-Maschinen auf.

4.5 Implementierung der Systemtransformationen

Die Menge der in CAST.FSM implementierten Systemtransformationen ist sehr umfangreich. Auf eine vollständige, detailierte Beschreibung wird verzichtet. Wir geben nur die wichtigsten Systemtransformationen beispielhaft an und weisen auf einige Implementierungscharakteristika hin. Wie im vorangehenden Abschnitt wird, wo notwendig oder hilfreich, ein Zusammenhang zu den allgemeinen Definitionen der STIPS.FSM-Systemtransformationen hergestellt.

Die Operationen werden in *Analyse- und Syntheseoperationen* eingeteilt. Syntheseoperationen berechnen neue Systeme in Form von neuen Objekten. Analyseoperationen berechnen Eigenschaften von Objekten. Die resultierenden Systeme treten nicht explizit als neue Objekte in Erscheinung. Die folgenden Beispiele von Systemtransformationen dienen anhand ihrer Bildschirmdarstellungen der grundsätzlichen Erläuterung.

Eine Transformation von einer BlackBox in einen Generator ist zum Beispiel mit dem *Massey-Berlekamp-Algorithmus* (STIPS.FSM-Trans.: BG1SW) gegeben. Dieser berechnet zu einer binären Folge das minimale Linear Rückgekoppelte Schieberegister, das diese Folge erzeugen kann (Bild 4.9).

Eine wichtige Transformation wird mittels des *Quine-McCluskey-Algorithmus*, der zu einer Schaltfunktion einen zugehörigen minimalen Booleschen Ausdruck berechnet, realisiert. Diese Transformation geht von Typ Black Box nach Typ Algorithmus. Für Boolesche Ausdrücke dieser Art kann mit CAST.FSM ein zugehöriges PLA berechnet werden. Dies stellt eine erste Verbindung zu einer technischen Realisierungsebene her (Bild 4.10).Andere wichtige Transformationen von CAST.FSM haben einen Endlichen Automaten als Ausgangspunkt. Beispiele sind, ausgehend von der Berechnung des Verbandes des Automaten (STIPS.FSM-Trans.: GB5EA), die *Serien-* und die *Parallelzerlegung* des Automaten (STIPS.FSM-Trans.: GN2EA bzw. STIPS.FSM-Trans.: GN1EA). Während die Berechnung des Verbandes eine Analyseoperation darstellt und das Ergebnis als Wert einer Inkarnationsvariablen beim Automatenobjekt abgelegt wird, stellen Serien- und Parallelzerlegung Syntheseoperationen dar. Es werden neue Objekte geschaffen und als Realisierungen an den Automaten angehängt. So entsteht ein Netzwerk, das gegeben ist durch die Komponenten des Netzwerkes und ihre Kopplung. Derzeit ist nur die Zerlegung eines Endlichen Automaten in eine Serienschaltung von zwei Automaten bzw. in eine Parallelschaltung von zwei Automaten als Transformation implementiert.

Von nicht geringer Bedeutung ist auch die Berechnung des *Quotientenautomaten* (STIPS.FSM-Trans.: GG1EA). Bei der Implementierung dieser Methode ist das Rechnen mit Partitionen von entscheidender Bedeutung. Dies wird durch die Mächtigkeit von *Lisp*, in der Partitionen durch Listen von Listen dargestellt werden können, unterstützt. Bild 4.11 zeigt den Verband eines Endlichen Automaten M, mit dem sowohl die verschiedenen möglichen Strukturierungen in Serien- bzw. Parallelschaltungen als auch die Reduktion berechnet werden können.

Weitere wichtige Transformationen für Nichtlineare Automaten sind durch die Berechnung einer *Linearen Realisierung* eines Endlichen Automaten (STIPS.FSM-Transformation vom Typ GG2EA), die Berechnung des *Inversen Automaten* (STIPS.FSM-Transformation vom Typ GG8EA), die *Schieberegisterrealisierung* von Automaten (STIPS.FSM-Transformation vom

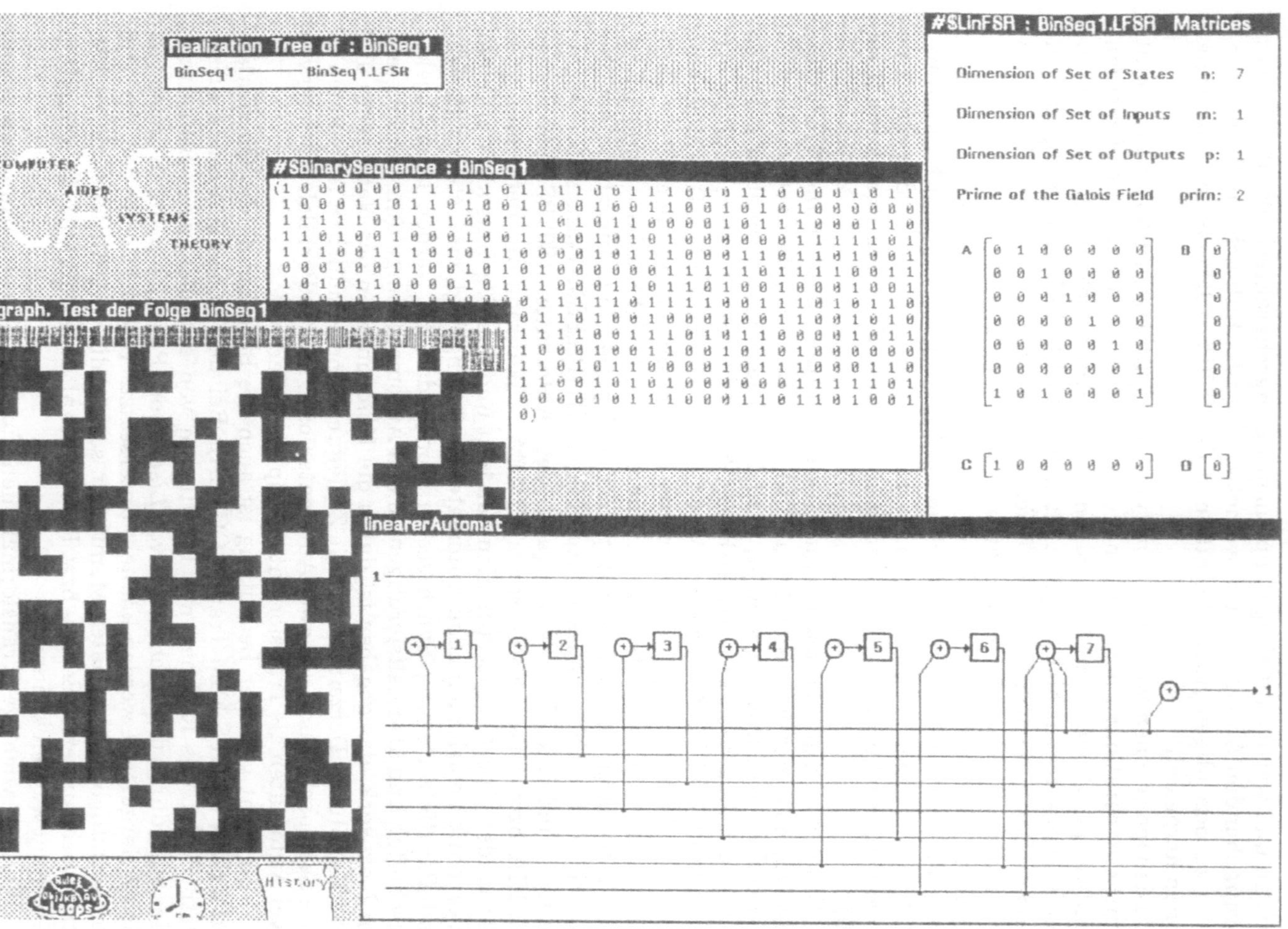

Bild 4.9: Bildschirminhalt beim Massey-Berlekamp Algorithmus

Set of Inputs   :   ((0 0 0 0 0) .... (1 1 1 1 1))

Set of Outputs   :   (0 1)

Set of Variables :   (x1 x2 x3 x4 x5)

Function : svbf1

i	(x1 x2 x3 x4 x5)	svbf1
0	(0 0 0 0 0)	1
1	(0 0 0 0 1)	0
2	(0 0 0 1 0)	1
3	(0 0 0 1 1)	0
4	(0 0 1 0 0)	1
5	(0 0 1 0 1)	0
6	(0 0 1 1 0)	0
7	(0 0 1 1 1)	0
8	(0 1 0 0 0)	1
9	(0 1 0 0 1)	1
10	(0 1 0 1 0)	1
11	(0 1 0 1 1)	0
12	(0 1 1 0 0)	0
13	(0 1 1 0 1)	1
14	(0 1 1 1 0)	1

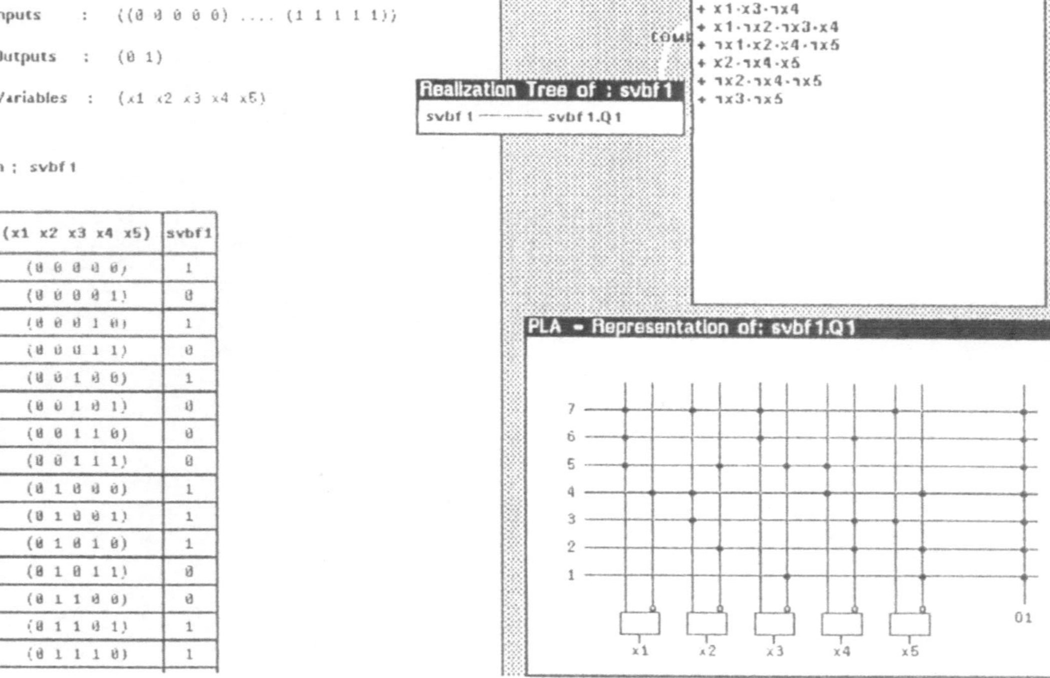

Bild 4.10: Quine-McCluskey Algorithmus

86

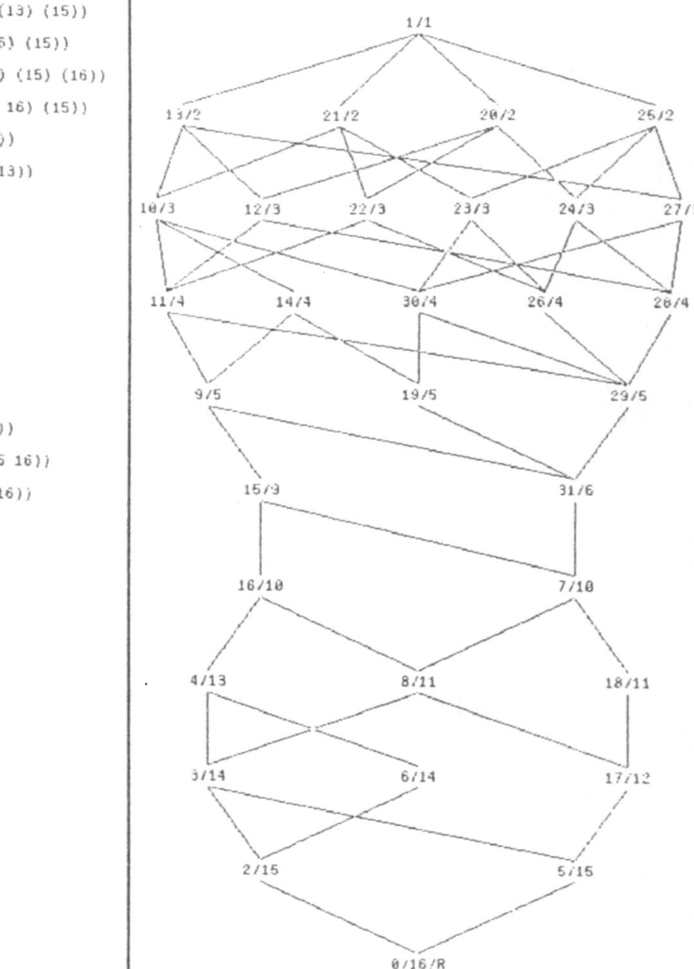

0   ((1) (2) (3) (4) (5) (6) (7) (8) (9) (10) (11) (12) (13) (14) (15) (16))

2   ((1) (2) (3) (4) (5) (6) (7) (8) (9) (10) (11) (12) (13) (14 16) (15))

3   ((1) (2) (3) (4) (5) (6) (7) (8) (9) (10) (11) (12 14 16) (13) (15))

4   ((1) (2) (3) (4) (5) (6) (7) (8) (9) (10) (11) (12 13 14 16) (15))

5   ((1) (2) (3) (4) (5) (6) (7) (8) (9) (10) (11) (12 14) (13) (15) (16))

6   ((1) (2) (3) (4) (5) (6) (7) (8) (9) (10) (11) (12 13) (14 16) (15))

7   ((1) (2) (3) (4) (5) (6) (7) (8) (9 10 11 12 14 15 16) (13))

8   ((1) (2) (3) (4) (5) (6) (7) (8) (9 11 12 14 15 16) (10) (13))

9   ((1 2 3) (4) (5 6 7) (8) (9 10 11 12 13 14 15 16))

10 ((1 2 3 4 5 6 7) (8) (9 10 11 12 13 14 15 16))

11 ((1 2 3 5 6 7) (4) (8) (9 10 11 12 13 14 15 16))

12 ((1 2 3 5 6 7 8) (4) (9 10 11 12 13 14 15 16))

13 ((1 2 3 4 5 6 7 8) (9 10 11 12 13 14 15 16))

14 ((1 2 3) (4 5 6 7) (8) (9 10 11 12 13 14 15 16))

15 ((1) (2) (3) (4) (5) (6) (7) (8) (9 10 11 12 13 14 15 16))

16 ((1) (2) (3) (4) (5) (6) (7) (8) (9 11 12 13 14 15 16) (10))

17 ((1) (2) (3) (4) (5) (6) (7) (8) (9 11 12 14) (10) (13) (15 16))

18 ((1) (2) (3) (4) (5) (6) (7) (8) (9 10 11 12 14) (13) (15 16))

19 ((1 2 3) (4 5 6 7) (8) (9 10 11 12 14 15 16) (13))

1   ((1 2 3 4 5 6 7 8 9 10 11 12 13 14 15 16))

20 ((1 2 3 5 6 7 8 9 10 11 12 13 14 15 16) (4))

21 ((1 2 3 4 5 6 7 9 10 11 12 13 14 15 16) (8))

22 ((1 2 3 5 6 7 9 10 11 12 13 14 15 16) (4) (8))

23 ((1 2 3 4 5 6 7 9 10 11 12 14 15 16) (8) (13))

24 ((1 2 3 5 6 7 8 9 10 11 12 14 15 16) (4) (13))

25 ((1 2 3 4 5 6 7 8 9 10 11 12 14 15 16) (13))

26 ((1 2 3 5 6 7 9 10 11 12 14 15 16) (4) (8) (13))

27 ((1 2 3 4 5 6 7 8) (9 10 11 12 14 15 16) (13))

28 ((1 2 3 5 6 7 8) (4) (9 10 11 12 14 15 16) (13))

29 ((1 2 3 5 6 7) (4) (8) (9 10 11 12 14 15 16) (13))

30 ((1 2 3 4 5 6 7) (8) (9 10 11 12 14 15 16) (13))

31 ((1 2 3) (4) (5 6 7) (8) (9 10 11 12 14 15 16) (13))

Typ GG3EA) und die Berechnung einer zu einem Moore-Automaten verhaltensgleichen *Registerfluß-Maschine* (STIPS.FSM-Transformation vom Typ GG4EA) bzw. ihrer Inversion (STIPS.FSM-Transformation vom Typ GG5EA) gegeben. Im weiteren sind auch spezielle Methoden für Lineare Automaten implementiert. Dazu zählt z.B. ein spezieller *Reduktionsalgorithmus* für Lineare Automaten sowie die Schieberegisterzerlegung von Linearen Automaten (STIPS.FSM-Transformation vom Typ GN3EA). Die Auf-

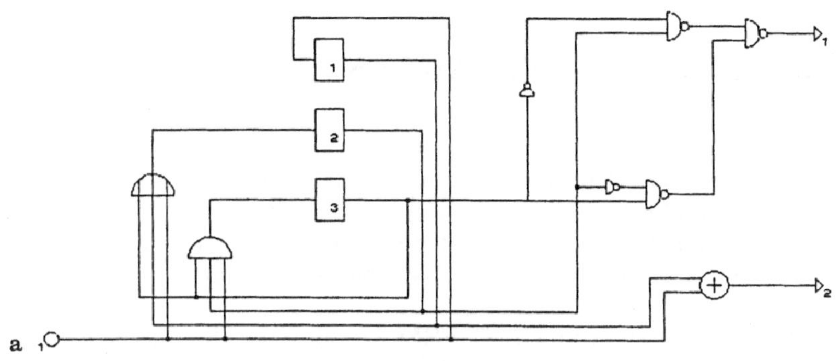

a ,

Set of Inputs   A :   ((0) (1))

Set of Outputs   B :   ((0 0) (0 1) (1 0) (1 1))

Set of States   Q :   ((0 0 0) (0 0 1) (0 1 0) (0 1 1) (1 0 0) (1 0 1) (1 1 0) (1 1 1))

Transition Function δ: Q x A ⟶ Q

δ	(0)	(1)
(0 0 0)	(0 0 0)	(1 1 0)
(0 0 1)	(0 1 0)	(1 1 0)
(0 1 0)	(0 0 0)	(1 1 0)
(0 1 1)	(0 1 0)	(1 1 1)
(1 0 0)	(0 1 0)	(1 1 0)
(1 0 1)	(0 1 0)	(1 1 0)
(1 1 0)	(0 1 0)	(1 1 0)
(1 1 1)	(0 1 0)	(1 1 1)

Output Function   λ: Q x A ⟶ B

λ	(0)	(1)
(0 0 0)	(0 0)	(0 1)
(0 0 1)	(1 0)	(1 1)
(0 1 0)	(1 0)	(1 1)
(0 1 1)	(0 0)	(0 1)
(1 0 0)	(0 1)	(0 0)
(1 0 1)	(1 1)	(1 0)
(1 1 0)	(1 1)	(1 0)
(1 1 1)	(0 1)	(0 0)

b

Bild 4.12: Gatterschaltung (a) und Tabellendarstellung (b) eines Schaltwerks

◄ Bild 4.11: Verband L(M) zur Strukturierung und Reduktion eines Endlichen Automaten M

zählung zeigt, daß die meisten der zuvor für STIPS.FSM vorgeschlagenen Transformationen vom Typ GXEA in CAST.FSM implementiert sind.

Beispiele von *Vertikalen Systemtransformationen* sind die Berechnung eines *Strukturierten Schaltwerkes* zu einem Endlichen Automaten, die Realisierung von *Boolschen Ausdrücken* durch PLA's und die Definition und Darstellung von *Schaltwerken* und *Schaltnetzen* durch *Gatterschaltungen*. Bild 4.12 zeigt die Gatterschaltung und die Tabellendarstellung eines einfachen Schaltwerks.

4.6 Berechnungsbeispiele mit CAST.FSM

Um die Benutzung und die Anwendungsbreite von CAST.FSM zu verdeutlichen, seien einige Berechnungsbeispiele angegeben. Der genaue Sitzungsablauf einer Berechnung wird am Beispiel der Zerlegung eines Endlichen Automaten und der mit ihr erzielbaren Verbesserung der Testbarkeit beschrieben.

Die interaktive Methodenbank CAST.FSM wendet für die Mensch-Maschine-Kommunikation die modernen Hilfsmittel wie Graphik, Fenstertechnik, Maus, Menüs und die mit dem objektorientiertem Programmierparadigma verbundenen Browser an. Die Benutzeroberfläche ist derart gestaltet, daß möglichst wenig mit der Tastatur eingegeben werden muß und möglichst viel mit der Maus und mit Pop-Up-Menüs spezifiziert werden kann. Eine Sitzung mit CAST.FSM beginnt mit der Erzeugung eines Klassenbrowsers durch Klicken mit der Maus im *CAST.LOGO* und mit der anschließenden Auswahl der entsprechenden Operation (Bild 4.13).

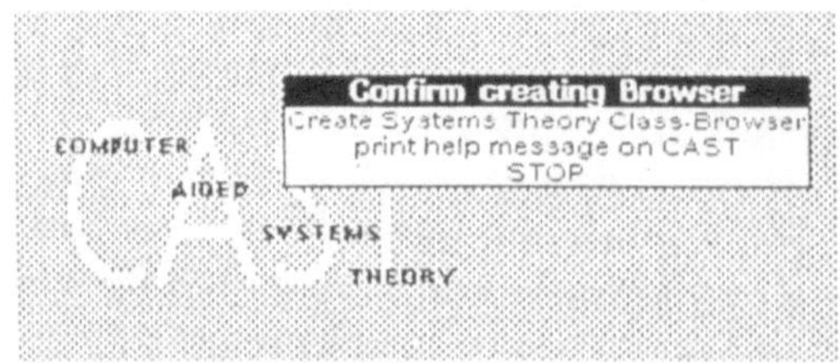

Bild 4.13: CAST.LOGO

Der Klassenbrowser dient dem Benutzer zum Verwalten seiner Objektwelt. Er kann damit Systeme erzeugen, löschen, auf eine Datei speichern oder in einem Browser darstellen. Zum Beispiel wird durch die Selektion der Klasse *MooreDetSeqMachine* und des Menüeintrages *CreateInstance* ein Automat vom Moore-Typ erzeugt (Bild 4.14). Mit der Tastatur muß nur ein Name für das System eingegeben werden. Der Automat kann nun in einem eigenen Fenster definiert werden (Bild 4.15).

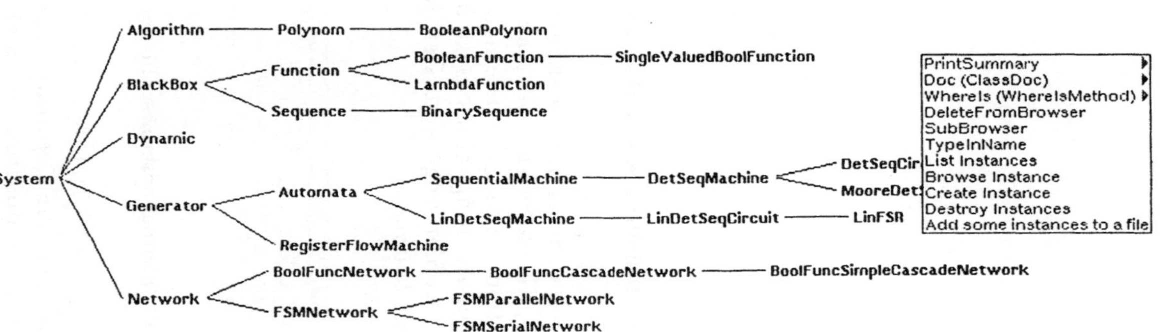

Bild 4.14: Klassenbrowser von CAST.FSM

```
Set of Inputs    A :   (a b)

Set of Outputs   B :   (1 2 3 4)

Set of States    Q :   (1 2 3 4 5 6 7 8 9)
```

Transition Function $\delta: Q \times A \longrightarrow Q$ Output Function $\lambda: Q \longrightarrow B$

δ	a	b
1	3	7
2	4	8
3	1	6
4	2	5
5	2	9
6	1	3
7	4	4
8	3	3
9	2	5

λ	
1	1
2	2
3	3
4	4
5	2
6	3
7	1
8	4
9	4

Bild 4.15: Definition des endlichen Moore-Automaten MooreSeqMach1

Auch wird für das Objekt ein Inkarnationsbrowser erzeugt (Bild 4.16). Der Inkarnationsbrowser wird als eine zweite Kommandoeinheit verwendet. Operationen auf den einzelnen Systemen sind ausführbar. Die im Rahmen der Entwicklung eines Systemalgorithmus berechneten Systemspezifikationen werden angezeigt. Den Inkarnationsbrowser nennen wir auch *Realisierungsbaum*.

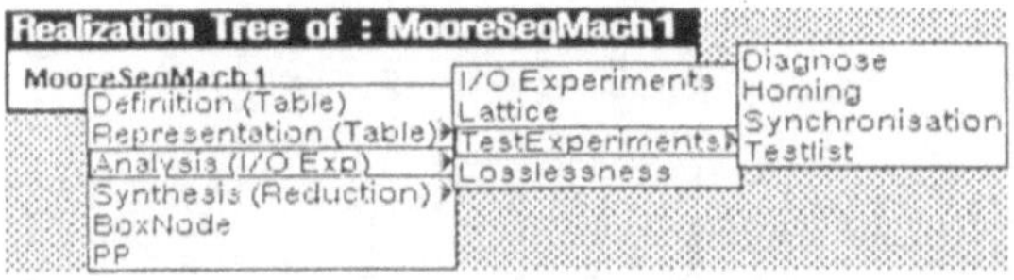

Bild 4.16: Inkarnationsbrowser für den Automaten MooreSeqMach1

Die bei der Selektion eines Systems erscheinenden Menüeinträge sind in Operationen zur *Definition*, zur *Darstellung*, zur *Analyse* und zur *Synthese* gegliedert. In unserem Beispiel wird durch die Analyseoperation *TestList* für den Automaten MooreSeqMach1 festgestellt, daß sich von 18 Zustandsübergängen nur 7 testen lassen, der Automat also schlecht testbar ist (Bild 4.17). Durch die Operation *Lattice* wird der Verband L(M) von M, bestehend aus den Kongruenzrelationen, berechnet (Bild 4.18). An L(M) läßt sich direkt ablesen, daß der Automat nicht reduziert ist, - Kongruenzrelation Nummer 4 ist die Reduktionsäquivalenz -, und man sieht auch, daß sich dieser Automat in vielfacher Weise zerlegen läßt. Durch die Syntheseoperation *Reduction* wird der Quotientenautomat berechnet. Dieser wird als Realisierung an das Objekt angehängt (Bild 4.19)

```
GOAL : Create Homing- and Diagnose-Tree to determine Homing- and
       Diagnose-Experiments.
       Finally,compute for each FSM-Transition ALL possible Test Experiments.
       As a Result of the Analysis,the User is able to verify
       FSM-Transitions in the Way of Description.

SUMMARY
 Number of Transitions : 18
 Number of testable Transitions : 7
 Number of Test-Experiments : 150

List of TEST-EXPERIMENTS

Transition      Initial    Necessary                 Observed              Final
(q,a,q',b)      State's    Input Values              Output Values         State

 (1 a 3 1)                 impossible to find Test-Experiments

 (1 b 7 1)      (3 6)      (a) (b) (a a)             (3) (1) (1 4)         (2)
                (3 6)      (a) (b) (a b)             (3) (1) (1 4)         (5)
                (3 6)      (a) (b) (b a)             (3) (1) (1 4)         (2)
                (3 6)      (a) (b) (b b)             (3) (1) (1 4)         (5)
                (1)        (a a) (b) (a a)           (1 3) (1) (1 4)       (2)
                (1)        (a a) (b) (a b)           (1 3) (1) (1 4)       (5)
                (1)        (a a) (b) (b a)           (1 3) (1) (1 4)       (2)
                (1)        (a a) (b) (b b)           (1 3) (1) (1 4)       (5)
                (8)        (a a) (b) (a a)           (4 3) (1) (1 4)       (2)
                (8)        (a a) (b) (a b)           (4 3) (1) (1 4)       (5)
                (8)        (a a) (b) (b a)           (4 3) (1) (1 4)       (2)
                (8)        (a a) (b) (b b)           (4 3) (1) (1 4)       (5)
                (3 6)      (b a) (b) (a a)           (3 3) (1) (1 4)       (2)
                (3 6)      (b a) (b) (a b)           (3 3) (1) (1 4)       (5)
```

Bild 4.17: Testbarkeitsanalyse des Automaten MooreSeqMach1

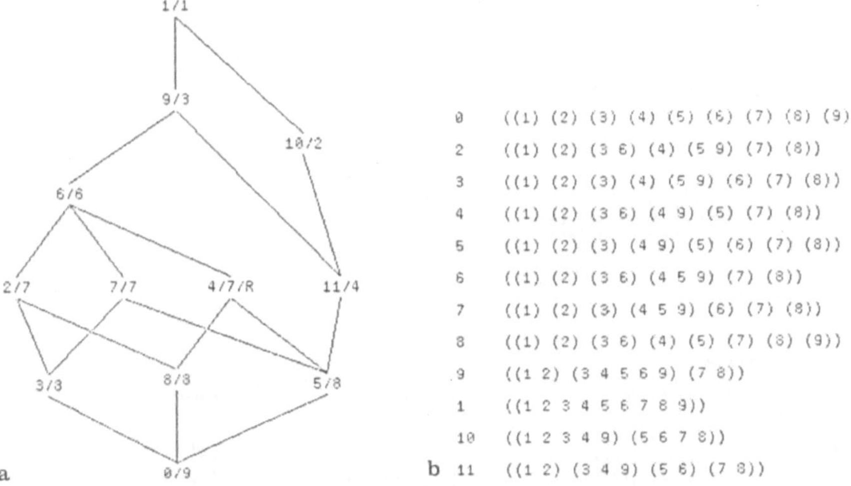

Bild 4.18: Verband der Kongruenzrelationen des Automaten MooreSeqMach1, graphische (a)
und tabellarische (b) Darstellung

Bild 4.19: Berechnung des Quotientenautomaten

Bild 4.20 zeigt uns die Tabellendarstellung des Quotientenautomaten. Eine Analyse der Testbarkeit des Quotientenautomaten weist auf eine deutliche Verbesserung hin, da nunmehr von 14 Zustandsübergängen 12 mittels Homing- und Diagnose-Experimenten testbar sind (Bild 4.21).

Der Verband des Automaten zeigt außerdem, daß eine Parallelzerlegung möglich ist. Dazu müssen zwei Kongruenzrelationen bestimmt werden, deren Durchschnitt kleiner als die Reduktionsäquivalenz ist. Dies geschieht mittels

```
Set of Inputs    A :   (1 2)

Set of Outputs   B :   (1 2 3 4)

Set of States    Q :   (1 2 3 4 5 6 7)


Transition Function δ: Q x A  ⟶  Q    Output Function λ : Q ⟶ B
```

δ	1	2
1	3	6
2	4	7
3	1	3
4	2	5
5	2	4
6	4	4
7	3	3

λ	
1	1
2	2
3	3
4	4
5	2
6	1
7	4

Bild 4.20: Tabellendarstellung des Quotientenautomaten

```
GOAL : Create Homing- and Diagnose-Tree to determine Homing- and
       Diagnose-Experiments.
       Finally,compute for each FSM-Transition ALL possible Test Experiments.
       As a Result of the Analysis,the User is able to verify
       FSM-Transitions in the Way of Description.

SUMMARY
 Number of Transitions : 14
 Number of testable Transitions : 12
 Number of Test-Experiments : 126

List of TEST-EXPERIMENTS

Transition      Initial    Necessary            Observed             Final
(q,a,q',b)      State's    Input Values         Output Values        State

   (1 1 3 1)     (3)        (1) (1) (1)          (3) (1) (3)           (1)
                 (3)        (1) (1) (2)          (3) (1) (3)           (3)
                 (1)        (1 1) (1) (1)        (1 3) (1) (3)         (1)
                 (1)        (1 1) (1) (2)        (1 3) (1) (3)         (3)
                 (7)        (1 1) (1) (1)        (4 3) (1) (3)         (1)
                 (7)        (1 1) (1) (2)        (4 3) (1) (3)         (3)
                 (7)        (2 1) (1) (1)        (4 3) (1) (3)         (1)
                 (7)        (2 1) (1) (2)        (4 3) (1) (3)         (3)

   (1 2 6 1)     (3)        (1) (2) (1 1)        (3) (1) (1 4)         (2)
                 (3)        (1) (2) (1 2)        (3) (1) (1 4)         (5)
                 (3)        (1) (2) (2 1)        (3) (1) (1 4)         (2)
                 (3)        (1) (2) (2 2)        (3) (1) (1 4)         (5)
                 (1)        (1 1) (2) (1 1)      (1 3) (1) (1 4)       (2)
                 (1)        (1 1) (2) (1 2)      (1 3) (1) (1 4)       (5)
                 (1)        (1 1) (2) (2 1)      (1 3) (1) (1 4)       (2)
                 (1)        (1 1) (2) (2 2)      (1 3) (1) (1 4)       (5)
                 (7)        (1 1) (2) (1 1)      (4 3) (1) (1 4)       (2)
                 (7)        (1 1) (2) (1 2)      (4 3) (1) (1 4)       (5)
                 (7)        (1 1) (2) (2 1)      (4 3) (1) (1 4)       (2)
```

Bild 4.21: Testbarkeitsanalyse des Quotientenautomaten

der Maus im Hasse-Diagramm des Verbandes. Das berechnete Netzwerk und die Komponenten des Netzwerks werden im Realisierungsbaum angezeigt (Bild 4.22).

Bild 4.23 zeigt das Netzwerk als Blockdiagramm, wobei die Größe der Blöcke von M1 und M2 die Mächtigkeit der jeweiligen Zustandsmengen spiegeln.

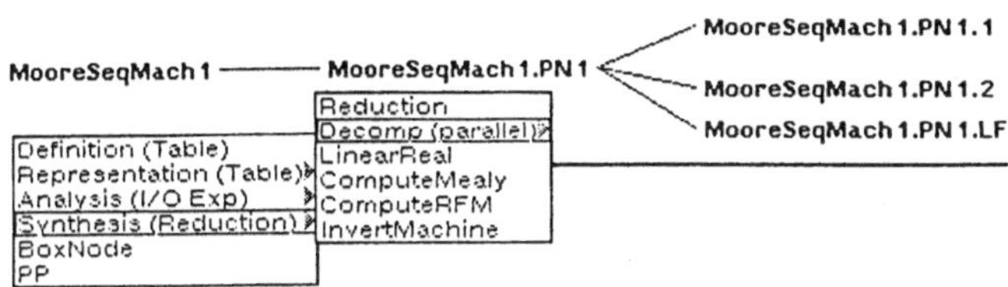

Bild 4.22: Parallelzerlegung des Automaten MooreSeqMach1

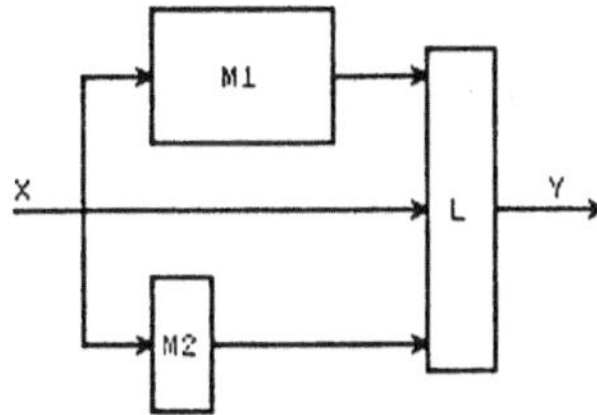

Bild 4.23: Blockschaltbild der Parallelschaltung

Abbildung 4.24 zeigt die Komponentenautomaten und die Ausgabefunktion in Tabellenform. Eine Analyse der Testbarkeit der beiden Komponenten zeigt eine entscheidende Verbesserung. Alle Zustandsübergänge sind nun testbar und die erforderlichen Testmuster haben minimale Länge (Bild 4.25).

Natürlich können auch die Komponenten von MooreSeqMach1 für sich allein weiter mit CAST.FSM bearbeitet werden. So zeigt Bild 4.26 z.B. eine Zerlegung der ersten Komponente MooreSeqMach1.PN1.1 in eine Serienschaltung.

Dieser Beschreibung einer CAST.FSM Arbeitssitzung sollen noch zwei weitere Berechnungsbeispiele vereinfacht dargestellt angefügt werden. Dem zweiten Beispiel liegt ein Schaltwerk sc3 zugrunde. Die Definition des Schaltwerkes geschieht mittels eines graphischen Editors durch Zeichnen der entsprechenden Gatterschaltung nach Bild 4.27. Nach Abschluß der Edition wird die Graphik von sc3 mit der zugehörigen Tabellendarstellung gemäß Bild 4.28 gebunden. Bild 4.29 zeigt den Zustandsgraph und Bild 4.30 den Verband des Schaltwerks.

Das Schaltwerk ist nicht reduziert, da die Reduktionsäquivalenz (7) verschieden von der Kongruenzrelation 0 ist. Es kann somit der Quotientenautomat berechnet werden (Bild 4.31). Wie man anhand des Verbandes

```
Set of Inputs    A :   (1 2)

Set of Outputs   B :   (1 2 3 4 5 6)

Set of States    Q :   (1 2 3 4 5 6)
```

Transition Function $\delta: Q \times A \longrightarrow Q$ Output Function $\lambda : Q \longrightarrow B$

δ	1	2
1	3	5
2	4	6
3	1	5
4	2	4
5	4	4
6	3	3

λ	
1	1
2	2
3	3
4	4
5	5
6	6

a

```
Set of Inputs    A :   (1 2)

Set of Outputs   B :   (1 2)

Set of States    Q :   (1 2)
```

Transition Function $\delta: Q \times A \longrightarrow Q$ Output Function $\lambda : Q \longrightarrow B$

δ	1	2
1	1	2
2	1	1

λ	
1	1
2	2

b

```
Set of Inputs     :   ((1 1 1) .... (6 2 2))

Set of Outputs    :   (1 2 3 4)

Set of Variables  :   (o1 o2 i)
```

Function : Lambda

i	(o1 o2 i)	Lambda
0	(1 1 1)	1
1	(1 1 2)	1
2	(1 2 1)	-
3	(1 2 2)	-
4	(2 1 1)	2
5	(2 1 2)	2
6	(2 2 1)	-
7	(2 2 2)	-
8	(3 1 1)	3
9	(3 1 2)	3
10	(3 2 1)	3

c

Bild 4.24: Komponentenautomaten (a), (b) und Ausgabefunktion (c)

```
GOAL : Create Homing- and Diagnose-Tree to determine Homing- and
       Diagnose-Experiments.
       Finally,compute for each FSM-Transition ALL possible Test Experiments.
       As a Result of the Analysis,the User is able to verify
       FSM-Transitions in the Way of Description.
```

SUMMARY
```
 Number of Transitions : 12
 Number of testable Transitions : 12
 Number of Test-Experiments : 48
```

List of TEST-EXPERIMENTS

Transition (q,a,q',b)	Initial State's	Necessary Input Values			Observed Output Values			Final State
(1 1 3 1)	(3)	(1)	(1)	(1)	(3)	(1)	(3)	(1)
	(3)	(1)	(1)	(2)	(3)	(1)	(3)	(3)
(1 2 5 1)	(3)	(1)	(2)	(1)	(3)	(1)	(5)	(4)
	(3)	(1)	(2)	(2)	(3)	(1)	(5)	(4)
(2 1 4 2)	(4)	(1)	(1)	(1)	(4)	(2)	(4)	(2)
	(4)	(1)	(1)	(2)	(4)	(2)	(4)	(4)
(2 2 6 2)	(4)	(1)	(2)	(1)	(4)	(2)	(6)	(3)
	(4)	(1)	(2)	(2)	(4)	(2)	(6)	(3)
(3 1 1 3)	(1)	(1)	(1)	(1)	(1)	(3)	(1)	(3)
	(1)	(1)	(1)	(2)	(1)	(3)	(1)	(5)
	(6)	(1)	(1)	(1)	(6)	(3)	(1)	(3)
	(6)	(1)	(1)	(2)	(6)	(3)	(1)	(5)
	(3)	(2)	(1)	(1)	(3)	(3)	(1)	(3)
	(3)	(2)	(1)	(2)	(3)	(3)	(1)	(5)
	(6)	(2)	(1)	(1)	(6)	(3)	(1)	(3)
	(6)	(2)	(1)	(2)	(6)	(3)	(1)	(5)

a

```
GOAL : Create Homing- and Diagnose-Tree to determine Homing- and
       Diagnose-Experiments.
       Finally,compute for each FSM-Transition ALL possible Test Experiments.
       As a Result of the Analysis,the User is able to verify
       FSM-Transitions in the Way of Description.
```

SUMMARY
```
 Number of Transitions : 4
 Number of testable Transitions : 4
 Number of Test-Experiments : 16
```

List of TEST-EXPERIMENTS

Transition (q,a,q',b)	Initial State's	Necessary Input Values			Observed Output Values			Final State
(1 1 1 1)	(1)	(1)	(1)	(1)	(1)	(1)	(1)	(1)
	(1)	(1)	(1)	(2)	(1)	(1)	(1)	(2)
	(2)	(1)	(1)	(1)	(2)	(1)	(1)	(1)
	(2)	(1)	(1)	(2)	(2)	(1)	(1)	(2)
	(2)	(2)	(1)	(1)	(2)	(1)	(1)	(1)
	(2)	(2)	(1)	(2)	(2)	(1)	(1)	(2)
(1 2 2 1)	(1)	(1)	(2)	(1)	(1)	(1)	(2)	(1)
	(1)	(1)	(2)	(2)	(1)	(1)	(2)	(1)
	(2)	(1)	(2)	(1)	(2)	(1)	(2)	(1)
	(2)	(1)	(2)	(2)	(2)	(1)	(2)	(1)
	(2)	(2)	(2)	(1)	(2)	(1)	(2)	(1)
	(2)	(2)	(2)	(2)	(2)	(1)	(2)	(1)
(2 1 1 2)	(1)	(2)	(1)	(1)	(1)	(2)	(1)	(1)
	(1)	(2)	(1)	(2)	(1)	(2)	(1)	(2)
(2 2 1 2)	(1)	(2)	(2)	(1)	(1)	(2)	(1)	(1)
	(1)	(2)	(2)	(2)	(1)	(2)	(1)	(2)

b

Bild 4.25: Testbarkeitsanalyse der Komponentenautomaten (a) und (b)

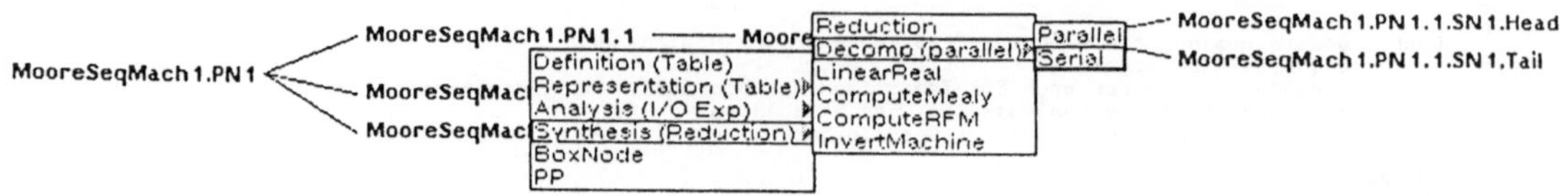

Bild 4.26: Serienzerlegung eines Komponentenautomaten

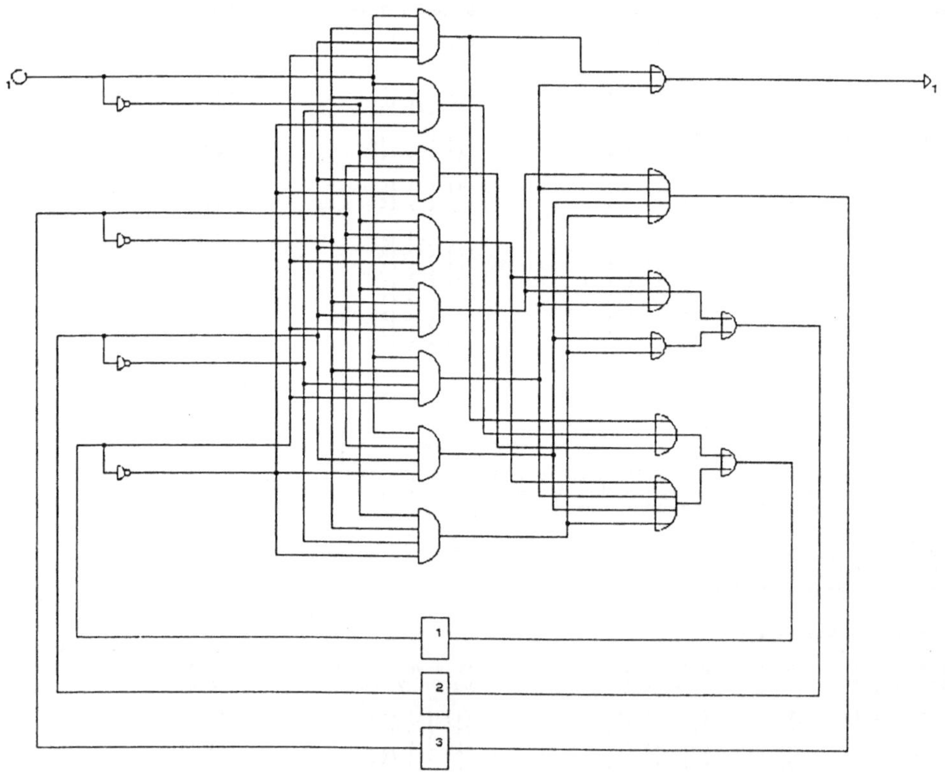

Bild 4.27: Gatterschaltung des Schaltwerks sc3

des Quotientenautomaten (Bild 4.32) sofort sehen kann, läßt sich dieser nur in ein Seriennetzwerk zerlegen. Bild 4.33 zeigt den resultierenden Realisierungsbaum, Bild 4.34 das Blockschaltbild des Seriennetzwerkes und Bild 4.35 die Tabellen der Komponenten des Seriennetzwerkes.

Dem dritten Beispiel liegt ein autonomer Endlicher Automat a1 als Ausgangspunkt der Berechnung (Bild 4.36) zugrunde. Für diesen Automaten soll eine geeignete Realisierung als Schaltwerk gefunden werden. Dafür stehen in CAST.FSM zwei verschiedene Methoden zur Verfügung: (1) die Realisierung des Automaten durch ein Lineares Schaltwerk und (2) die

Set of Inputs   A :   ((0) (1))

Set of Outputs   B :   ((0) (1))

Set of States   Q :   ((0 0 0) (0 0 1) (0 1 0) (0 1 1) (1 0 0) (1 0 1) (1 1 0) (1 1 1))

Transition Function δ: Q x A $\longrightarrow$ Q

δ	(0)	(1)
(0 0 0)	(1 1 1)	(1 0 0)
(0 0 1)	(0 0 0)	(0 0 0)
(0 1 0)	(0 0 0)	(0 0 0)
(0 1 1)	(1 0 0)	(1 1 1)
(1 0 0)	(0 0 0)	(1 1 1)
(1 0 1)	(0 0 0)	(0 0 0)
(1 1 0)	(0 1 1)	(1 0 0)
(1 1 1)	(1 1 0)	(0 0 0)

Output Function λ: Q x A $\longrightarrow$ B

λ	(0)	(1)
(0 0 0)	(0)	(0)
(0 0 1)	(0)	(0)
(0 1 0)	(0)	(0)
(0 1 1)	(0)	(0)
(1 0 0)	(0)	(1)
(1 0 1)	(0)	(0)
(1 1 0)	(0)	(1)
(1 1 1)	(0)	(0)

Bild 4.28: Tabellendarstellung des Schaltwerks sc3

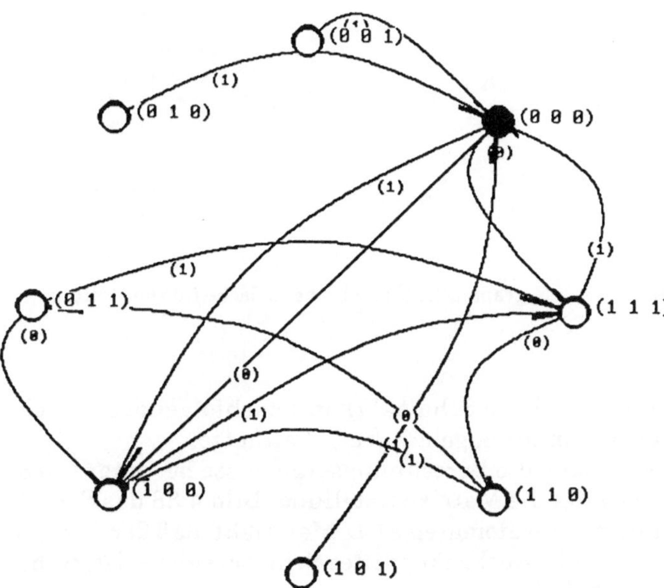

Bild 4.29: Zustandsgraph des Schaltwerks sc3

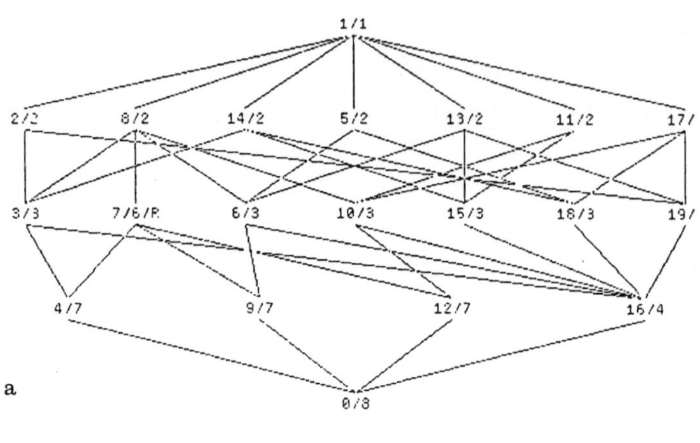


```
 0     ((1) (2) (3) (4) (5) (6) (7) (8))

 2     ((1 2 4 5 7 8) (3 6))

 3     ((1 4 5 7 8) (2) (3 6))

 4     ((1) (2) (3 6) (4) (5) (7) (8))

 5     ((1 3 4 5 7 8) (2 6))

 6     ((1 4 5 7 8) (2 6) (3))

 7     ((1) (2 3 6) (4) (5) (7) (8))

 8     ((1 4 5 7 8) (2 3 6))

 9     ((1) (2 6) (3) (4) (5) (7) (8))

10     ((1 4 5 7 8) (2 3) (6))

11     ((1 4 5 6 7 8) (2 3))

12     ((1) (2 3) (4) (5) (6) (7) (8))

13     ((1 2 4 5 6 7 8) (3))

14     ((1 3 4 5 6 7 8) (2))

 1     ((1 2 3 4 5 6 7 8))

15     ((1 4 5 6 7 8) (2) (3))

16     ((1 4 5 7 8) (2) (3) (6))

17     ((1 2 3 4 5 7 8) (6))

18     ((1 3 4 5 7 8) (2) (6))

19     ((1 2 4 5 7 8) (3) (6))
```

b

Bild 4.30: Verband des Schaltwerks, sc3, graphische (a) und tabellarische (b) Darstellung

Realisierung des Automaten durch ein Schaltwerk mit nachfolgender Berechnung einer PLA-Realisierung für die zugehörigen Schaltnetze.

Die Bilder 4.37 bis 4.41 zeigen die Berechnungsergebnisse bei einer linearen Realisierung. Bild 4.37 zeigt die Matrixdarstellung, Bild 4.38 das Schaltbild des resultierenden Linearen Automaten a1.L. Man sieht, daß der Lineare Automat a1.L ein Binäres Linear Rückgekoppeltes Schieberegister ist, wobei alle Speicherzellen angezapft sind.

```
Set of Inputs    A :   (1 2)

Set of Outputs   B :   (1 2)

Set of States    Q :   (1 2 3 4 5 6)


Transition Function  δ: Q x A  →  Q
```

δ	1	2
1	6	4
2	1	1
3	4	6
4	1	6
5	3	4
6	5	1

```
Output Function    λ: Q x A  →  B
```

λ	1	2
1	1	1
2	1	1
3	1	1
4	1	2
5	1	2
6	1	1

Bild 4.31: Quotientenautomat von sc3

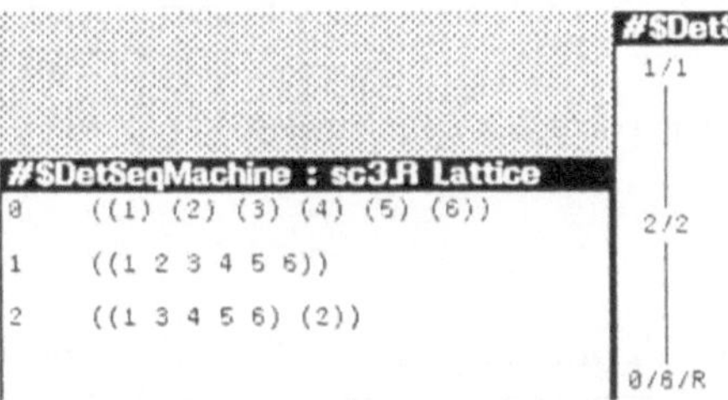

Bild 4.32: Verband des Quotientenautomaten von sc3

Bild 4.33: Inkarnationsbrowser zur Reduktion und Serienzerlegung

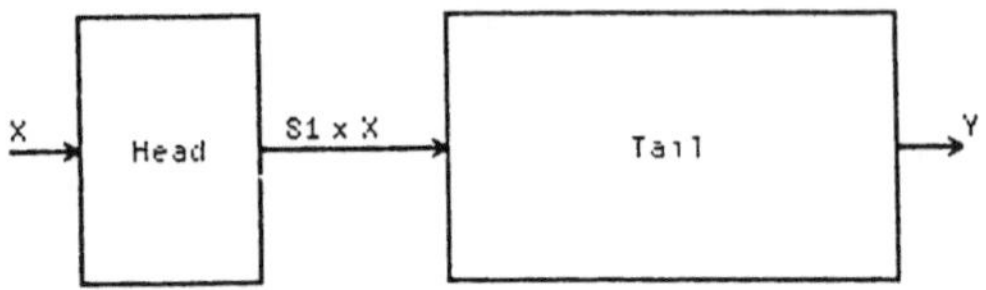

Bild 4.34: Seriennetzwerk

Set of Inputs   A :   (1 2)

Set of Outputs   B :   ((1 1) (1 2) (2 1) (2 2))

Set of States   Q :   (1 2)

Transition Function δ: Q x A ⟶ Q

δ	1	2
1	1	1
2	1	1

Output Function   λ: Q x A ⟶ B

λ	1	2
1	(1 1)	(1 2)
2	(2 1)	(2 2)

a

Set of Inputs   A :   ((1 1) (1 2) (2 1) (2 2))

Set of Outputs   B :   (1 2)

Set of States   Q :   (1 2 3 4 5)

Transition Function δ: Q x A ⟶ Q

δ	(1 1)	(1 2)	(2 1)	(2 2)
1	5	3	1	1
2	3	5	-	-
3	1	5	-	-
4	2	3	-	-
5	4	1	-	-

Output Function   λ: Q x A ⟶ B

λ	(1 1)	(1 2)	(2 1)	(2 2)
1	1	1	1	1
2	1	1	-	-
3	1	2	-	-
4	1	2	-	-
5	1	1	-	-

b

Bild 4.35: Komponenten (a) und (b) des Seriennetzwerkes

Mit einer weiteren Transformation (Berechnung der RKF-Schieberegisterzerlegung eines Linearen Automaten nach GN3EA in STIPS.FSM) kann daraus eine Parallelzerlegung a1.L.RKF, das aus einem Linear Rückgekoppelten Schieberegister der Länge 4 und einem Schieberegister der Länge 1 (Speicherzelle 5) besteht, gewonnen werden (Bilder 4.39 bis 4.41).

Eine Alternative zur vorangehenden linearen Realisierung des Automaten a1 ist durch die Berechnung eines zugehörigen optimal strukturierten Schaltwerkes gegeben. Die Berechnung der dafür notwendigen Zustandscodierung (state assignment) kann über den Verband des Automaten geschehen. Bild 4.42 zeigt den Verband des Automaten a1. Man sieht, daß der Automat a1 nicht reduziert ist, denn die Kongruenzrelation 19 ist die Reduktionsäquivalenz. Bild 4.43 zeigt den Quotientenautomaten. Aufgrund des

Set of Inputs   A :   (0)

Set of Outputs   B :   (0 1)

Set of States   Q :   (1 2 3 4 5 6 7 8 9 10 11 12)

Transition Function δ: Q x A $\longrightarrow$ Q

δ	0
1	12
2	8
3	2
4	1
5	9
6	4
7	6
8	10
9	3
10	5
11	7
12	11

Output Function λ: Q x A $\longrightarrow$ B

λ	0
1	0
2	0
3	1
4	0
5	0
6	1
7	0
8	0
9	1
10	0
11	0
12	1

Bild 4.36: Endlicher Automat a1

Dimension of Set of States   n: 5

Dimension of Set of Inputs   m: 1

Dimension of Set of Outputs   p: 1

Prime of the Galois Field   prim: 2

$$A \begin{bmatrix} 1 & 1 & 1 & 1 & 1 \\ 1 & 0 & 0 & 0 & 0 \\ 0 & 1 & 0 & 0 & 0 \\ 0 & 0 & 1 & 0 & 0 \\ 0 & 0 & 0 & 1 & 0 \end{bmatrix} \qquad B \begin{bmatrix} 0 \\ 0 \\ 0 \\ 0 \\ 0 \end{bmatrix}$$

$$C \begin{bmatrix} 0 & 0 & 0 & 0 & 1 \end{bmatrix} \qquad D \begin{bmatrix} 0 \end{bmatrix}$$

Bild 4.37: Lineare Realisierung a1.L

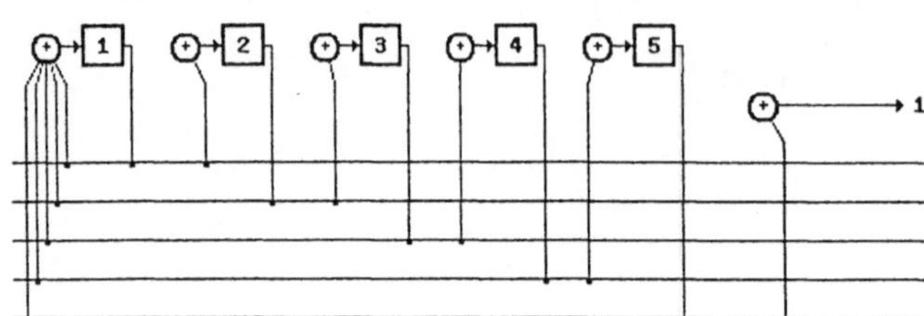

Bild 4.38: Schaltbild der linearen Realisierung a1.L

Dirnension of Set of States   n: 5

Dirnension of Set of Inputs   rn: 1

Dirnension of Set of Outputs   p: 1

Prirne of the Galois Field   prirn: 2

$$A \begin{bmatrix} 0 & 1 & 0 & 0 & 0 \\ 0 & 0 & 1 & 0 & 0 \\ 0 & 0 & 0 & 1 & 0 \\ 1 & 0 & 1 & 0 & 0 \\ 0 & 0 & 0 & 0 & 1 \end{bmatrix} \quad B \begin{bmatrix} 0 \\ 0 \\ 0 \\ 0 \\ 0 \end{bmatrix}$$

$$C \begin{bmatrix} 1 & 1 & 0 & 1 & 1 \end{bmatrix} \quad D \begin{bmatrix} 0 \end{bmatrix}$$

Bild 4.39: Linearer Automat a1.L.RKF

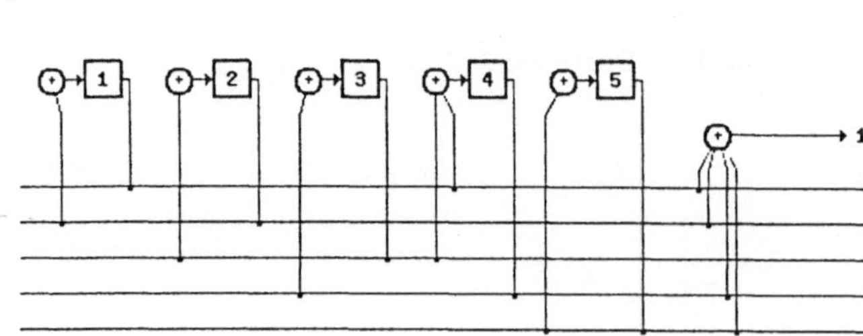

Bild 4.40: Schaltbild des linearen Automaten a1.L.RKF

Realization Tree of : a1

a1 ———— a1.L ———— a1.L.RKF

Bild 4.41: Realisierungsbaum zur Berechnung von a1.L und a1.L.RKF

```
0    ((1) (2) (3) (4) (5) (6) (7) (8) (9) (10) (11) (12))
2    ((1 4 6 7 11 12) (2 9 10) (3 5 8))
3    ((1 6 11) (2 9 10) (3 5 8) (4 7 12))
4    ((1 7) (2 9 10) (3 5 8) (4 11) (6 12))
5    ((1) (2 9 10) (3 5 8) (4) (6) (7) (11) (12))
6    ((1 4 6 7 11 12) (2 5) (3 10) (8 9))
7    ((1 6 11) (2 5) (3 10) (4 7 12) (8 9))
8    ((1 7) (2 5) (3 10) (4 11) (6 12) (8 9))
9    ((1) (2 5) (3 10) (4) (6) (7) (8 9) (11) (12))
10   ((1 4 6 7 11 12) (2 3 5 8 9 10))
11   ((1 6 11) (2 3 5 8 9 10) (4 7 12))
12   ((1 7) (2 3 5 8 9 10) (4 11) (6 12))
13   ((1) (2 3 5 8 9 10) (4) (6) (7) (11) (12))
14   ((1 10) (2 6) (3 7) (4 8) (5 12) (9 11))
15   ((1 9) (2 11) (3 12) (4 5) (6 10) (7 8))
16   ((1 7 8 9) (2 4 5 11) (3 6 10 12))
17   ((1 8) (2 4) (3 6) (5 11) (7 9) (10 12))
18   ((1 3 7 10) (2 5 6 12) (4 8 9 11))
19   ((1 7) (2) (3) (4 11) (5) (6 12) (8) (9) (10))
20   ((1 2 6 9 10 11) (3 4 5 7 8 12))
21   ((1 6 11) (2) (3) (4 7 12) (5) (8) (9) (10))
22   ((1 2 5 7) (3 4 10 11) (6 8 9 12))
23   ((1 3 5 6 8 11) (2 4 7 9 10 12))
24   ((1 5) (2 7) (3 11) (4 10) (6 8) (9 12))
25   ((1 4 6 7 11 12) (2) (3) (5) (8) (9) (10))
1    ((1 2 3 4 5 6 7 8 9 10 11 12))
26   ((1 3) (2 12) (4 9) (5 6) (7 10) (8 11))
27   ((1 2) (3 4) (5 7) (6 9) (8 12) (10 11))
```

a

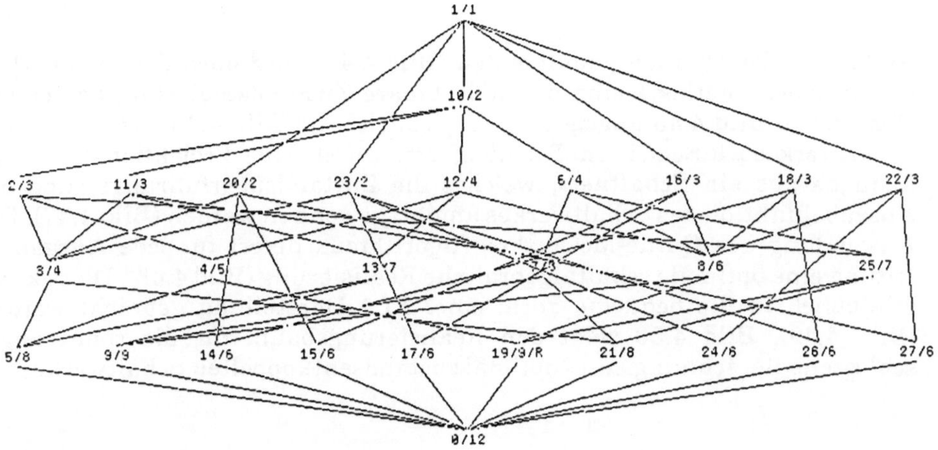

b

Bild 4.42: Verband des Automaten a1, tabellarische (a), graphische (b) Darstellung

Set of Inputs   A :   (1)

Set of Outputs   B :   (1 2)

Set of States   Q :   (1 2 3 4 5 6 7 8 9)

Transition Function δ: Q x A $\longrightarrow$ Q

δ	1
1	6
2	7
3	2
4	1
5	8
6	4
7	9
8	3
9	5

Output Function λ: Q x A $\longrightarrow$ B

λ	1
1	1
2	1
3	2
4	1
5	1
6	2
7	1
8	2
9	1

Bild 4.43: Quotientenautomat a1.R

Verbandes des Quotientenautomaten (Bild 4.44) wird nach der in [PICH 1] angegebenen Methode eine optimale binäre Zustandscodierung berechnet. Diese ist in Bild 4.45 angegeben. Schließlich zeigt Bild 4.46 das zugehörige Schaltwerk a1.R.SeqCir in Tabellenform. Durch eine Projektionsoperation kann daraus ein Schaltnetz, welches die Zustandsüberführungs- und die Ausgabefunktion des Schaltwerkes angibt, gewonnen werden (Bild 4.47). Die Anwendung des Quine-McCluskey-Algorithmus liefert für jede Ausgangsleitung eine optimale schaltalgebraische Realisierung (Bild 4.48). Diese kann schließlich in die bequeme Form einer PLA-Darstellung gebracht werden (Bild 4.49). Bild 4.50 zeigt den Realisierungsbaum für die somit abgeschlossene Berechnung eines optimal zustandsentkoppelten Schaltwerkes.

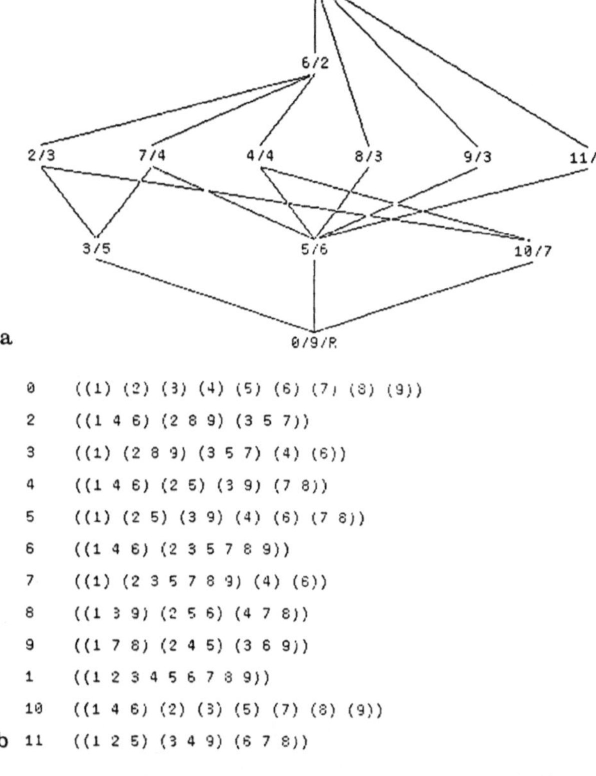

0	((1) (2) (3) (4) (5) (6) (7) (8) (9))
2	((1 4 6) (2 8 9) (3 5 7))
3	((1) (2 8 9) (3 5 7) (4) (6))
4	((1 4 6) (2 5) (3 9) (7 8))
5	((1) (2 5) (3 9) (4) (6) (7 8))
6	((1 4 6) (2 3 5 7 8 9))
7	((1) (2 3 5 7 8 9) (4) (6))
8	((1 3 9) (2 5 6) (4 7 8))
9	((1 7 8) (2 4 5) (3 6 9))
1	((1 2 3 4 5 6 7 8 9))
10	((1 4 6) (2) (3) (5) (7) (8) (9))
b 11	((1 2 5) (3 4 9) (6 7 8))

Bild 4.44: Verband des Quotientenautomaten a1.R, graphische (a) und tabellarische (b) Darstellung

```
Set of Inputs     :   (1 2 3 4 5 6 7 8 9)

Set of Outputs    :   ((0 0 0 0) .... (0 1 0 1))

Set of Variables  :   (x)


Function : Gamma
```

i	(x)	Gamma
0	1	(0 0 0 0)
1	2	(0 0 0 1)
2	3	(0 1 1 0)
3	4	(0 1 0 0)
4	5	(0 0 1 0)
5	6	(1 0 0 0)
6	7	(1 0 1 0)
7	8	(1 0 0 1)
8	9	(0 1 0 1)

Bild 4.45: Zustandscodierung von a1.R

Set of Inputs   A :   ((0))

Set of Outputs   B :   ((0) (1))

Set of States   Q :   ((0 0 0 0) .... (0 1 0 1))

Transition Function δ: Q x A → Q

δ	(0)
(0 0 0 0)	(1 0 0 0)
(0 0 0 1)	(1 0 1 0)
(0 1 1 0)	(0 0 0 1)
(0 1 0 0)	(0 0 0 0)
(0 0 1 0)	(1 0 0 1)
(1 0 0 0)	(0 1 0 0)
(1 0 1 0)	(0 1 0 1)
(1 0 0 1)	(0 1 1 0)
(0 1 0 1)	(0 0 1 0)

Output Function   λ: Q x A → B

λ	(0)
(0 0 0 0)	(0)
(0 0 0 1)	(0)
(0 1 1 0)	(1)
(0 1 0 0)	(0)
(0 0 1 0)	(0)
(1 0 0 0)	(1)
(1 0 1 0)	(0)
(1 0 0 1)	(1)
(0 1 0 1)	(0)

Bild 4 .46: Schaltwerk a1.R.SeqCir

Set of Inputs   :   ((0 0 0 0) .... (0 1 0 1))

Set of Outputs   :   ((0 0 0 0 0) .... (0 1 0 1 1))

Set of Variables :   (z1 z2 z3 z4)

Function : DeltaLambda

i	(z1 z2 z3 z4)	DeltaLambda
0	(0 0 0 0)	(1 0 0 0 0)
1	(0 0 0 1)	(1 0 1 0 0)
2	(0 1 1 0)	(0 0 0 1 1)
3	(0 1 0 0)	(0 0 0 0 0)
4	(0 0 1 0)	(1 0 0 1 0)
5	(1 0 0 0)	(0 1 0 0 1)
6	(1 0 1 0)	(0 1 0 1 0)
7	(1 0 0 1)	(0 1 1 0 1)
8	(0 1 0 1)	(0 0 1 0 0)

Bild 4.47: Boolesches Schaltnetz a1.R.SeqCir.DeltaLambda

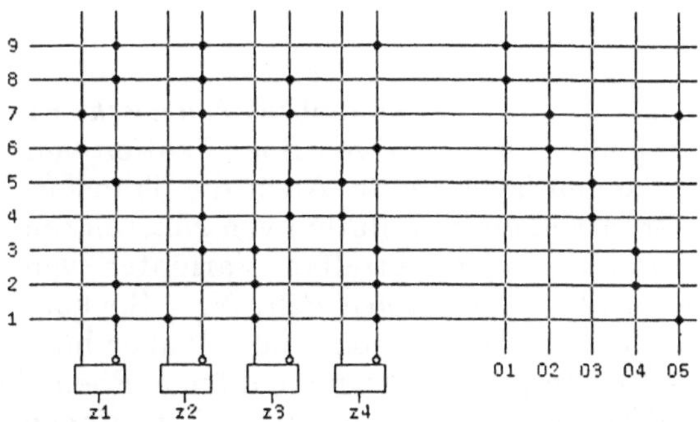

Bild 4.48: Schaltalgebraische Realisierung von a1.R.SeqCir.DeltaLambda

Bild 4.49: PLA-Darstellung des Booleschen Schaltnetzes

Bild 4.50: Realisierungsbaum zur Berechnung eines zustandsentkoppelten Schaltwerkes

4.7 Ausbau und Perspektiven

CAST.FSM ist kein abgeschlossenes Programmsystem. Es unterliegt der
ständigen Weiterentwicklung. Es kann stets mit neuen Systemtypen und
neuen Methoden ergänzt werden. Durch die zugrundeliegende *Interlisp-D*-
Entwicklungsumgebung einerseits, - von ihr ist insbesondere der strukturba-
sierte Editor, aber auch der vollintegrierte Debugger hervorzuheben -, und
durch die Vorteile der strukturierten objektorientierten Programmierung in
Loops andererseits ist die Erweiterung mit vergleichsweise geringem Aufwand möglich. Das Gesamtsystem ist durch das Klassenkonzept auf natürliche Weise gegliedert, ähnlich wie klassische Programmiersprachen die Glie-
derungen durch Module und Packages anbieten. Methoden und Variablen
(Strukturen) sind lokal zu Klassen definiert. Andererseits ist durch den Ver-

erbungsmechanismus eine bequeme Wiederverwertung von Methoden und Strukturen aus anderen Klassen möglich. Die Änderungen und Ergänzungen von Klassen und Methoden erfolgen dynamisch und interaktiv. Sie können sofort interpretativ innerhalb der CAST-Entwicklungsumgebung getestet werden. Stabil gewordene Teilsysteme werden übersetzt und auf dem File Server abgelegt, von wo sie für alle am Netz angeschlossenen CAST.FSM-Arbeitsplatzrechner gleicherweise zur Verfügung stehen. Ein langwieriges Übersetzen und Binden des Gesamtsystems ist nicht nötig. Der Ausbau von CAST.FSM ist ein inkrementeller Prozess, der parallel zur Nutzung des Systems ablaufen kann.

4.7.1 Ausbau

Sehr wichtig für CAST.FSM ist der Ausbau des Systemtyps *Netzwerk*. Er erfordert einen graphischen Editor, der zur interaktiven Spezifikation von Netzwerken mit Komponenten beliebigen Typs dient. Auch die Transformation von Netzwerken in Generatoren und die Simulation von Netzwerken gehören implementiert. Andere Erweiterungen betreffen Varianten von Petri-Netzen, wie *Prädikat-Relationen-Netze* und *Timed-Petri-Nets*. Sie können wertvolle Unterstützung bei der Modellierung bieten und erlauben häufig die übersichtliche Darstellung sehr komplexer Zusammenhänge. Ebenso gehören analytische Methoden für Petri-Netze und deren Transformationen als Generatoren und Dynamiken dazu. Für die eigentliche Automatentheorie sind noch viele Ergänzungen mit den aus der Literatur bekannten Methoden und Algorithmen möglich.

4.7.2 Redesign von CAST.FSM

Bei der praktischen Arbeit des Ausbaus von CAST.FSM zeigten sich bald gewisse Schwächen. Der statische Programmumfang wuchs so rasch, - er umfaßt derzeit mehr als 1 MByte compilierten Code -, daß ein Upgrading auf leistungsfähigere Arbeitsplatzrechner mit größeren Hauptspeichern notwendig wurde. Auch müssen bei einem Redesign sicherlich viele Ad Hoc-Lösungen effizienter gestaltet werden. Auch ist das objektorientierte Programmierparadigma nicht an allen Stellen konsequent genug angewandt worden. Daraus entstanden implementierungsspezifische Probleme, die Mehraufwand nach sich zogen. So besteht ein Endlicher Automat etwa aus drei Mengen und zwei Funktionen (Zustandsüberführung und Ausgabe). Sind diese beiden Funktionen nicht als Objekte von der Klasse Funktion implementiert, sondern als *Lisp*-Datentypen, dann lassen sich die Methoden des Systemtyps Funktion (z.B. die Darstellung der Zustandsüberführungsfunktion durch eine Algebraische Form mittels der Transformation BN4EA) nicht direkt anwenden. Diese Operation muß vielmehr durch eine zusätzliche, explizite Konvertierung in ein Funktionsobjekt überführt werden.

Auch sei erwähnt, daß die relativ aufwendigen Methoden für die interaktive Definition von Systemen für viele Klassen immer wieder neu geschrieben werden mußten, um auf die speziellen Eigenschaften der Klassen einzugehen, dabei unterscheiden sich diese oft nur in Details. Dies alles führt zu Mehrfachversionen von Programmteilen und bringt die bekannten Nachteile wie schlechte Wartbarkeit etc. mit sich. Mit einer einheitlichen Darstellung von Mengen und Funktionen ließen sich diese Mehrfachimplementierungen eliminieren. Gleichzeitig könnte damit die graphische Benutzerschnittstelle, die ohnehin schon als vorbildlich gelten kann, noch homogener gestaltet werden. Auch ist die Vererbungsstruktur (Inheritance Lattice) der implementierten Klassen teilweise willkürlich. Sie führt zu Mehraufwand bei den Methoden. Die sorgfältige Gestaltung der Vererbungshierarchie scheint überhaupt der Schlüssel zur guten objektorientierten Programmierung zu sein. Schließlich hat CAST.FSM eine gewisse Ineffizienz auch von *Interlisp-D* und *Loops* geerbt, denn diese Systeme sind besser zur schnellen Erprobung neuer Ideen geeignet (Rapid Prototyping, Explorative Programming) als zur Entwicklung von laufzeit-effizienten Systemen.

Neben dem Ausbau des bestehenden CAST.FSM ist daher auch der Entwurf einer laufzeitoptimalen, streng objektorientierten Neuimplementierung mit Sprachen wie z.B. *CommonLisp, Clos, Flavors, Kee* oder mittels der nicht auf *Lisp* aufbauende Sprache *Eiffel* in Planung. Außer auf besseres Laufzeitverhalten wird dann besonderer Wert auf ein sauber konstruiertes Klassensystem zu legen sein. Dabei wird zwischen Klassen für systemtheoretische Konstruktionen (z.B. Automaten, Lineare Systeme, Petri-Netze) und Klassen für zugrundeliegende mathematische Objekte (z.B. Mengen, Funktionen, Matrizen etc.) unterschieden werden. Der Vererbungsgraph wird nicht direkt die Hierarchie der Systemtypen wiedergeben, sondern streng nach den Regeln der objektorientierten Programmierung ausgelegt. Doppelimplementierungen und Vererbung nicht relevanter Details werden ausgeschlossen werden.

4.7.3 Nachfolger von CAST.FSM

Ein Schritt in die CAST-Zukunft wird durch die Implementierung von kompletten Systemalgorithmen erreicht. In STIPS.M bzw. deren Implementierung CAST.FSM werden Systemalgorithmen dadurch realisiert, daß der Anwender zu einem von ihm spezifizierten System im Instance-Browser von den im Menü angebotenen Systemtransformationen eine geeignete auswählt. Der Realisierungsbaum, der bei fortgesetzter Selektion von so erzeugten Realisierungen und durch Anwendungen von Transformationen auf diese entsteht, zeigt dann das Zwischenergebnis und schließlich das Resultat des ausgeführten Systemalgorithmus. Durch die interaktive Selektion von Transformationen berechnet der Anwender von CAST.FSM damit eine Trajektorie der zugrundeliegenden abstrakten STIPS-Maschine. Dieses Verfahren bietet also jede mögliche Freiheit. Dafür muß der Anwender aber systemtheoretisches Wissen mitbringen, um zu sinnvollen Ergebnissen zu kommen. Die natürliche Erweiterung wäre daher die Speicherung kompletter Systemalgorithmen als Methoden für die jeweiligen Ausgangsklassen, zusammen mit der On Line-Dokumentation ihrer Eigenschaften und Ziele. Als Vorraussetzung für die Realisierung einer solchen CAST.FSM- Ergänzung ist einerseits die konsequente nicht-interaktive Aufrufbarkeit von Systemtransformationen, andererseits die Implementierung von Optimalitätskriterien, um an Verzweigungen innerhalb von Systemalgorithmen entsprechend entscheiden zu können, notwendig. Dieser Ausbau von CAST.FSM stellt eine Ergänzung des ineraktiven Teils der Methodenbank durch ein Programmpaket dar.

Noch einen Schritt weiter kommt man sicherlich, wenn das Programmsystem nicht nur fertige Systemalgorithmen enthält, sondern diese in einem *selbständigen* (wenn auch interaktiv unterstützten) *Suchprozess* selbst erstellt. Der Anwender gibt das Systemproblem in Form von *Ausgangssystem, Zielspezifikation und Einschränkungen* (z.B. in Form von Optimierungsvorgaben) vor. Das System, es sei hier STX *(Systems Theory Expert)* genannt, leitet aus seiner Wissensbasis mit zusätzlichen heuristischen Regeln einen Systemalgorithmus ab, der das Problem lösen kann, und führt diesen aus. Dabei kann STX seine Wissensbasis um erfolgreiche Systemalgorithmen und neue Heuristiken erweitern. Eine interaktive Komponente läßt Entschei-

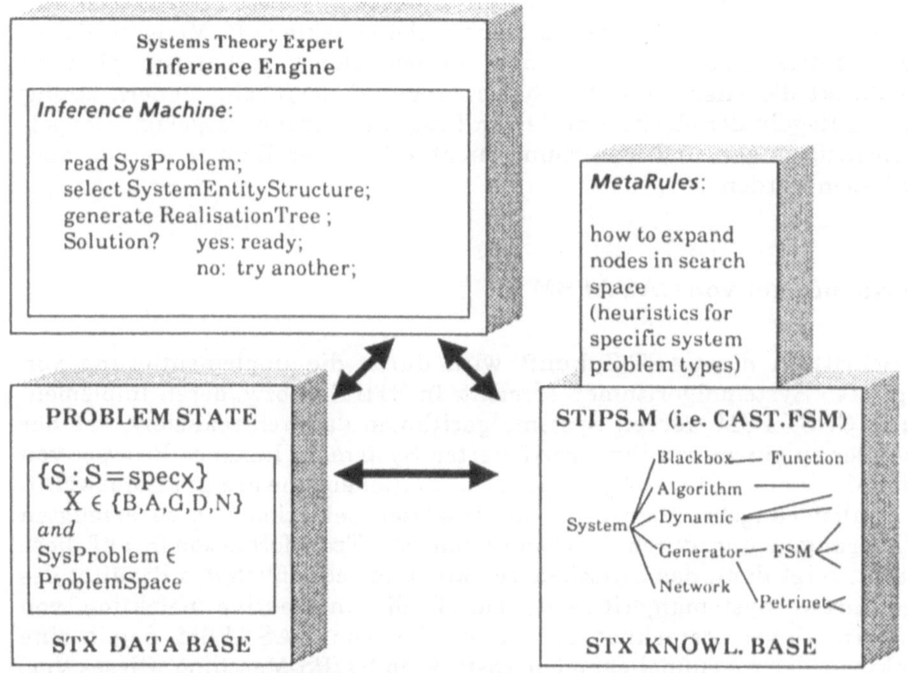

Bild 4.51: Struktur von STX (Systems Theory Expert)

dungen des Benutzers zu. STX besteht so konzeptionell im wesentlichen aus drei Teilen, nämlich einer *Inferenzmaschine*, die den Ableitungsvorgang ausführt, einer *Datenbasis*, die die Problemstellung und den Ableitungszustand in Form von erzeugten Realisierungen festhält, und der *Wissensbasis*, die genau einer STIPS-Maschine, erweitert um fertige Systemalgorithmen und Heuristiken für den Bau von Systemalgorithmen, entspricht. Wesentlich ist die Einführung von leistungsfähigen Notationen für Optimierungskriterien und Beschränkungen (constraints), um den Suchraum klein genug halten zu können.

Eine solche Erweiterung der interaktiven Methodenbank CAST.FSM entspricht ihrer Ergänzung durch eine wissensbasierte Methodenbank. Als Nachfolger von CAST.FSM kann so eine hierarchisch organisierte Mehr-Ebenen-Methodenbank angestrebt werden (Bild 4.51).

4.8 Literaturhinweise

Für die Beschäftigung mit *Loops* verweisen wir auf *Bobrow* [BOBR1] und [BOBR2]. Die Implementierung von CAST.FSM ist in verschiedenen Dokumenten beschrieben. Die Erstinstallation wurde von *Prähofer* [PRÄH 1] durchgeführt. Weiterführende Arbeiten sind durch [PRÄH 2], [PRÄH 3], [PRÄH 4], [PICH 7], [MITT 1], [MITT 2], [MITT 3] dokumentiert. Ein Benutzerhandbuch für CAST.FSM ist erhältlich [MITT 4].

Ausbauperspektiven von CAST.FSM in Richtung einer neuen Implementierung werden in [MITT 5] behandelt. Gedanken zu einer Integration von CAST.FSM mit den von *Zeigler* entwickelten Methoden zur Modellierung und Simulation [ZEIG 2] werden von *Rozenblit* und *Praehofer* in [ROZE] entwickelt. Als konzeptionelle Erweiterung der STIPS-Maschine STIPS.FSM kann das Konzept für STIX.FSM angesehen werden. Auf ihm aufbauend kann u.a. das Problem der Einbindung von CAST.FSM in bestehende CAD-Systeme eine genaue Definition erfahren [PICH 5].

5 STIPS-Maschinen für Lineare und Allgemeine Systeme

5.1 Lineare Systeme über Gruppen

Die Theorie *Linearer Systeme über Gruppen* ist sicherlich eine spezielle Systemtheorie. Auch für sie kann das STIPS.M-Konzept als Basis für die Implementierung und Nutzung einer interaktiven Methodenbank CAST. FOURIER verwendet werden. Zunächst stellen wir die theoretischen Grundlagen dar. Die dazu notwendige mathematische Begiffswelt ist so allgemein gehalten, daß auch ein eiliger Leser sie schnell überfliegen kann. Sie ist nur Einführung zu unserem Anliegen, nämlich aufzuzeigen, wie neben der Methodenbank CAST.FSM auch für weitere Gebiete der Systemtheorie CAST-Methodenbanken eingerichtet werden können.

5.1.1 Abstrakte Harmonische Analyse

In der klassischen Fourieranalyse wird bekanntlich die Aufgabe behandelt, Zeitsignale in ihre harmonischen Komponenten als *Sinusschwingungen* mit bestimmter *Frequenz, Amplitude* und *Phasenlage* zu zerlegen. So gelingt es, für eine *periodische Funktion f* einer reellen Variablen eine zugehörige *Fourierreihen-Darstellung* in Form einer unendlichen Reihe zu berechnen. Diese zeigt, wie f durch *Superposition von Sinusfunktionen* mit bestimmter *Frequenz* ω, *Amplitude* $A(\omega)$ und *Phasenlage* $\phi(\omega)$ dargestellt werden kann.

Ebenso kann für eine nichtperiodische Funktion f einer reellen Variablen eine zugehörige *Fourierintegral-Darstellung* berechnet werden, die ebenfalls die *spektrale Zerlegung* von f in *Sinuskomponenten* zeigt.

Die klassische Fourieranalyse hat in der Systemtheorie der Nachrichten- und Regelungstechnik schon sehr früh große Bedeutung erlangt. Der Grund dafür ist die Tatsache, daß in der Nachrichten- und Regelungstechnik eine große Anzahl von Modellen durch dynamische Systeme, die durch Systeme von gewöhnlichen linearen Differentialgleichungen mit konstanten Koeffizienten erzeugt werden, beschrieben werden können. Systemtheoretisch gesehen handelt es sich dabei um die Klasse der Linearen Zeitinvarianten Differentialsysteme, eine der wichtigsten Klassen für Spezifikationen in den Ingenieurwissenschaften. Die Fourieranalyse ermöglicht eine *Algebraisie-*

rung der Problemstellung und der Lösungskonstruktion. Gemeint ist, daß damit bestimmte Untersuchungen, die im *Zeitbereich* an Hand von Differentialgleichungen mit den Mitteln der Analysis, also der Differential- und Integralrechnung, durchgeführt werden, im *Frequenzbereich* mit den Mitteln der Algebra gelöst werden können. Von dieser Möglichkeit wird reger Gebrauch gemacht. Als Beispiel sei auf die Analysemethoden für die Untersuchungen von Kabelleitungen und passiven elektrischen RLC-Netzwerken, die im Rahmen der Vierpol- und Filtertheorie entwickelt worden sind, hingewiesen.

Mit dem Einsatz leistungsfähiger Computer sind in der Nachrichten- und Regelungstechnik neben den *Frequenzmethoden* auch die *Zeitmethoden* wieder aktuell geworden. In der Systemtheorie ist dieser Trend mit der Entwicklung der *Zustandsraum-Methoden für Dynamische Systeme*, im besonderen für *Lineare Zeitinvariante Differentialsysteme*, aufgegriffen worden. Trotz dieser Rückkehr zur Anwendung von Methoden der Analysis und der numerischen Mathematik hat aber auch die klassische Fourieranalyse durch den Computer einen neuen Aufschwung erhalten. Der Grund dafür liegt in der Entwicklung eines schnellen Algorithmus, der *Schnellen Fouriertransformation* FFT (Fast Fourier Transform) zur Berechnung der Fourier-Darstellungen von diskreten Zeitfunktionen. Die FFT bildet ein wichtiges Instrument zur Behandlung von Fragen der Harmonischen Analyse von diskreten Signalen verschiedenster Art. Sie findet z.B. Anwendung bei der Realisierung von digitalen Filtern, die zunehmend häufiger an die Stelle der in Analogtechnik realisierten Filter treten. Neben den üblichen Anwendungen bei den Untersuchungen von Zeitsignalen sind durch Fragestellungen der Digitalen Bildverarbeitung auch die Anwendungen der Fourieranalyse bei zwei- und mehrdimensionalen räumlichen Signalen, die Bilder oder mehrdimensionale Objekte repräsentieren, ins zentrale Interesse der Forschung gerückt.

Mit der Einbeziehung von Signalen mit abstrakten Raumvariablen sind neben den Reellen Zahlen R und den Ganzen Zahlen Z, den beiden klassischen Bereichen für Zeitvariable, allgemeinere Bereiche für die Definition von Signalen wichtig geworden. Darauf weist auch die Tatsache hin, daß die interne Darstellung eines Signals in einem Computer nicht notwendigerweise mit den Zahlen aus R oder aus Z erfolgt.

In der Mathematik sind seit längerer Zeit die verschiedensten Verallgemeinerungen der klassischen Fourieranalyse bekannt. Neben der Laplace-Transformation und der sogenannten z-Transformation, die beide in der Systemtheorie und in technischen Anwendungen Eingang gefunden haben und deshalb auch schon als klassisch bezeichnet werden, ist vor allem mit der *Abstrakten Harmonischen Analyse* ein mathematisches Gebäude geschaffen worden, das die klassische Fourieranalyse als Spezialfall enthält. Die Verallgemeinerung wird dadurch erzielt, daß anstatt der Bereiche R und Z eine *Allgemeine Topologische Gruppe* G als Definitionsbereich für die Signale eingeführt wird. Die Theorie zeigt, daß dabei wesentliche Eigenschaften der klassischen Fourieranalyse erhalten bleiben. So kann eine leistungsfähige Signaltheorie auf dieser Basis aufgebaut werden.

Ebenso kann in Analogie zu den Linearen Zeitinvarianten Differential- und Differenzensystemen eine Klasse von linearen Systemen eingeführt werden, für die die Abstrakte Harmonische Analyse die erwünschte Algebraisierung der Problemstellungen leistet. Als eine weitere wichtige Tatsache, die für die Brauchbarkeit einer solchen Theorie der *Linearen Systeme über Gruppen* für die Signalverarbeitung spricht, ist die Tatsache anzusehen, daß auch schnelle Algorithmen von der Art des FFT-Algorithmus für die Allgemeine Fouriertransformation existieren. Damit ist die Implementierung sowohl für Universalcomputer als auch insbesonders für Spezialprozessoren sehr wirkungsvoll möglich.

Nachfolgend werden die *Linearen Systeme über Gruppen* und die mit ihnen verbundene *Verallgemeinerte Fourieranalyse* einführend behandelt. Diese Darlegungen bilden die theoretische Basis für das Programmsystem CAST.FOURIER. Sie sind also Grundlage für die computerunterstützte Nutzung der Linearen Systemtheorie in der Digitalen Signalverarbeitung.

Die Darstellungen sind sehr allgemein gehalten. Allerdings wird die Allgemeinheit ein wenig eingeschränkt, und zwar auf den Fall, daß die den Signalen zugrundegelegte Gruppe G eine Endliche Abelsche Gruppe ist. Damit wird die theoretische Behandlung vereinfacht. Die gesamte Theorie wird so gewissermaßen zu einem speziellen Teil der Linearen Algebra. Für die Anwendungen, die uns bei der Digitalen Signalverarbeitung interessieren, ist diese Einschränkung auf endliche Bereiche aber vertretbar.

5.1.2 Allgemeine Fouriertransformation GFT

G bezeichnet eine Endliche Abelsche Gruppe mit $n = |G|$ Elementen. Die Gruppenverknüpfung $+ : G \times G \to G$ wird wie üblich additiv geschrieben, sodaß für $g, g' \in G$ mit $g + g'$ der Wert $+(g, g')$ gemeint ist. 0 bezeichnet das neutrale Element, also die Null, von G; -g kennzeichnet das inverse Element eines Elementes g aus G.

Mit L(G) sei die Menge aller Funktionen $f : G \to C$ von G in die Menge C der komplexen Zahlen bezeichnet. L(G) bildet dann gegenüber der üblichen Addition von Funktionen zusammen mit der Skalarmultiplikation mit Zahlen aus C einen Linearen Raum über C. Für $f, f' \in L(G)$ und $c \in C$ gilt:

$$f + f' \quad \text{ist gegeben durch} \quad (f + f')(g) := f(g) + f'(g),$$
$$cf \quad \text{ist gegeben durch} \quad (cf)(g) := c(f(g)).$$

Als weitere innere Operation wird in L(G) die Faltungsoperation $* : L(G) \times L(G) \to L(G)$ wie folgt eingeführt: Für $h, f \in L(G)$ ist das *Faltprodukt* $h * f$ erklärt durch

$$(h * f)(g) = \sum_{\gamma \in G} h(g - \gamma) f(\gamma).$$

Man zeigt leicht, daß für das Faltprodukt * folgende Regeln gelten:

$$h*f = f*h \qquad \text{(Kommutativität)},$$
$$(h*f)*u = h*(f*u) \qquad \text{(Assoziativität)}.$$

Für die Funktion $e \in L(G)$, die durch $e(0)=1$ und $e(g)=0$ für alle $g \in G$ mit $g \neq 0$ definiert ist, gilt stets

$$e*f=f \qquad \text{(Einheit e)}.$$

Die algebraische Struktur $(L(G), +, *)$ nennen wir die *Signalalgebra* über G. Die Funktionen f aus $L(G)$ heißen auch *Signale*.

Die Gruppe G kann als eine Verallgemeinerung des reellen Zeitbereiches R bei Zeitsignalen $x:R \to C$ angesehen werden. Im Falle, daß G als n-faches direktes Produkt $G = G_1 \times G_2 \times ... \times G_n$ vorliegt, heißt $f:G \to C$ ein n-dimensionales Signal. In diesem Fall ist es oft zweckmäßig, G als Verallgemeinerung des n-dimensionalen Euklidischen Raumes R^n aufzufassen, wobei die einzelnen Koordinaten durch die Gruppen $G_i (i = 1,2,...,n)$ gebildet werden.

Analog zu den Zeitsignalen $x:R \to C$ kann jedem Signal $f:G \to C$ mittels einer Fouriertransformation ein *Signalspektrum* F zugeordnet werden. Dies geschieht in der Weise: Mit Ω sei folgende Teilmenge von Signalen aus $L(G)$ bezeichnet:

1. Die Signale $\omega \in \Omega$ nehmen in C nur Werte mit dem absoluten Betrag 1 an; $|\omega(g)| = 1$ für alle $g \in G$.
2. Die Signale $\omega \in \Omega$ haben die Eigenschaft, daß für alle $g, g' \in G$ gilt: $\omega(g + g') = \omega(g)\omega(g')$.

Definiert man in Ω eine Multiplikation $\cdot: \Omega \times \Omega \to \Omega$ durch $\cdot(\omega, \omega') = \omega \cdot \omega'$ mit $\omega \cdot \omega'(g) := \omega(g)\omega'(g)$, so bildet die algebraische Struktur $(\Omega, \cdot)$ eine zu $(G, +)$ isomorphe Abelsche Gruppe mit neutralem Element 1, gegeben durch $1(g) := 1$ für alle $g \in G$. Die Gruppe $(\Omega, \cdot)$ heißt die *Charaktergruppe* von $(G, +)$. Die Signale $\omega \in \Omega$ heißen die *Charakterfunktionen*.

Mit Hilfe der Charaktergruppe können nun für die Signale $f \in L(G)$ Transformationen eingeführt werden dadurch, daß jedem Signal $f \in L(G)$ durch die Vorschrift

$$F(\omega) := \sum_{g \in G} \omega(g)f(g)$$

ein *Spektrum* $F:\Omega \to C$ zugeordnet wird. Die durch diese Zuordnung $f \to F$ gegebene Transformation heißt die *Allgemeine Fouriertransformation GFT*, wobei $GFT(f) = F$ gilt. Analog zu $L(G)$ bildet die Menge $L(\Omega)$ aller Spektren einen Linearen Raum über C. Neben der Addition sei dabei in $L(\Omega)$ als weitere innere Verknüpfung noch die Multiplikation von Spektren eingeführt. Die so erhaltene algebraische Struktur $(L(\Omega), +, \cdot)$ nennen wir die *Spektrum-*

algebra. Der *Faltung* * der Signalalgebra entspricht in der Spektrumalgebra die gewöhnliche *Multiplikation*.

Jedem Spektrum $f \in L(\Omega)$ kann umgekehrt mittels der Vorschrift

$$f(g) := \frac{1}{|\Omega|} \sum_{\omega \in \Omega} \omega^c(g) F(\omega)$$

das Signal $f : G \to C$ zugeordnet werden. $\omega^c(g)$ bedeutet dabei den konjugiert komplexen Wert von $\omega(g)$. Damit ist die *Inverse Allgemeine Fouriertransformation $(GFT)^{-1}$* definiert. Es gilt $(GFT)^{-1}(F) = f$.

Die Charakterfunktionen ω, die wir als Kernfunktionen zur Fouriertransformation von Signalen $f \in L(G)$ brauchen, sind bisher nur allgemein eingeführt. Als notwendige Ergänzung wird nun die Konstruktion von Ω für jede beliebig gewählte *Endliche Abelsche Gruppe* angegeben. Die Grundlage dafür bilden die Charakterfunktionen für *Endliche Zyklische Gruppen* Z_k zusammen mit der wichtigen Tatsache, daß jede Endliche Abelsche Gruppe G als direktes Produkt

$$G = Z_{k_1} \times Z_{k_2} \times ... \times Z_{k_s}$$

von *Zyklischen Gruppen* dargestellt werden kann, wobei gilt

$$|G| = k_1 \cdot k_2 \cdot ... \cdot k_s.$$

Um Ω für G zu konstruieren, ist also angenommen, daß G als direktes Produkt

$$G = Z_{k_1} \times Z_{k_2} \times ... \times Z_{k_s}$$

vorliegt. Jedes Element $g \in G$ hat eine eindeutige Darstellung in der Form $g = (g_1, g_2, ..., g_s)$ mit Koordinaten g_i aus Z_{k_i}. Da Ω zu G isomorph ist, gibt es auch für Ω eine Darstellung der Form

$$\Omega = \Omega_1 \times \Omega_2 \times ... \times \Omega_s,$$

wobei die Gruppen Ω_i jeweils zu Z_{k_i} isomorph sind. Damit kann jede Charakterfunktion $\omega \in \Omega$ eindeutig in der Form $\omega = (\omega_1, \omega_2, ..., \omega_s)$, wobei die Koordinaten ω_i Charakterfunktionen von Z_{k_i} sind, dargestellt werden.

Für $\omega = (\omega_1, \omega_2, ..., \omega_s)$ und $g = (g_1, g_2, ..., g_s)$ definieren wir nun die Zuordnungsvorschrift $g \to \omega(g)$ der Charakterfunktion $\omega \in \Omega$ durch

$$\omega(g) := \omega_1(g_1) \cdot \omega_2(g_2) \cdot ... \cdot \omega_s(g_s).$$

Die einzelnen Charakterfunktionen ω_i $(i = 1, 2, ..., s)$ der Zyklischen Gruppen Z_{k_i} sind dabei in der folgenden Weise gegeben:

$$\omega_i(g_i) := \exp((2\pi j <\omega_i> <g_i>)/k_i),$$

wobei $j = \sqrt{-1}$ bedeutet, und $<\omega_i>$ und $<g_i>$ die durch die Isomorphie von Ω_i bzw. G_i in der Gruppe der Restklassen von Z_{k_i} festgelegten natürlichen Zahlen aus der Menge $\{0,1,2,...,k_i\text{-}1\}$ bedeuten.

Zur Erläuterung der Konstruktion der Charakterfunktionen ω für eine Gruppe G seien zwei Beispiele anhand konkreter Endlicher Abelscher Gruppen durchgeführt.

Beispiel 1: $G = Z_n = (\{0,1,2,...,n\text{-}1\}, +(mod\,n))$ *(Zykl. Gruppe der Ordnung n)*

In diesem Fall ist $s = 1$ und eine Charakterfunktion $\omega \in \Omega$ hat die Zuordnungsvorschrift

$$\omega(g) := \exp((2\pi j <\omega> <g>)/n),$$

wobei $<\omega>$ und $<g>$ natürliche Zahlen aus $\{0,1,2,...,n\text{-}1\}$ sind. Man sieht, daß auf diese Weise n verschiedene Charakterfunktionen $\omega_{<\omega>} : Z_n \to C$ ($<\omega> = 0,1,...,n\text{-}1$) konstruiert werden können. Es handelt sich dabei um die bekannten *Diskreten Kreisfunktionen*. Diese werden für unsere Zwecke mit ϕ_y, wobei ϕ für ω und y für $<\omega>$ steht, bezeichnet. Die zugehörige Fouriertransformation ist in diesem Fall allgemein mit dem Namen *Diskrete Fouriertransformation* (DFT) in der Signal- und Systemtheorie eingeführt.

Beispiel 2: $G = Z_2 \times Z_2 \times ... \times Z_2$ *(s-faches Produkt der Zyklischen Gruppe Z_2)*

Es handelt sich um die sogenannte *Dyadische Gruppe* $D_s = (B^s, \oplus)$. Die zugehörigen Charakterfunktionen $\omega : D_s \to C$ sind in der folgenden Weise gegeben: Für $\omega = (\omega_1, \omega_2, ..., \omega_s)$ und $g = (g_1, g_2, ..., g_s)$ gilt wegen

$$\exp((2\pi j <\omega_i> <g_i>)/2) = (\text{-}1)^{<\omega_i> <g_i>}$$

die Zuordnungsvorschrift

$$\omega(g) := (\text{-}1)^{<\omega_1> <g_1> + <\omega_2> <g_2> + ... + <\omega_s> <g_s>}$$

Da $<\omega> := (<\omega_1>, <\omega_2>, ..., <\omega_s>) \in B^s$ eine s-stellige Binärzahl ist, gibt es genau 2^s verschiedene Charakterfunktionen für die Dyadische Gruppe D_s. Diese werden in der Literatur oft mit dem Symbol ψ_y, wo y für $<\omega>$ steht, bezeichnet und heißen die *Diskreten Walshfunktionen*. Die zugehörige Fouriertransformation ist unter dem Namen diskrete *Walsh-Fouriertransformation* (WFT) bekannt.

Zum Abschluß seien zu beiden Beispielen von speziellen Gruppen Z_n bzw. D_s die zugehörigen Charakterfunktionen berechnet. Auch wird die zugehörige Fouriertransformation DFT bzw. WFT angegeben. Für $G = Z_n$ wird dabei der Fall $n = 4$, also $G = Z_4$, behandelt. Wegen $Z_4 = (\{0,1,2,3\}, +(mod\,4))$ gilt dann

$$\omega(g) = \exp(jn/2(<\omega><g>)),$$

oder wegen $\exp(jn/2) = j$ und mit der Schreibweise $y := <\omega>$ und $x := <g>$, wobei $x,y \in \{0,1,2,3\}$ ist, auch

$$\phi_y(x) = j^{xy}.$$

Man erhält damit die in Bild 5.1 angegebene Wertetabelle für die Diskreten Kreisfunktionen ϕ_y. Die Diskrete Fouriertransformation DFT eines Signals $f:Z_4 \to C$ ist in diesem Fall durch

$$DFT(f)(y) = \sum_{x=0}^{3} \phi_y(x)f(x)$$

gegeben.

Im zweiten Beispiel, nämlich dem der *Walsh-Fouriertransformation*, wählen wir $G = Z_2 \times Z_2 = D_2$. Dann werden die Charakterfunktionen durch die Diskreten Walshfunktionen $\psi_y:D_2 \to C$ gebildet. Aus der Definition von $\psi_y(x) := \omega(g)$, wobei wieder $x := <g>$ und $y := <\omega>$ ist, folgt dafür mit $x = (x_1,x_2) \in B^2$ und $y = (y_1,y_2) \in B^2$

$$\psi_y(x) = (-1)^{y_1x_1 + y_2x_2}.$$

Bild 5.2 zeigt die Wertetabelle für die so konstruierten vier Diskreten Walshfunktionen. Die Walsh-Fouriertransformation WFT ist in diesem Fall für die Signale $f:Z_2 \times Z_2 \to C$ durch

$$WFT(f)(y) := \sum_{x \in B^2} \psi_y(x)f(x)$$

gegeben.

ϕ_y \ x	0	1	2	3
ϕ_0	1	1	1	1
ϕ_1	1	j	-1	-j
ϕ_2	1	-1	1	-1
ϕ_3	1	-j	-1	j

Bild 5.1: Wertetabelle der Diskreten Kreisfunktionen ϕ_y

Ψ_y \ x	00	01	10	11
$\Psi 00$	1	1	1	1
$\Psi 01$	1	−1	1	−1
$\Psi 10$	1	1	−1	−1
$\Psi 11$	1	−1	−1	1

Bild 5.2: Wertetabelle der Diskreten Walshfunktionen Ψ_y

5.1.3 Allgemeine Faltungssysteme

Analog zur Theorie Linearer Differential- und Differenzensysteme kann das Konzept der Faltung von Signalen der Art $f{:}G{\to}C$ zur Konstruktion einer Klasse von linearen Systemen über Endlichen Abelschen Gruppen verwendet werden. Für eine Funktion $h{:}G{\to}C$ sei die Operation $S_h{:}L(G){\to}L(G)$ durch

$$S_h(f){:=} h*f$$

definiert. S_h ist der Input/Output-Operator eines *Allgemeinen Faltungssystems*. Die Funktion h heißt die *Impulsantwort* des Faltungssystems.

Es gilt $S_h(e){=}h$, das heißt, ein Faltungssystem antwortet auf das Inputsignal e, den Einheitsimpuls, mit der Impulsantwort h. Im Blockschaltbild kann ein Faltungssystem in der Form von Bild 5.3 angegeben werden.

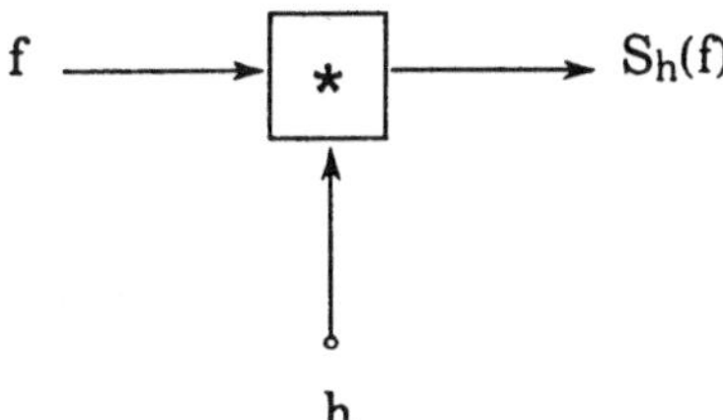

Bild 5.3: Blockschaltbild eines Allgemeinen Faltungssystems

Analog zu den Linearen Differential- und Differenzensystemen kann ein Faltungssystem mit Vorteil im Spektralbereich mit Hilfe der Allgemeinen Fouriertransformation untersucht werden. Die mathematische Grundlage dafür bildet der Faltungssatz der Fouriertransformation für Signale aus L(G), der durch die Gleichung

$$GFT(h*f) = GFT(h){\cdot}GFT(f)$$

ausgedrückt wird. Auf Faltungssysteme angewandt bedeutet dies, daß gilt

$$GFT(S_h(f)) = GFT(h) \cdot GFT(f),$$

d.h., das Spektrum des Outputsignals eines Faltungssystems erhält man, indem das Spektrum $H = GFT(h)$ der Impulsantwort mit dem Spektrum $F = GFT(f)$ des Inputsignals multipliziert wird. Die Funktion H heißt deshalb die *Übertragungsfunktion* des Faltungssystems. Diese Aussage kann zur Realisierung eines Faltungssystems über die zugehörigen Spektren in der folgenden im Blockschaltbild gezeigten Form herangezogen werden (Bild 5.4).

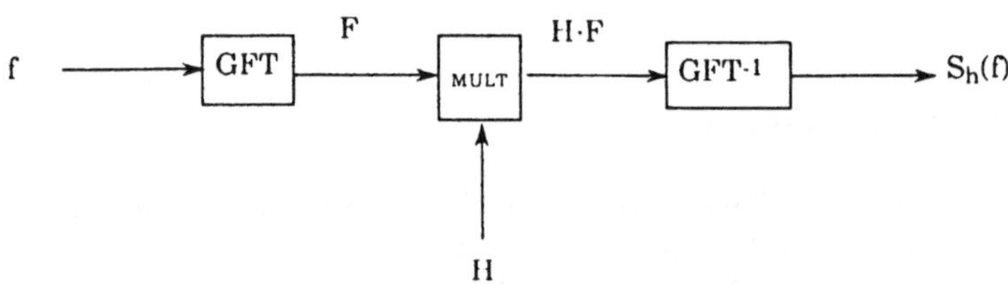

Bild 5.4: Spektrale Realisierung eines Faltungssystems

Anhand der Übertragungsfunktion H kann ein Faltungssystem in unterschiedlicher Weise mit Vorteil charakterisiert werden. Dies soll an den Beispielen von Faltungssystemen über den Gruppen $G = Z_n$ und $G = D_s$ demonstriert werden.

a. Für $G = Z_n$ ist die Input/Output-Operation S_h eines Faltungssystems gegeben durch

$$S_h(f)(x) = \sum_{\xi \in Z_n} h(x-\xi)f(\xi).$$

Im Spektralbereich kann S_h durch seine Übertragungsfunktion $H = DFT(h)$ in der Weise charakterisiert werden, daß man sagt:

1. S_h hat *Tiefpaßcharakter*, wenn $H(y) = 0$ nur für $0 < y^* < y$ gilt.
2. S_h hat *Hochpaßcharakter*, wenn $H(y) = 0$ nur für $0 \leq y < y^{**} < n\text{-}1$ gilt.
3. S_h hat *Bandpaßcharakter*, wenn $H(y) = 0$ nur für $0 \leq y < y^{**}$ und $y^* < y \leq n\text{-}1$ gilt, wobei $y^{**} \leq y^*$ ist.

Eine Teilmenge von Z_n, in der H verschieden von Null ist, heißt ein *Durchlaßbereich* von S_h; eine Teilmenge von Z_n, in der H dagegen den Wert Null hat, heißt ein *Sperrbereich* von S_h.

Ein idealer *Tiefpaß* TP hat einen Durchlaßbereich in Z_n der Art $Z_n(TP) = \{0,1,2,...,y^*\}$ und es gilt $H(y) = 1$ für alle $y \in Z_n(TP)$.

Ein idealer *Hochpaß* HP hat einen Durchlaßbereich $Z_n(HP) = \{y^{**}, y^{**}+1, ..., n\text{-}1\}$, wobei $H(y) = 1$ für alle $y \in Z_n(HP)$ ist.

Ein idealer *Bandpaß* BP hat einen Durchlaßbereich $Z_n(BP)$ von der Form $Z_n(BP) = \{y^{**}, ..., y^{*}\}$ mit $y^{**} > 0$ und $y^{*} < n\text{-}1$ und es gilt $H(y) = 1$ für alle $Z_n(BP)$.

In der Digitalen Signalverarbeitung sind Faltungssysteme über Z_n auch unter dem Namen *Zyklische Digitale Filter* eingeführt.

b. Im Falle $G = D_s$ kann die I/O-Operation S_h eines *Dyadischen Faltungssystems* in der Form

$$S_h(f)(x) = \sum_{\xi \in B^s} h(x \oplus \xi) f(\xi).$$

angegeben werden. Die Verknüpfung $x \oplus \xi$ ergibt sich darin aus der Tatsache, daß in D_s jedes Element zu sich selbst invers ist, sodaß $x \oplus (\text{-}\xi) = x \oplus \xi$ gilt.

Führt man in der Menge B^s eine vollständige Ordnungsrelation $\leq$ ein, z.B. die in natürlicher Weise durch die natürliche Zahlenmenge $\{0, 1, ..., 2^s\text{-}1\}$ induzierte Ordnung, so können mittels der Übertragungsfunktion H in analoger Weise wie im vorangehenden auch Tiefpässe, Hochpässe und Bandpässe definiert werden. Zusätzlich können andere wichtige Filtereigenschaften für *Dyadische Faltungsysteme* eingeführt werden. Zum Beispiel heißt ein Dyadisches Faltungssystem ein *Vielfaltfilter*, wenn die Übertragungsfunktion H nur für Werte $y \in B^s$ mit bestimmtem Hamminggewicht $\|y\|$ von Null verschieden ist.

Ein idealer *Vielfalt-Tiefpaß* wäre beispielsweise ein Dyadisches Faltungssystem mit Übertragungsfunktion H, die $H(y) = 1$ für alle y mit $0 \leq \|y\| \leq k < s$ und $H(y) = 0$ sonst überall erfüllt. Dagegen wäre ein idealer *Vielfalt-Hochpaß* durch eine Übertragungsfunktion H, die $H(y) = 1$ für alle y mit $0 < k \leq y \leq s$ und $H(y) = 0$ sonst überall erfüllt, charakterisiert.

In der Theorie der Signalverarbeitung sind Faltungssysteme über D_s auch unter dem Namen *Dyadische Filter* und *Sequenzfilter* bekanntgeworden.

5.1.4 Schnelle Algorithmen

In der Theorie der Signalverarbeitung hat, wie bereits erwähnt, die Entdeckung der *Fast Fourier Transform* (FFT), also des schnellen algorithmischen Verfahrens zur Programmierung der Diskreten Fouriertransformation, einen großen Fortschritt gebracht. Die Berechnungskomplexität wurde damit von der Ordnung $O(n^2)$ auf die Ordnung $O(n \log n)$ heruntergedrückt, was für große n eine beachtliche Einsparung ausmacht. Geht man der Theorie, die zur Konstruktion der FFT führt, auf den Grund, so erkennt man, daß in analoger Weise auch die algorithmische Realisierung der GFT erfolgen kann. Man kommt damit zur *General Fast Fourier Transform* GFFT. Genauso wie die FFT die effektive Realisierung der DFT und damit die Konstruktion von digitalen Filtern erlaubt, ermöglicht die GFFT die

effektive Realisierung der GFT und damit die Konstruktion von Faltungssystemen. Bezüglich der Konstruktion der GFFT verweisen wir in Abschnitt
5.4 auf die existierende Literatur.

5.1.5 Anwendungsbeispiele

Lineare Systeme über Endlichen Abelschen Gruppen und die zugehörige
Theorie der Fouriertransformation für die Signalalgebra L(G) haben in der
Informationstechnik zu einer Vielzahl von bemerkenswerten Anwendungen
geführt. Von diesen werden hier in aller Kürze solche behandelt, die mit der
Implementierung von CAST.FOURIER zusammenhängen. Für alle anderen
sei auf das einschlägige Schrifttum verwiesen.

5.1.5.1 Harmonische Analyse von Signalen

Signale der Art $f: G \to C$ treten in der Informationstechnik häufig auf. In den
meisten Fällen wird dabei die Gruppe G von spezieller Art sein. Ein wichtiger
Anwendungsfall ist die Untersuchung von Schaltfunktionen $f: D_s \to \{0,1\}$,
wobei $\{0,1\} \subset C$ angenommen wird. Verschiedene informationstechnisch
wichtige Eigenschaften von Schaltfunktionen können mit Vorteil im
zugehörigen Spektrum F leicht erkannt werden. Sie können z.B. die Testbarkeit von Gatterschaltungen, die f realisieren, oder die Realisierbarkeit
von f mit Bausteinen der Schwellwertlogik oder die Frage nach der Korrelationsimmunität von f im Rahmen kryptologischer Untersuchungen betreffen.
Die GFFT, die im Falle $G = D_s$ eine FFT für die Walsh-Fouriertransformation
ergibt, ermöglicht die effektive Berechnung des Spektrums F von
Schaltfunktionen f. Eine Verallgemeinerung von Schaltfunktionen
$f: D_s \to \{0,1\}$ liegt mit den Funktionen f der Art $f: GF(q)^s \to GF(q)$ vor. Funktionen
dieser Art kommen etwa bei linearen GF(q)-Schaltwerken vor.

Betrachten wir nur die Gruppenstruktur des Linearen Raums $GF(q)^s$ und
betten wir GF(q) auf irgendeine Weise in C ein, z.B. durch die Annahme
$GF(q) = \{0,1,2,...,q-1\} \subset N_0$, so besteht stets die Chance, im Spektrum F interessante Eigenschaften von f für die Anwendung zu finden. So geht man in
typischer Probiermethode bei signaltheoretischen Untersuchungen vor. Die
Probiermethode aber kann offenbar mit der Verfügbarkeit einer entsprechenden CAST-Methodenbank wirkungsvoll unterstützt werden.

5.1.5.2 Anwendung in der Digitalen Bildverarbeitung

Digital abgespeicherte Bilder können als Signale $f: G \to C$ in der folgenden
Weise interpretiert werden: Die Gruppe G stellt den Rasterbereich des Bildes
dar. Im üblichen Fall von zweidimensionalen Bildern wird dabei $G = G_X \times G_Y$
angenommen. Jedem Bildpunkt (x,y) wird durch f ein bestimmter Wert f(x,y),
der Grauwert oder der Farbwert aus einer endlichen Menge A, etwa

$A = \{0,1,2,...,q-1\} \subset N_0$, zugeordnet. Dabei kann der Wertebereich A von f als Teilmenge von C angenommen werden. Mit digitalen Bildern dieser Art kann in vielfältiger Weise mit Hilfe der Fouriertransformation und mit Hilfe von Faltungssystemen experimentiert werden. Ein naheliegendes Experiment stellt dabei die Berechnung des Spektrums F eines Bildes f dar.

In praktischen Fällen können Rasterbereiche mit 512 Zeilen und 512 Spalten angenommen werden. Dann ist $|G_X| = |G_Y| = 512$. Bilder stellen deshalb bei der Berechnung ihres Spektrums große Anforderungen an die Rechenleistung der Computer.

Der GFFT-Algorithmus erlaubt aber auch bei Bildern dieser Größe ein effektives Arbeiten. Ein praktisch relevantes Ziel, das man z.B. bei der Darstellung von Bildern verfolgen kann, ist ihre optimale Codierung, also die Lösung der Aufgaben, daß die Bildabspeicherung einen minimalen Platz beansprucht oder daß die Bildübertragung bei gegebener Übertragungskanalbreite in kürzester Zeit erfolgt. Die Konstruktion eines solcherart optimalen Codes von f kann auf unterschiedliche Weise erfolgen.

Eine geht z.B. davon aus, daß eine geeignete Gruppenstruktur in G_X und G_Y existiert, so daß F eine Kompression von f darstellt. Eine weitere Konstruktionsmöglichkeit ist die Filterung des Bildes f mittels eines geeigneten Faltungssystems, sodaß $S_h(f)$ eine zur Speicherung oder Übertragung geeignete Approximation von f ist. Die Auswahl einer geeigneten Gruppenstruktur und eines geeigneten Faltungssystems kann im praktischen Fall weitgehend automatisiert werden, z.B. für Anwendungen in der Robotik. Die Entwicklung solcher Methoden für die Digitale Bildverarbeitung wird zweckmäßigerweise interaktiv mit einer CAST-Methodenbank erfolgen, z.B. mit CAST.FOURIER, wie im nächsten Kapitel beschrieben.

5.1.5.3. Multiplexen von Signalen

In der Informationstechnik tritt häufig die Aufgabe auf, m voneinander *verschiedene Signale* $f_1, f_2, ..., f_m$ zu einem *Summensignal* f zu vereinigen, wobei die Möglichkeit erhalten bleiben muß, nach Übertragung wieder die einzelnen Signale $f_1, f_2, ..., f_m$ zurückgewinnen zu können. Die Operation der Bildung von f aus $f_1, f_2, ..., f_m$ bezeichnet man auch als *Multiplexen*, während man bei der Rückgewinnung von *Demultiplexen* spricht.

Besonders bekannt und eingeführt ist das *Frequenzmultiplexen* von Telephoniekanälen. Bei ihm werden durch Amplitudenmodulation die Zeitsignale $f_1, f_2, ..., f_m$ mit entsprechenden Trägerfrequenzen in aneinander anschließende Frequenzlagen umgesetzt oder verschoben. Daraus wird durch Summation ein *Breitbandsignal* f gebildet. In der Empfangsstelle werden aus f durch geeignete Demodulation die einzelnen Signale $f_1, f_2, ..., f_m$ der Telephoniekanäle wieder rückgewonnen.

In analoger Weise kann für m Signale $f_1:G \to C, f_2:G \to C, ..., f_m:G \to C$ ein Multiplex-Übertragungssystem konzipiert werden. Dazu wird zu G eine weitere Endliche Abelsche Gruppe G(m) konstruiert, die G als Untergruppe enthält und $|G(m)| = m \cdot |G|$ gilt.

Mit $G + (g_2 + G) + (g_3 + G) + ... + (g_m + G)$ sei die Zerlegung von $G(m)$ nach G bezeichnet. Es bezeichne weiters Ω die Charaktergruppe von G und $\Omega(m)$ die Charaktergruppe von $G(m)$. Dann gibt es eine Untergruppe Ω_1 von $\Omega(m)$, die zu Ω isomorph ist. Mit $\Omega(m)/\Omega_1 = \Omega_1 + \Omega_2 + ... + \Omega_m$ sei die Zerlegung von $\Omega(m)$ nach Ω_1 bezeichnet, wobei $\Omega_i = \omega_i \Omega_1$ mit $\omega_i \in \Omega(m)$ für $1,2,...,m$ gilt. Mit $\omega_i \circ f_i$ bezeichnen wir für $i = 1,2,...,m$ das Produkt

$$\omega_i \circ f_i (x) := \omega_i(x) f_i(x\text{-}g_i) \quad \text{für } x \in g_i + G,$$

wobei $\omega_i \circ f_i$ das Ergebnis der Amplitudenmodulation des Signals f_i mit dem *Träger* ω_i ist.

Mit der Summe

$$f := \omega_1 \circ f_1 + \omega_2 \circ f_2 + ... + \omega_m \circ f_m$$

ist ein für die Übertragung der *Kanalsignale* $f_1, f_2, ..., f_m$ geeignetes *Breitbandsignal* gegeben. Die Spektren $\omega_i \circ f_i$ liegen alle disjunkt zueinander und beanspruchen in $\Omega(m)$ jeweils nur eine Bandbreite von $|\Omega| = |G|$ Charakterfunktionen.

An der Empfangsseite müssen durch Demultiplexen aus f die einzelnen Signale $f_1, f_2, ..., f_m$ zurückgewonnen werden. Dies kann durch Multiplikation von f mit den einzelnen Trägerfunktionen ω_i ($i = 1,2,...,m$) und anschließender Tiefpaß-Filterung mittels eines Faltungssystems der Bandbreite $|\Omega|$ erreicht werden. Bild 5.5 zeigt das Blockschaltbild für dieses *G-Übertragungssystem*.

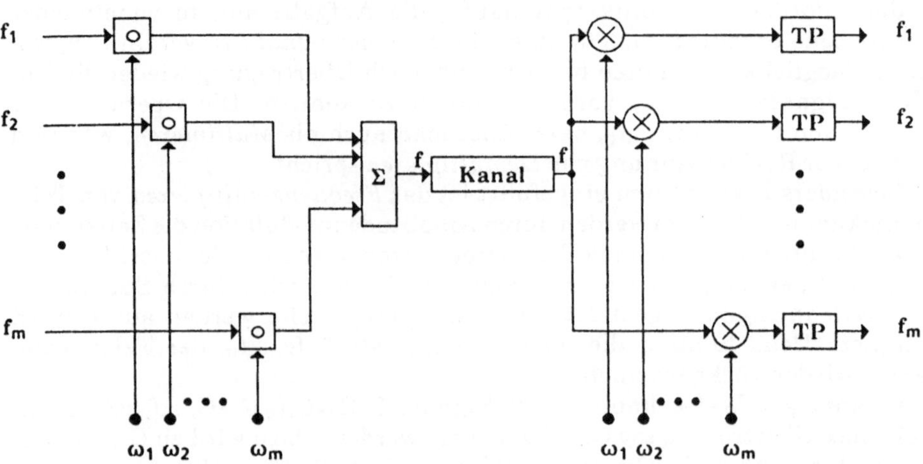

Bild 5.5: Blockschaltbild eines G-Übertragungssystems

5.2 Konstruktion von CAST.FOURIER

Auf der Basis von STIPS.M wird das Anwendungssystem für eine interaktive Methodenbank entwickelt, welche die computerunterstützte Nutzung der Theorie der *Linearen Systeme über Gruppen* für die Digitale Bildverarbeitung erschließt. Im Mittelpunkt der Beschreibung steht die *Allgemeine Diskrete Fouriertransformation* GFT und deren Anwendung zur Realisierung von *Faltungssystemen* verschiedener Art. Aus diesem Grunde wird diese STIPS-Maschine mit STIPS.FOURIER bezeichnet.

Wir beginnen mit der Darstellung der für STIPS.FOURIER gewählten logischen Architektur. Anschließend werden spezielle Systemtypen und Systemtransformationen, die in STIPS.FOURIER vorhanden sein sollen, behandelt. Es folgen einfache Beispiele für die Entwicklung von Systemalgorithmen mit Hilfe von STIPS.FOURIER. Anschließend wird eine Implementierung als CAST.FOURIER erläutert. Perspektiven für Anwendungen von CAST.FOURIER für weitere Teilgebiete der Digitalen Bildverarbeitung, z.B. für *Computer Vision, Bildcodierung, Bildfilterung*, schließen sich an. Berechnungsbeispiele schließen die Abschnitte ab.

5.2.1 Digitale Bildverarbeitung mit CAST.FOURIER

Eine Hauptanwendung von CAST.FOURIER ist die Realisierung einer flexiblen Experimentierumgebung für die Digitale Bildverarbeitung unter besonderer Berücksichtigung spektraler Methoden, im speziellen der *Verallgemeinerten Fourier-Transformation* GFT. Sie schafft die Voraussetzung dafür, um diese theoretisch gut fundierten Methoden mit Hilfe des Computers auch praktisch wirkungsvoll zu nutzen. Die für die Bildverarbeitung typische interaktive Arbeitsweise macht dieses Gebiet für die CAST-Methodik besonders attraktiv. Die wichtigsten Methoden können für die *Bildverbesserung und -restaurierung* (image enhancement, image restoration), die *Filteroperationen* (image filtering), *Bildcodierung* (image coding) sowie die vielfältigen Probleme der *Mustererkennung* (pattern recognition) genutzt werden. Auch bilden Verfahren der Digitalen Bildverarbeitung die Grundlage für das *Bildverstehen* (computer vision).

CAST.FOURIER enthält auf oberster Ebene die in Zusammenhang mit den spektralen Methoden stehenden Systemtypen und Systemtransformationen. Sie also bilden das Anwendungssystem STIPS.FOURIER von CAST.FOURIER. Die Systeme der darunter liegenden Ebenen, das Anpassungssystem und darunter das Grundsystem, sollen die Anwendungsebene möglichst gut unterstützen. Die Systemtypen der Art *Bild* und die Systemtransformationen für Operationen mit *Bildern* stellen eine große Herausforderung an die Rechenleistung des Methodenbank-Computers dar. Es ist daher besonders wichtig, daß das Anpassungssystem und das Grundsystem von CAST.FOURIER dynamisch sehr leistungsfähig ausgelegt sind.

Die zentralen Systemtypen in STIPS.FOURIER sind mehrdimensionale Signale, insbesondere zweidimensionale Signale, also Bilder im herkömmlichen Sinn. Je nach Anwendungsfall unterscheiden wir dabei mehrere Klassen von *Bildobjekten*, z.B. *Grauwertbilder, Farbbilder, komplexwertige Bilder, Bildmasken*. Diese Bilder sind als Funktionen über einem vorgegebenen zweidimensionalen Rasterbereich mit $N \times M$-Bildpunkten, wobei $N = \{0,1,...,n\text{-}1\}$ ist und $M = \{0,1,...,m\text{-}1\}$ ist, definiert. Im einzelnen können folgende Arten von Bildern betrachtet werden:

a. *Bildarten als Systemtypen*

aa. $ISG := b{:}N \times M \to L$, quantisiertes Grauwertbild
     mit $L = \{0,1,...,k\text{-}1\}$ mit k Grauwerten.

ab. $ISF := b{:}N \times M \to R \times G \times B$, quantisiertes Farbbild
     mit $R = G = B = \{0,1,...,k\text{-}1\}$ mit k^3 Farbabstufungen.

ac. $ISR := b{:}N \times M \to R$ reellwertiges Bild.

ad. $ISC := b{:}N \times M \to C$ komplexwertiges Bild.

ae. $ISB := b{:}N \times M \to B$ binäres Bild.

Die auf diese Bildobjekte anwendbaren Systemtransformationen gliedern sich in *lokale Operationen*, z.B. *punktweise arithmetische Operationen, Schwellwertbildung* und ähnliche, zusammen mit mehr oder weniger *globalen Operationen*, z.B. *Faltungsoperationen oder Spektraltransformationen*. Beispiele für Systemtransformationen sind:

b. *Bildoperationen als Systemtransformationen*

ba. ITADD Punktweise Addition zweier Bildobjekte.
bb. ITMULT Punktweise Multiplikation zweier Bildobjekte.
bc. ITADDS Addition eines Bildobjekts mit einem Skalar.
bd. ITMULS Multiplikation eines Bildobjekts mit einem Skalar.
be. ITTHR Schwellwertoperation auf ein Bildobjekt.
bf. ITMAX2 Punktweise Maximalwertbildung zwischen zwei Bildobjekten.
bg. ITCON2 Faltung eines Bildobjekts mit einem zweiten Bildobjekt.
bh. ITGFT Verallgemeinerte Diskrete Fouriertransformation auf ein Bildobjekt.
bj. ITDFT Gewöhnliche Diskrete Fouriertransformation.
bk. ITWFT Walsh-Fouriertransformation.

Das folgende Beispiel erläutert die Entwicklung eines Systemalgorithmus für die Faltung von zwei Grauwertbildern ISG0 und ISG1.

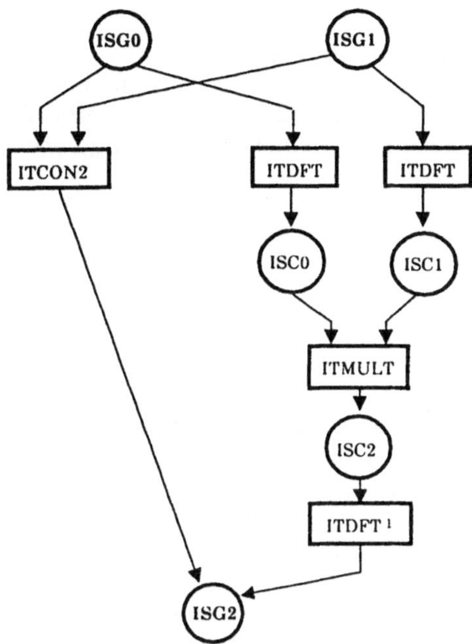

Bild 5.6: Abfolgegraph für die Faltung von Bildern mittels STIPS.FOURIER

Bekanntlich kann die Faltung sowohl im Signalbereich wie auch im Spektralbereich durchgeführt werden. Im Signalbereich wird dafür lediglich die Systemtransformation ITCON2 angewandt, die direkt das gewünschte Ergebnis ISG2 liefert. In Abhängigkeit von der Größe der Rasterbereiche der ursprünglichen Bildobjekte ISG0 und ISG1 kann aber der Umweg über die Spektraldarstellung effizienter sein. Dabei erfolgt zuerst die Transformation ITDFT beider Bilder ISG0 und ISG1 in Spektraldarstellungen ISCO und ISC1, gefolgt von einer punktweisen Multiplikation ITMULT, aus der ISC2 erzeugt wird. Durch die Rücktransformation von ISC2 mit Hilfe von ITDFT-1 erhält man das endgültige Faltungsprodukt. In Bild 5.6 ist der Graph für die Abfolge der Systemalgorithmen dargestellt.

5.2.2 Anwendungsperspektiven

Die Methoden der Digitalen Bildverarbeitung sind für Bürotechnik, Kommunikation, Fernerkundung, industrielle Fertigung, Robotik, Weltraumfahrt u.a. von wachsender Bedeutung. Die größten Probleme beim Entwurf von Bildverarbeitungssystemen entstehen dadurch, daß (1) die Auswahl der Verfahren vorwiegend aus der Erfahrung erfolgt, daß (2) die Erfahrungen vielfach nur auf theoretisch mangelhaft fundierter Basis aufsetzen und dadurch zufälligen Charakter haben, daß (3) die Verfahren unzureichend oder in uneinheitlicher Weise, so daß sie nicht vergleichbar sind, dokumentiert sind und daß (4) die Verfahren fast immer nur unter großem Aufwand an veränderte Bedingungen angepaßt werden können. Dies alles hat zur Folge, daß die Entwicklung und Pflege solcher Systeme außerordentlich zeitaufwendig und kostspielig ist, wodurch wiederum ihr Einsatz auf wenige spezielle Anwendungsfälle beschränkt bleibt.

Eine interaktive Methodenbank CAST.FOURIER für die Digitale Bildverarbeitung, kann verschiedene Aspekte des Problemlösungsprozesses entscheidend verbessern. Zum einen bietet eine solche Methodenbank die Möglichkeit, die zur Verfügung stehende Palette von Systemtypen und Systemtransformationen übersichtlich und dem speziellen Problem angepaßt darzustellen, ein ähnliches Konzept wie das Browser-Konzept von CAST.FSM nutzend. Dadurch wird für den Benutzer von CAST.FOURIER die Aufgabe ungemein erleichtert, geeignete Systemalgorithmen für eine vorliegende Anwendung zu entwickeln. Daneben ist durch eine saubere, formale Beschreibung der Systemkomponenten gewährleistet, daß stets das vollständige theoretische Fundament aktuell zur Verfügung steht und den Benutzer bei seinen Entscheidungen fundiert unterstützen kann.

Die Dokumentation fertiger mit CAST.FOURIER entwickelter Bildverarbeitungsmethoden wird durch die vorgegebenen Formalismen der STIPS-Maschine und der mit ihr entwickelbaren Systemalgorithmen vereinheitlicht. Dadurch wird auch die Semantik solcher Programme kommunizierbar und nachvollziehbar, sodaß spätere Änderungen oder Anpassungen an neue Anforderungen leichter durchgeführt werden können. Uns erscheint dies ein wichtiger Beitrag zum Software-Engineering für den Bereich der Digitalen Bildverarbeitung. So können mit Methodenbanken wie CAST.FOURIER Anwendungen erschlossen werden, für die der Einsatz der Computertechnik aus Kostengründen bisher nicht erfolgen konnte.

Darüber hinaus erscheint es möglich, die Erfahrungen in bezug auf die Güte, Effizienz und Einsetzbarkeit von Systemalgorithmen und speziellen Methoden, die man in der Entwicklungszeit gewinnt, in der Methodenbank selbst festzuhalten und für nachfolgende Benutzer verfügbar zu machen. Dazu ist es sicherlich notwendig, die subjektiven Beurteilungen des Benutzers interaktiv zu erfassen und formal zu dokumentieren. Damit wird auch die grundsätzliche Voraussetzung dafür geschaffen, daß eine Methodenbank, die auf dem Konzept der STIPS-Maschine beruht, einmal selbst diese Information zur teilweisen automatischen Konstruktion von Systemalgorithmen nutzen kann.

5.2.3 Implementierungsaspekte

Bildverarbeitungsalgorithmen sind wegen der großen Datenmengen, die verarbeitet werden müssen, in der Regel besonders rechen- und speicheraufwendig. Deshalb werden häufig spezielle Hardware-Prozessoren für die Bildverarbeitung eingesetzt. Sie erfordern allerdings je nach Architektur des

Prozessors die Parallelisierung der Rechenschritte für Vektor-, Array-, oder Pipeline-Prozessoren. Auch wird häufig in Kauf genommen, daß solche Spezialprozessoren nur über einen beschränkten Umfang relativ primitiver Operationen verfügen, und daß ihre Programmierung umständlich ist. Je nach Konfiguration ist es deshalb notwendig, daß kompliziertere Algorithmen auf Universalcomputer implementiert werden müssen, auch wenn sie entsprechend geringere Verarbeitungsleistung bieten und wenn dadurch sogar unterschiedliche Programmiersprachen einbezogen werden müssen.

Dieser Heterogenität steht insbesondere bei der Realisierung einer STIPS-Umgebung das Bedürfnis nach einer möglichst einfachen, interaktiv orientierten Benutzeroberfläche gegenüber. Trotzdem sollte nicht ausgeschlossen werden, daß eine STIPS-Umgebung auch auf einer heterogenen Hardware aus unterschiedlichen Computern mit unterschiedlichen Kommandosprachen aufgebaut werden kann. Dann ist jedoch mindestens zu fordern, daß die Verteilung der Aufgaben auf die verwendeten Systeme dem Benutzer verborgen bleibt. Denn für den Benutzer ist es irrelevant, ob eine Faltungsoperation direkt auf dem Host-Rechner oder auf einem angeschlossenenen Array-Prozessor durchgeführt wird, solange das Ergebnis den formalen Spezifikationen entspricht.

Unsere Implementierung reflektiert im Grundsystem die Notwendigkeit der Trennung von Aufgaben durch eine geschichtete Software- und Hardwarestruktur. Die oberste Schicht, d.h. die eigentliche Programmierumgebung bildet eine *CommonLisp*-Umgebung, die sich durch ihren interaktiven Charakter auszeichnet. Die Einbindung des *Flavor*-Konzepts ermöglicht die natürliche Beschreibung von Systemtypen als Klassen (flavors), deren Inkarnationen Objekte bilden. Systemtransformationen werden als Methoden (methods) auf einzelnen Klassen definiert. Ähnlich der Realisierung von CAST.FSM in *Loops* wird der eigentliche Programmablauf durch das Versenden von Nachrichten (messages) an einzelne Objekte gesteuert. Die Verwendung von *Lisp* als Programmiersprache bietet darüberhinaus wichtige Vorteile bei der dynamischen Verwaltung von heuristischem Wissen.

Während sich die Ausführungsgeschwindigkeit vieler Programme in *CommonLisp* durchaus mit entsprechenden Realisierungen in herkömmlichen prozeduralen Sprachen (wie *Pascal*) vergleichen läßt, erscheint die Programmierung spezieller Bildverarbeitungsalgorithmen in *Lisp* zu ineffizient. Deshalb werden solche Aufgaben in die darunterliegende Softwareebene verlagert, die hauptsächlich in *C* realisiert ist, jedoch auch *Fortran* und *Pascal* erlaubt. Die Schnittstelle zur darüberliegenden *Lisp*-Ebene erfolgt mit Hilfe einer *Foreign-Function-Calls*-Einrichtung. Dazu wird in *Lisp* für jede fremde Funktion (Foreign-Function) ein Interface-Sockel erstellt, der die Parameterübergabe spezifiziert. Neben der höheren Effizienz ist es so auch möglich, fertige Programmpakete, z.B. solche, die in *Fortran* geschrieben sind, einzubinden und fertige Systemprozeduren, z.B. für Grafik oder für den Zugriff auf spezielle Hardware-Prozessoren, direkt aufzurufen. Dies ist dann hilfreich, wenn Aufgaben aus Effizienzgründen über die prozedurale Ebene hinaus auf spezielle Hardware-Komponenten verlagert sind und eine enge Interaktion mit den zentralen Komponenten des Computersystems notwendig ist.

Moderne Workstations bieten die Möglichkeit, die notwendige Funktionalität eines derartigen Programmsystems auf einer einzigen und geschlossenen Hardware-Plattform zu vereinigen. Zum einen sind sie vollwertige Universalrechner mit ausreichendem Hauptspeicher, der im aktuellen Fall mit 16 MByte ausgebaut ist, und virtueller Speicherverwaltung, die sowohl die Realisierung der *Lisp-Umgebung* wie auch die Verarbeitung von Bildern erlauben. Zum anderen können sie durch ihre offene Hardware-Struktur mit zusätzlichen Komponenten ausgerüstet werden, z.B. mit Bildprozessoren oder Bildaufnahmespeicher *(Frame Grabber)*.

Außerdem besteht durch schnelle Kommunikationsnetze die Möglichkeit, aktuelle Teilaufgaben auch auf andere Rechner auszulagern bzw. Daten zu verteilen. Die Fenstertechnik erlaubt es, mehrere Bildobjekte gleichzeitig auf einem Bildschirm darzustellen, ohne daß dabei der Zugriff auf andere Systemkomponenten beeinträchtigt wird. Beispielsweise können simultan Bilder analysiert, Text-Files editiert oder *Lisp*-Kommandos eingegeben werden.

Da die verallgemeinete Fouriertransformation GFT eine besondere Rolle bei CAST.FOURIER spielt, seien noch einige Hinweise zur Implementierung der GFFT, also der FFT für die GFT, gegeben. Für das Bildraster $N \times M$ ist die Größe $N = 2^n$ und $M = 2^m$ mit $n,m \in \{0,1,2,...,9\}$ frei wählbar. Die maximale Bildgröße ist also durch ein Rasterbild von 512x512 Bildpunkten gegeben. Neben zweidimensionalen Signalen können auch eindimensionale Signale durch die GFT verarbeitet werden. Die Gruppenstruktur für $G = H \times V$ kann in Form der Darstellung von H und V als direktes Produkt von zyklischen Gruppen von Zweierpotenz-Ordnung frei gewählt werden. Die Implementierung der GFT wurde von *Fellner* [FELL] nach den in [KUNZ] angegebenen algebraischen Methoden durchgeführt. Die Installation von GFFT in CAST.FOURIER wurde von *Hellwagner* [HELL 4] durchgeführt. Dabei sind, wie die Berechnungsbeispiele im nächsten Abschnitt zeigen, verschiedene Darstellungstechniken in CAST.FOURIER aufgenommen worden. Im einzelnen handelt es sich um:

a. Die Darstellung eines Bildes als gewöhnliche Matrix von Grauwerten.
b. Die Pseudofarbdarstellung mit fester Farbzuordnung.
c. Die perspektivische Darstellung als Gebirge mit Hidden-Line-Algorithmus in einer maximalen Größe von 128 x 128 Bildpunkten.
   Im Amplitudenspektrum eines Bildes sind verschiedene *Kennlinien* für die Zuordnung von Grauwerten wählbar:
d. Die logarithmische Zuordnung.
e. Die lineare Zuordnung.
f. Die lineare Zuordnung mit Schwellwert.

5.2.4 Berechnungsbeispiele

Die folgenden Beispiele verdeutlichen die Leistungsfähigkeit von CAST. FOURIER und insbesondere die Arbeitsergebnisse bei Anwendung der Allgemeinen Fouriertransformation GFT.

Im ersten Beispiel sei als 128x128-Bild ein helles Quadrat, das Bild *square*, der Größe 64x64 auf dunklem Hintergrund nach Bild 5.7 in perspektivischer Darstellung zugrundegelegt. Für das Bild *square* seien der Reihe nach für verschiedene Gruppen G die Fouriertransformierten *GFT (square)* berechnet. Bild 5.8 zeigt die Ergebnisse.

Dem zweiten Beispiel sei ein Landschaftsbild, nämlich *Pöstlingberg* in Linz, von der Universität aus gesehen, nach Bild 5.9 zugrundegelegt. Für die Fouriertransformation wird gemäß dem eingezeichneten Fenster ein 128x128-Ausschnitt *pb* gewählt. Bild 5.10 zeigt die verschiedenen Fouriertransformierten *GFT(pb)* in perspektivischer Darstellung mit verschieden gewählter Grauwertskalierung.

Als drittes Beispiel wird die Fouriertransformation eines *Fractals* mit CAST.FOURIER berechnet. Transformiert wird ein Ausschnitt *fract* der bekannten Mandelbrot-Menge (Bild 5.11).

Bild 5.12 zeigt den für die Transformation gewählten Ausschnitt. In Bild 5.13 sind die zugehörigen Spektren dargestellt.

Bild 5.14 zeigt zum Abschluß noch einen für das Arbeiten mit CAST. FOURIER typischen Bildschirminhalt.

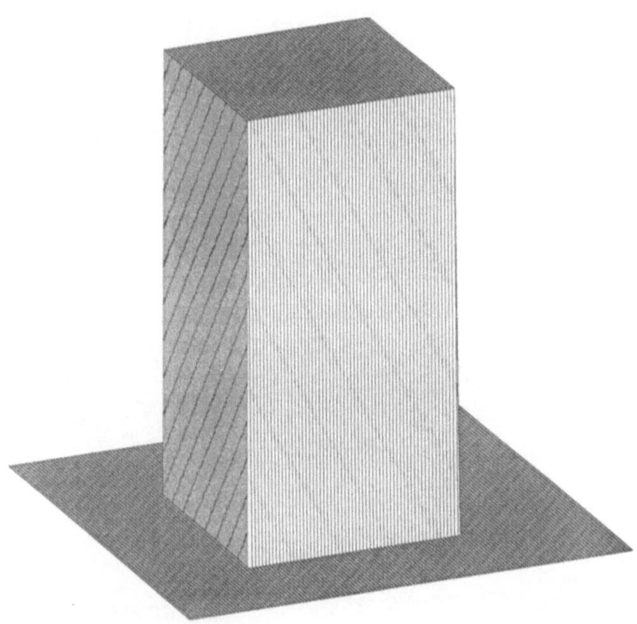

Bild 5.7: Helles Quadrat *square* auf dunklem Hintergrund

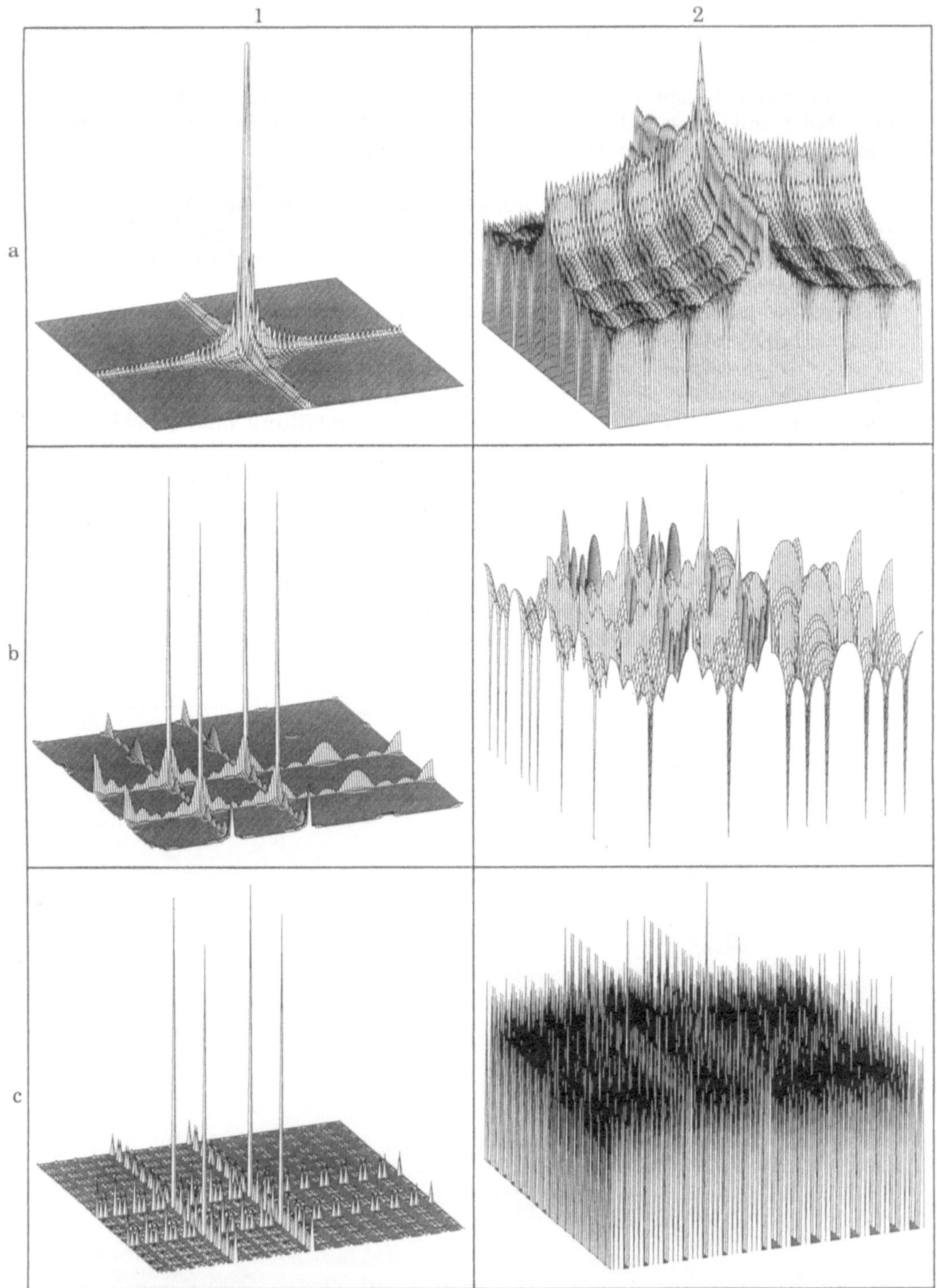

Bild 5.8: Fouriertransformierte *GFT (square)* für (a) $G = Z^2{}_{128}$ (DFT), (b) $G = (Z_2 \times Z_2 \times Z_{32})^2$, (c) $G = (Z_2{}^7)^2$ (WFT) mit linearer Grauwertskalierung mit Schwellwert (1) und logarithmischer Grauwertskalierung (2)

Bild 5.9: Landschaftsbild *Pöstlingberg* bei Linz

In der derzeitigen Ausbaustufe ist CAST.FOURIER auf einen implementierten Kern beschränkt. Wichtige Systemtransformationen fehlen noch. Trotzdem überzeugt bereits jetzt beim praktischen Einsatz die Leistungsfähigkeit einer solchen Methodenbank. Deshalb ist geplant, CAST. FOURIER zu einer *vollständigen* interaktiven Methodenbank für die Digitale Bildverarbeitung auszubauen.

5.3 Weitere Beispiele für STIPS-Maschinen

5.3.1 STIPS.LM für Lineare Systeme

Die Theorie der *Linearen Systeme* gehört zweifellos zu den am besten ausgebauten Theorien und ist das bei Nachrichtentechnikern und Regelungstechnikern am besten bekannte Teilgebiet der Systemtheorie. Sie bildet einen festen Bestandteil in der Ausbildung von Ingenieuren. Ihre Anwendbarkeit auf praktische Probleme ist in der Vergangenheit in vielfältiger Weise

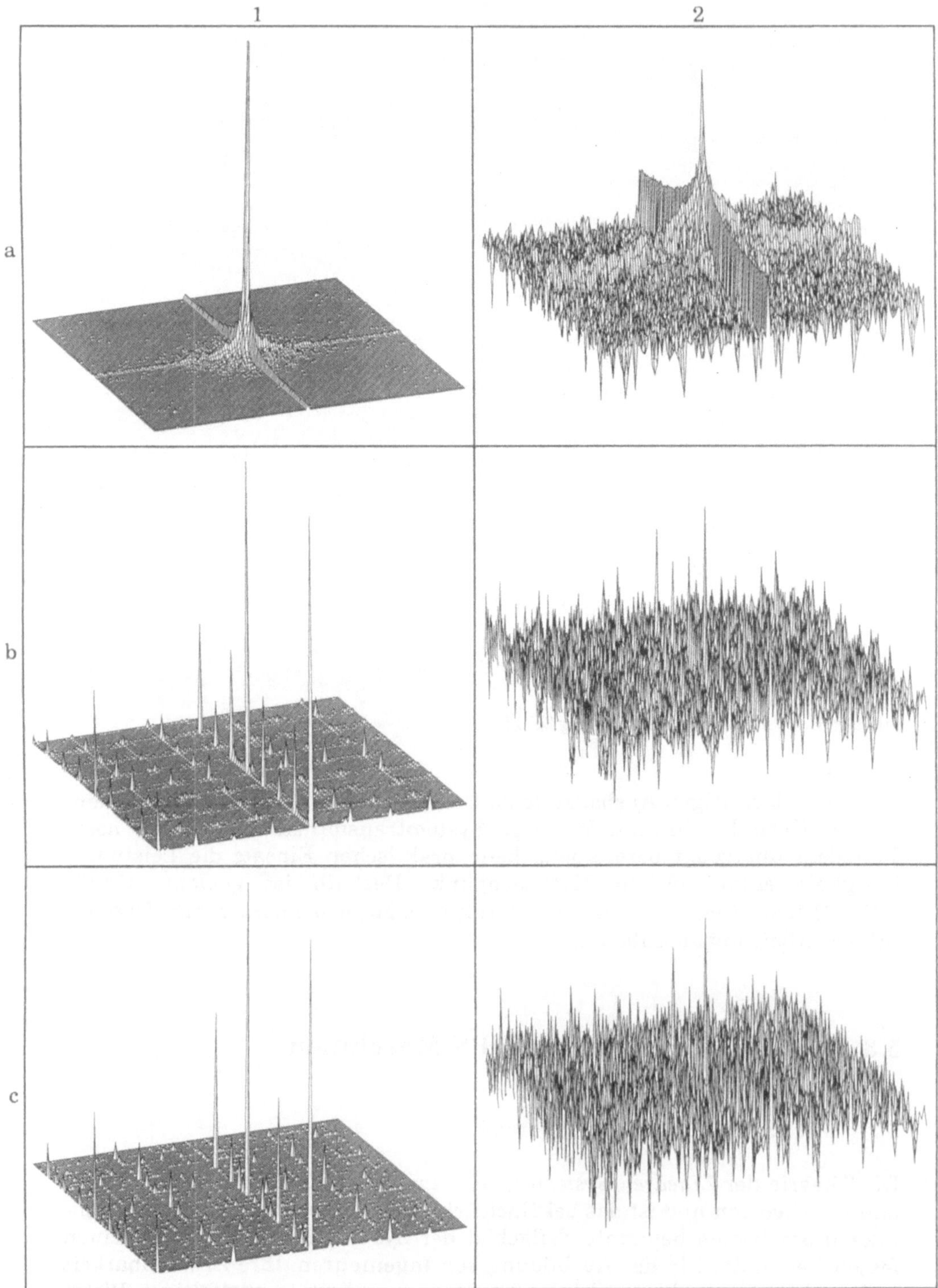

Bild 5.10: Fouriertransformierte *GFT(pb)* für (a) $G = Z_{128} \times Z_{128}$ (DFT), (b) $G = (Z_2 \times Z_4 \times Z_8 \times Z_2)^2$, (c) $G = Z_2^7 \times Z_2^7$ (WFT) mit linearer Grauwertskalierung mit Schwellwert (1) und logarithmischer Grauwertskalierung (2)

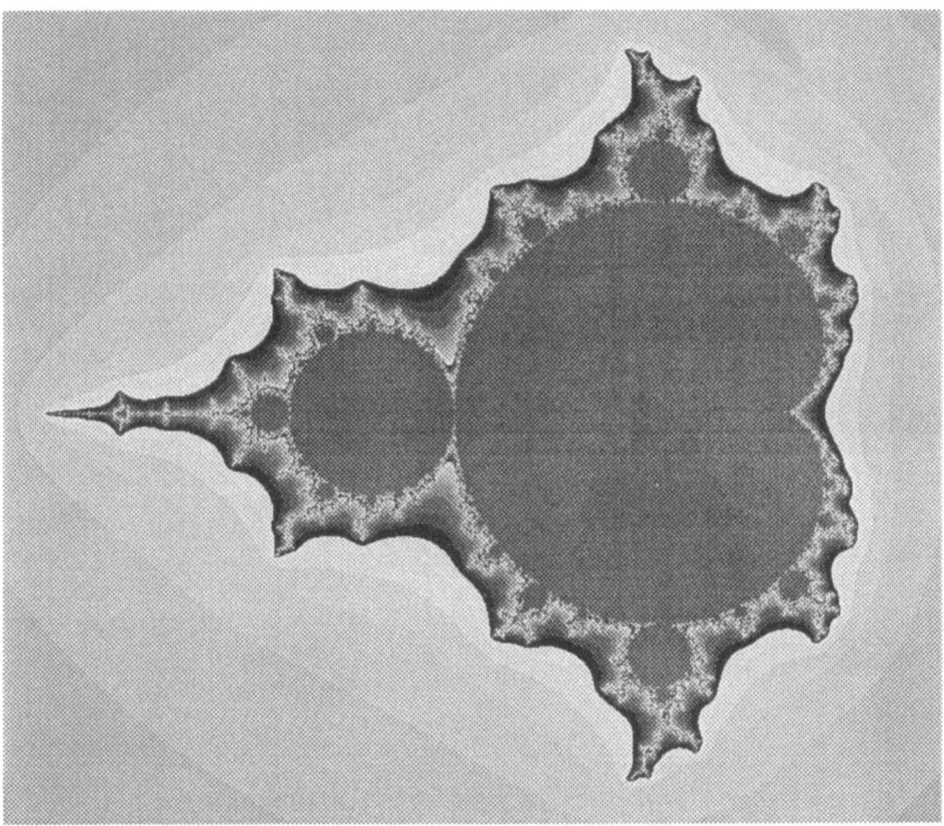

Bild 5.11: Mandelbrot-Menge

bestätigt worden. Daher erscheint es besonders erstrebenswert, eine Computerunterstützung für die Nutzung der Linearen Systemtheorie sowohl als leistungsfähiges Instrument für die Praxis wie auch als pädagogisches Instrument zur Verfügung zu haben.

Tatsächlich sind auch bereits zahlreiche Implementierungen von Methodenbanken für *Lineare Systeme,* überwiegend aber als Programmpakete, bekannt geworden. Teilweise sind sie sogar als kommerzielle Produkte erhältlich. Für die *Lineare Systemtheorie* und für gewisse, daran anschließende Problembereiche aus der Nachrichtentechnik und der Regelungstechnik wird also an verschiedenen Stellen die *CAST-Forschung* und die *Entwicklung von CAST-Software* erfolgreich betrieben. Praktische Erfolge können vorgewiesen werden. Es ist daher nicht notwendig, Fragen der Zweckmäßigkeit und der Machbarkeit von Methodenbanken für die Lineare Systemtheorie im Detail zu begründen. Wir begnügen uns daher damit, eine *CAST-Konzeption* und einen STIPS-Maschine-Rahmen für die Lineare Systemtheorie in prinzipieller Weise zu behandeln.

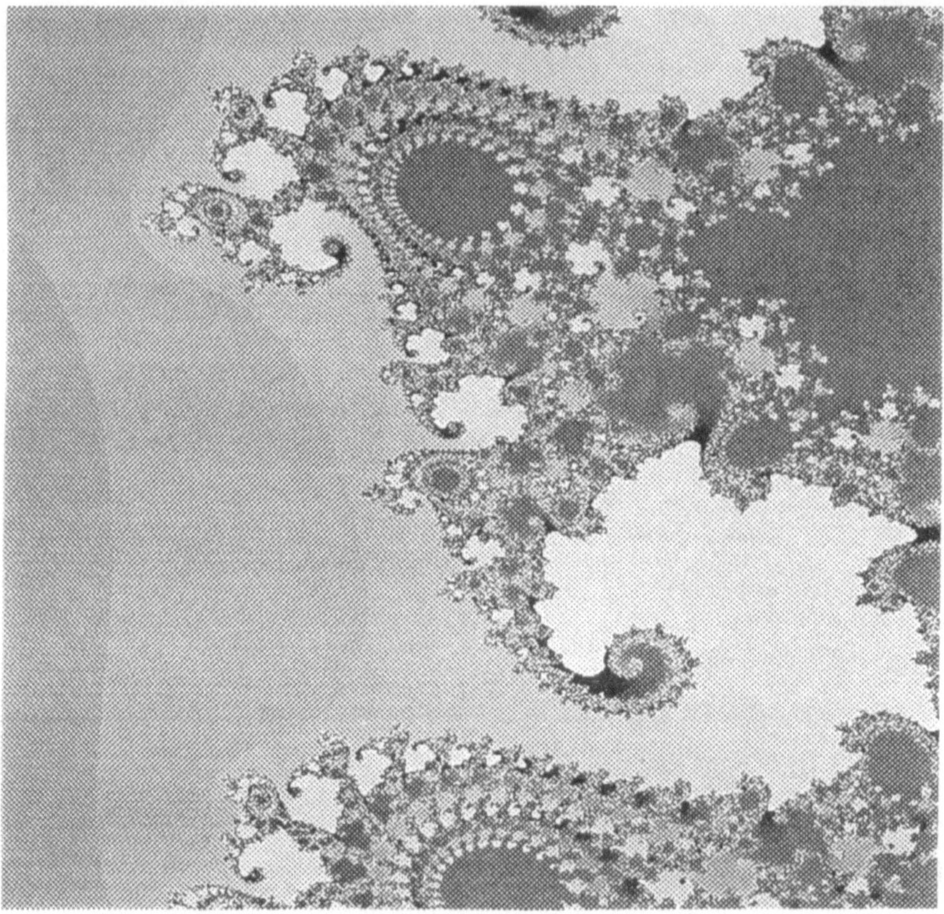

Bild 5.12: Ausschnitt *fract* aus der Mandelbrot-Menge

Wir werden auch nicht auf Details der Ausstattung einer STIPS-Maschine für Lineare Systeme, die wir mit STIPS.LM bezeichnen, eingehen. Sondern wir begnügen uns mit dem Vorschlag für einen Kern von Systemtypen und zugehörigen Systemtransformationen. Informationen für die Konstruktion einer Methodenbank nach dem STIPS.LM-Konzept werden unter Hinweis auf die reichlich existierende Fachliteratur und auf bereits existierende Beispiele von Installationen, die zu STIPS.LM weitgehend ähnliche Zielrichtungen haben, gegeben. Die Lineare Systemtheorie kann in Teilgebiete unterteilt werden und zwar in
-   die Algebraische Theorie Linearer Systeme ALS,
-   die Theorie Linearer Differentialsysteme LDTS,
-   die Theorie Linearer Differenzensysteme LDCS,
-   die Theorie Linearer Automaten LFSM.

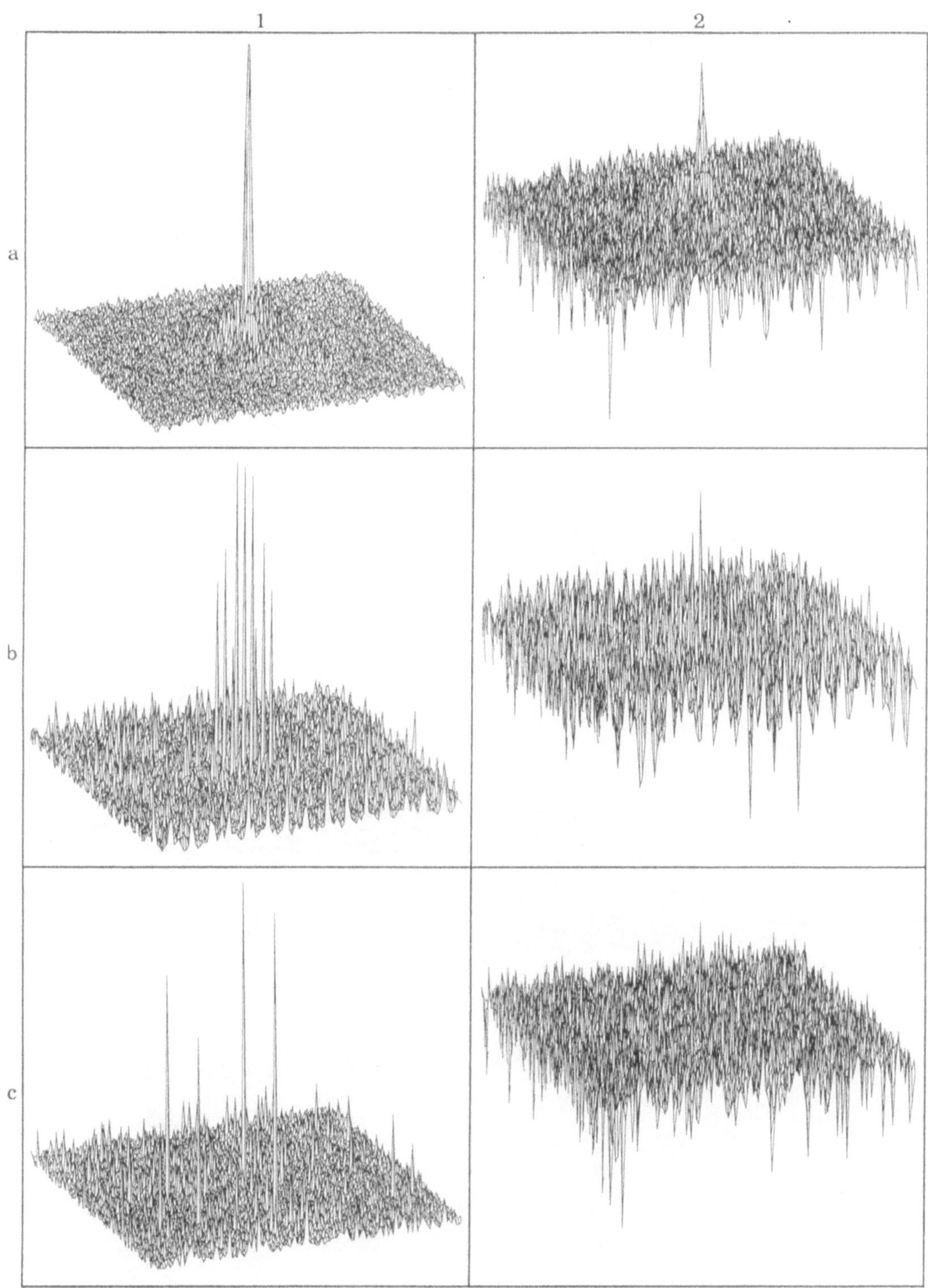

Bild 5.13: Fouriertransformierte *GFT (fract)* für (a) $G=Z_{128}\times Z_{128}$ (DFT), (b) $G=(Z_{16}\times Z_8)^2$, (c) $G=Z_2^7\times Z_2^7$ (WFT) mit linearer Grauwertskalierung mit Schwellwert (1) und logarithmischer Grauwertskalierung (2)

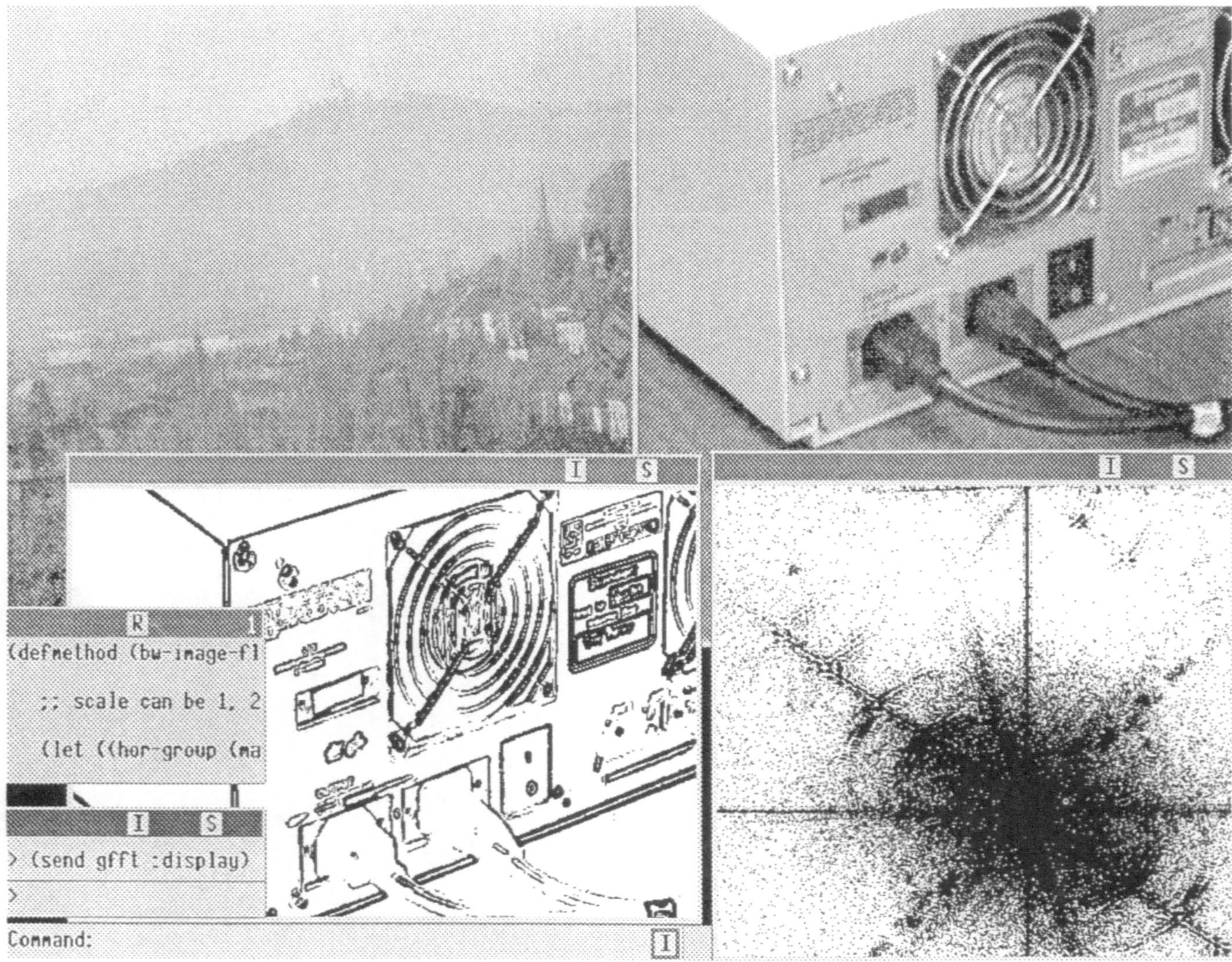
(defmethod (bw-image-f1
;; scale can be 1, 2
(let ((hor-group (ma
> (send gfft :display)
>
Command:

Obwohl die Lineare Systemtheorie auch für den Fall von zeitvariablen Systemen gut ausgebaut ist, wollen wir hier wegen ihrer Bedeutung und wegen ihrer Einfachheit annehmen, daß nur solche Systeme betrachtet werden. die zeitinvariantes I/O-Verhalten und zeitinvariante Zustandsprozesse aufweisen.

Die Algebraische Theorie Linearer Systeme ALS, die vor allem durch die Arbeiten von *Kalman* begründet wurde, behandelt Lineare Systeme mit den Mitteln der Theorie der R-Moduln. Damit können wichtige Systemtypen der Linearen Systemtheorie, wie etwa die Übertragungsfunktion und das I/O-Verhalten in algebraischer Form so allgemein gefaßt werden, daß die Spezialfälle für die übrigen Teilgebiete LDTS, LDCS und LFSM der Linearen Systemtheorie mit beinhaltet sind. Analoges gilt für wichtige Systemtransformationen, wie etwa für die Realisierungstransformation, die Transformation in eine Spektralbeschreibung oder die Transformation auf die Kalman-kanonische Form. Es erscheint daher zweckmäßig, die Systemtypen und die Systemtransformationen gemäß der getroffenen Einteilung in STIPS.LM nach der folgenden in Bild 5.15 gezeigten Hierarchie zu ordnen.

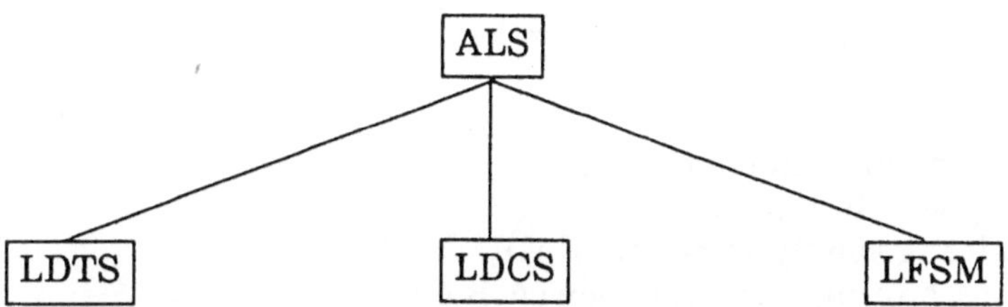

Bild 5.15: Hierarchische Struktur der Linearen Systemtheorie

Die Unterschiede bei den Systemtypen und Systemtransformationen in den Teilgebieten LDTS, LDCS und LFSM entstehen durch die Verschiedenheit in der Zeitskala bzw. in den Wertebereichen der Signale und Zustandsvariablen. Lineare Differentialsysteme LDTS haben bekanntlich eine kontinuierliche Zeitskala, modelliert mit den Reellen Zahlen R oder R_0 und die Zustandsänderung wird durch den Differentialquotienten der Zustandstrajektorie angegeben. Lineare Differenzensysteme LDCS dagegen besitzen eine diskrete Zeitskala, modelliert durch die Ganzen Zahlen Z oder durch die Natürlichen Zahlen N_0. Die zeitlich lokale Zustandsänderung von t nach $t+1$ wird durch den neuen Wert eines Zustandes zum Zeitpunkt $t+1$ angegeben.

Lineare Automaten LFSM unterscheiden sich von den Linearen Differenzensystemen LDCS nur durch die Wertebereiche der Signale und Zustandsvariablen. Wegen der Forderung nach Endlichkeit muß den Linearen Räumen dabei ein Endlicher Körper (Galoisfeld) GF(q) zugrundegelegt sein.

Als Beispiele von *Systemtypen*, die den Kern von STIPS.LM bilden können, führen wir an:

◄ Bild 5.14: Typischer Bildschirminhalt beim Arbeiten mit CAST.FOURIER

a.   *BLM*   *Black Boxes*

aa. Funktionen, die als Tabellen gegeben sind.
ab. Lineare Funktionen, die als Matrizen dargestellt sind.

b.   *GLM*   *Generatoren*

ba. Lineares Differentialsystem (A,B,C).
bb. Lineares Differenzensystem (A,B,C).
bc. Linearer Automat (A,B,C).

c.   *DLM*   *Dynamiken*

ca. Lineares Kontinuierliches Dynamisches System $(\phi,\beta,\mathbb{R}_0)$.
cb. Lineares Diskretes Dynamisches System $(\phi,\beta,\mathbb{N}_0)$.
cc. Dynamisches System eines Linearen Automaten (δ^*,λ).

d.   *ALM*   *Algorithmen*

da. Algorithmen zur Darstellung von Signalen.
db. Algorithmen zur Realisierung von Dynamiken.

e.   *NLM*   *Netzwerke*
ea. Parallelschaltung von Systemen (A,B,C).
eb. Serienschaltung von Systemen (A,B,C).
ec. Kaskadenschaltung von Systemen (A,B,C).
ed. Rückkopplungsschaltung von Systemen (A,B,C).
ee. Vektor-Analogrechner Schaltbild von (A,B,C).
ef. Skalar-Analogrechner Schaltbild von (A,B,C).

Es gibt in der Linearen Systemtheorie eine große Anzahl von wichtigen *Systemtransformationen*, die in der Ingenieurpraxis oft angewendet werden. Als Beispiele, die unbedingt in STIPS.LM zur Verfügung stehen sollten, führen wir an:

a.   *TRANS (BLM/GLM)*

aa. Realisierungstransformation, also die Berechnung von (A,B,C) aus einem gegebenen I/O-Verhalten, beschrieben im Zeit- oder Spektralbereich.

Bekannte Algorithmen dazu sind die von *Ho-Kalman, Rissanen oder Massey-Berlekamp*.

b.   *TRANS (GLM/BLM)*

ba. Berechnung der Impulsantwort von (A,B,C).

bb.   Berechnung der Übertragungsfunktion von (**A,B,C**).

c.   *TRANS (BLM/BLM)*

ca.   Spektraltransformation der Impulsantwort zur Berechnung der Übertragungsfunktion, z.B. als Laplacetransformation, z-Transformation, D-Transformation.

d.   *TRANS (GLM/NLM)*

da.   Kalman-Zerlegung von (**A,B,C**).
db.   Transformation von (**A,B,C**) in das zugehörige Vektor-Analogrechner-Schaltbild.
dc.   Transformation von (**A,B,C**) in das zugehörige Skalar-Analogrechner-Schaltbild.
dd.   Schieberegister-Zerlegung von (**A,B,C**) mittels der RKF-Ähnlichkeitstransformation.

e.   *TRANS (BLM/NLM)*

ea.   Transformation der Übertragungsfunktion in das zugehörige Skalar-Analogrechner-Schaltbild.
eb.   Serienzerlegung der Übertragungsfunktion mittels Faktorisierung.
ec.   Parallelzerlegung der Übertragungsfunktion mittels Partialbruchzerlegung.

Zweckmäßigerweise sollte STIPS.LM eine Architektur nach der in Bild 5.16 gezeigten Hierarchie haben. Wir erhalten dann ein Netzwerk von STIPS-Maschinen gemäß Bild 5.16. Wir sehen, daß neben den *Vertikalen Transformationen* von und zu STIPS.ALS auch noch *Horizontale Transformationen* (strichliert gezeichnet) zwischen den STIPS-Maschinen der unteren Ebene existieren. Typische Vertreter solcher Transformationen sind zum Beispiel die, die zu einem zeitkontinuierlichen Differentialsystem LDTS eine zeitdiskrete Approximation in Form eines Linearen Differenzensystems LDCS berechnen. Als wichtiges Beispiel dafür kann etwa das Approximationsproblem beim Entwurf digitaler Filter angeführt werden. Andere Beispiele

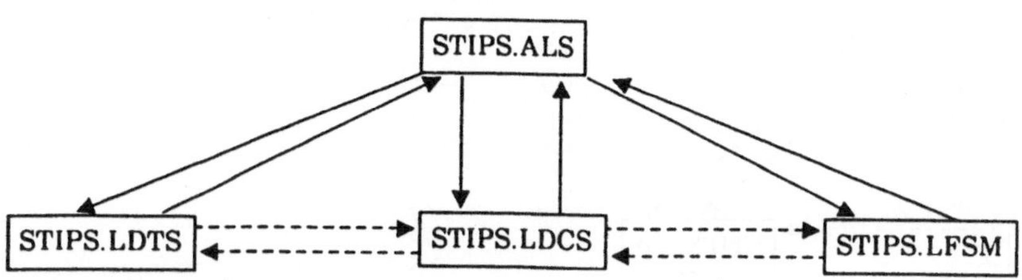

Bild 5.16: STIPS.LM als Netzwerk spezieller STIPS-Maschinen

sind solche, die eine Quantisierung der Wertebereiche der Signale auf endlich viele Werte, z.B. bei der PCM-Codierung, bewirken.

Mit diesen Ausführungen wollen wir bereits die Konzeption von STIPS. LM abschließen. Der Leser, der sich für den aktuellen Ausbaustand von CAST-Software für die Lineare Systemtheorie interessiert, wird auf die entsprechende Literatur verwiesen.

5.3.2 STIPS.GS für Allgemeine Systeme

In der *Allgemeinen Systemtheorie* (General Systems Theory) werden Konzepte und Methoden erarbeitet, die im Rahmen des Modellbaues und des Problemlösens nach der Modellmethode von allgemeiner multidisziplinärer Gültigkeit sind. Man kann dabei zwei unterschiedliche Richtungen unterscheiden:

1. Eine *philosophisch-wissenschaftstheoretisch orientierte* Allgemeine Systemtheorie.
2. Eine *mathematisch-logisch* orientierte Allgemeine Systemtheorie.

Während die erste Richtung die grundlegenden für die Modellmethode relevanten wissenschaftstheoretischen Fragestellungen behandelt, - etwa Probleme in Zusammenhang mit fundamentalen Begriffen wie *Kausalität* oder *Zeit* -, orientiert sich die zweite Richtung der Allgemeinen Systemtheorie, die mathematisch-logisch orientierte, an den bereits in speziellen Systemtheorien erarbeiteten Systemtypen und Systemtransformationen und versucht, durch deren Verallgemeinerung zu einer einheitlichen Sicht zu kommen. Das konkrete Ziel dabei ist, Werkzeuge zu schaffen, die auf den höheren Ebenen des Analyse- und Entwurfsprozesses eingesetzt werden können.

In einer Methodenbank STIPS.GS sollte vor allem die mathematisch-logische Ausrichtung der Allgemeinen Systemtheorie betont werden. Da diese Orientierung generell in unserem Konzept der STIPS-Maschine verfolgt wird, ist die Schnittstelle von STIPS.GS zu STIPS.FSM und STIPS.LM eine natürliche. So ist auch eine Integration zu einer einzigen STIPS-Maschine, in der die Leistungsmerkmale aller einzelnen Maschinen vereinigt werden, prinzipiell möglich. Bild 5.17 skizziert eine derartige Zusammenschaltung.

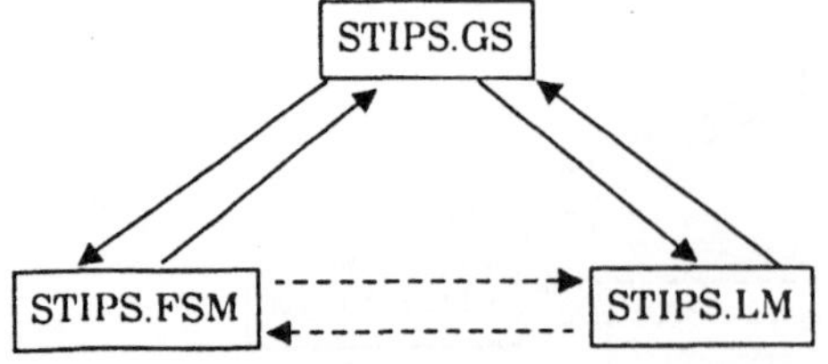

Bild 5.17: Integration spezieller STIPS-Maschinen

Wir verzichten auf eine Darstellung von einzelnen Systemtypen und Systemtransformationen, die für einen Kern einer STIPS.GS vorzusehen wären. Wir verweisen dazu auf die grundlegenden Pionierarbeiten von *Mesarovic, Takahara* und *Wymore* und besonders auf das Werk von *Klir*, in dem genügend viele Resultate zum Aufbau einer leistungsfähigen STIPS-Maschine für die Allgemeine Systemtheorie zu finden sind. Der von *Klir* geschaffene *General Systems Problem Solver* (GSPS) stellt eine Implementierung dar, die weitgehend die Forderungen, die wir an eine CAST-Methodenbank stellen, erfüllt.

5.4 Literaturhinweise und Ergänzungen

5.4.1 Lineare Systeme über Gruppen

Die Fouriertransformation für Funktionen, die auf Gruppen definiert sind, hat in der Mathematik eine lange Geschichte. Eine vollständige Darstellung dieses Spezialgebietes gibt das umfangreiche Werk von *Hewitt* und *Ross* [HEWI]. Eine kompaktere Darstellung liegt von *Rudin* [RUDI] vor. Für die Zwecke dieses Buches genügt es, das Gebiet der *Abstrakten Harmonischen Analyse* von der elementarsten Seite aus kennenzulernen, da die zugrundegelegte Gruppe G immer als endlich vorausgesetzt wird. Für die Spezialfälle $G = Z_n$ (Diskrete Fouriertransformation) und $G = D_s$ (Diskrete Walsh-Fouriertransformation) ist die Literatur umfangreich. Eine für den theoretisch interessierten Ingenieur verfaßte Darstellung ist im Buch von *Klein* [KLEI] über *Finite Systemtheorie* enthalten.

Von *Beth* [BETH] liegt eine mathematisch anspruchsvolle Darstellung der Theorie der Allgemeinen Diskreten Fouriertransformation vor, wobei die Gruppe G nicht notwendigerweise als abelsch angenommen wird. Als Lehrbuch, das speziell die Probleme der Digitalen Signalverarbeitung berücksichtigt, sei das Buch von *Ahmed* und *Rao* [AHME] empfohlen. Weiters sei auf *Creutzburg* [CREU] hingewiesen, der die Fouriertransformation und die Faltungssysteme als Sonderfälle von zahlentheoretischen Transformationen und zugehörigen Faltungssystemen behandelt.

Eine in vieler Hinsicht fundamentale Arbeit für die Fourieranalyse von Signalen L(G) und für damit verbundenen Fragen der Digitalen Schaltungstechnik stellt das Buch von *Karpovsky* [KARP] dar. In diesem Zusammenhang sei auf die regelmäßig stattfindende internationale Arbeitstagung über *Spectral Techniques* hingewiesen, deren Vorträge wohl den besten Überblick über den aktuellen Stand auf diesem Gebiet geben.

Die Erfindung der FFT geht auf *Good* [GOOD] und *Cooley-Tukey* [COL] zurück. Ausgewogene Darstellungen liegen von *Knuth* [KNUT] und von *Aho* [AHO] vor. Ein wichtiges Buch zum Thema FFT und Digitale Filter stammt von *Nussbaumer* [NUSS]. Algebraische Untersuchungen zum GFFT-Algorithmus sind zuerst von *Nicholson* [NICH] durchgeführt worden. Eine gute Einführung dazu gibt auch die Arbeit von *Kunz* [KUNZ].

Zu den skizzierten Anwendungsbeispielen seien folgende Literaturhinweise gegeben. Einen guten Überblick über verschiedene Anwendungen im dyadischen Fall gibt das Buch von *Beauchamp* [BEAU]. Der Bau von Multiplex-Übertragungssystemen auf der Basis von orthogonalen Funktionen wurde zuerst von *Harmuth* [HARM 1], [HARM 2] vorgeschlagen.

5.4.2 Lineare und Allgemeine Systeme

Wie wir bereits angemerkt haben, sind schon seit langem in den Ingenieurwissenschaften Bestrebungen im Gang, besonders für *Lineare Systeme* computerunterstützte Verfahren zu entwickeln und Methodenbanken aufzubauen. Eine Aktivität in dieser Richtung bildet auch die Entwicklung von Simulationssprachen, wie etwa *Csmp* oder *Dynamo* für die Implementierung solcher Methodenbanken. Eine Implementierung einer Methodenbank mit der in Bild 2.1 gezeigten hierarchischen Architektur ist uns derzeit nicht bekannt. Die meisten Software-Implementierungen sind lediglich Programmpakete und nur für spezielle Systemtypen der Linearen Systemtheorie gebaut. Die Integration der in Bild 5.15 gezeigten Teilgebiete der Linearen Systemtheorie in einer Methodenbank ist ein aktuelles und lohnendes Ziel. Die theoretischen Grundlagen zum Aufbau einer STIPS-Maschine für die Anwendung der Algebraischen Theorie Linearer Systeme ALS finden sich in [KALM2].

Die Theorie Linearer Differentialsysteme LDTS ist in [ZADE1], [LUEN], [UNBE] und [BLOM] dargestellt. Eine äußerst wertvolle Sammlung von Arbeiten zum Thema LDTS-Methodenbanken liegt mit dem Buch von *Jamshidi* und *Herget* [JAMS] vor. Auch sei auf die Arbeiten [SIPA] und [VAN] hingewiesen. Lineare Automaten werden in [REUS1] und [GILL] behandelt. Zahlreich ist die Literatur für lineare Filter und deren Berechnung mit Hilfe eines Computers, vor allem von digitalen Filtern. Dazu sei nur auf das Standardwerk über Digitale Signalverarbeitung von *Oppenheim* und *Schafer* [OPPE] verwiesen.

Bezüglich der Darstellung der Theorie Allgemeiner Systeme verweisen wir auf die Werke von *Mesarovic* [MESA1], [MESA2], *Windeknecht* [WIND], *Takahara* [TAKA], *Wymore* [WYMO1], [WYMO2] und *Klir* [KLIR1], [KLIR2].

An deutschsprachigen Darstellungen seien erwähnt *Wunsch* [WUNS1], [WUNS2] und *Locke* [LOCK]. Auch sei auf [PICH1] verwiesen. Wie erwähnt, ist der Aufbau einer Methodenbank für die Allgemeine Systemtheorie und deren Implementierung am weitesten bei [KLIR2] entwickelt, wo auch viele weitere Literaturangaben zu diesem Thema zu finden sind.

6 CAST Methoden in der Praxis

6.1 Allgemeine Perspektive

Die bisherigen Ausführungen zeigen, daß die computerunterstützte System-theorie CAST als ein hilfreiches Instrumentarium für die ingenieurwissen-schaftliche Arbeit genutzt werden kann und in Zukunft sicherlich zuneh-mend an Bedeutung gewinnen wird. Zum einen erläutern wir die Ent-wicklung von Systemtheorie-Methodenbanken, denen wir den Konstruk-tionsrahmen STIPS.M unterlegen. Die von uns vorgestellte prototypische Automatentheorie-Methodenbank CAST.FSM stellt dafür ein Beispiel dar. Zum anderen hoffen wir, daß der Leser durch den Methodenbank-Konstruk-tionsrahmen STIPS.M zu Anregungen für die Entwicklung von eigenen Softwaresystemen für das *computerinstrumentierte Problemlösen* kommt. Auch wenn er dann bei seiner Implementierung in eine ganz andere Rich-tung geht, würden wir das als Erfolg verbuchen!

Ein weiteres wichtiges Ziel dieses Buches ist, daß CAST-Methoden in die Ausbildung von Ingenieuren aufgenommen werden. Denn sicherlich genügt es heute nicht mehr, nur theoretische Grundlagen zu vermitteln, deren Brauchbarkeit an zu sehr idealisierten und deshalb nicht praxisrelevanten Anwendungsbeispielen demonstriert wird. Nur für Disziplinen, die aus systematischer Sicht einfach sind, ist diese Methodik noch erlaubt. Für die Gebiete einer schnell komplexer werdenden Technik kann die Diskrepanz zwischen idealisierter Ausbildung und praxisbezogener Nutzung nicht mehr länger akzeptiert werden. Der angehende Ingenieur muß bereits an der Hochschule mit der Komplexität, die er später in der Praxis antreffen wird, konfrontiert werden. Er muß die Mittel und Wege kennenlernen, diese Komplexität zu beherrschen. Dies gilt besonders für die von Computer, Elektronik und Software besonders beeinflußten Ingenieurgebiete, wie Nachrichtentechnik, Regelungstechnik, Automatisierungstechnik und na-türlich Computertechnik selbst. Der Computer ist aus diesen Gebieten nicht mehr wegzudenken. In wachsenden Umfang wird ihm dort die Abwicklung von Routinearbeiten sowohl in der Entwicklung als auch in der Fertigung übertragen. Wir sind überzeugt, daß mit verfügbaren CAST-Instrumenten der Computer künftig noch mehr direkt am Arbeitsplatz des Forschers und Entwicklers bei wissenschaftlich gestützter Ingenieurarbeit eingesetzt wird.

CAST-Methoden ermöglichen in Ergänzung zu existierenden CAD-CAM-Methoden die Anwendung der Systemtheorie beim funktionellen Entwurf von elektronischen Systemen. Sie sind deshalb auch für anspruchsvolle Designaufgaben, wie sie etwa beim Entwurf von ASIC-Systemen (Application Specific Integrated Circuits) auftreten, von Bedeutung.

In diesem Buch müssen wir darauf verzichten, in großer Breite das Werkzeugmachen und das Anwenden der geschaffenen Werkzeuge auf praktische Probleme des Entwurfs von ASIC-Systemen aufzuzeigen. Wir beschränken uns auf die Darlegung einiger Perspektiven zur Anwendung von CAST-Methodenbanken in der Praxis des ASIC-Designs.

An den Beispielen von CAST.FSM und von CAST.FOURIER zeigten wir auf, wie CAST-Methoden grundsätzlich bei Entwicklungsvorhaben eingesetzt werden können. In den folgenden Abschnitten werden wir über eigene Erfahrungen mit dem Einsatz von CAST-Methoden, speziell mit dem Einsatz der Automatentheorie-Methodenbank CAST.FSM berichten. Diese Erfahrungen beruhen auf Pilotanwendungen.

6.2 CAST.FSM für Design for Testability

Das Testen von Chips auf Funktionstüchtigkeit stellt einen wichtigen Schritt im Rahmen des Chip-Lebenszyklus dar. Mit der Komplexität der Chips und mit der wachsenden Produktion von anwendungsspezifischen Chips steigt der Testaufwand überaus stark an. Die bisher geübte Praxis der Trennung von Entwurf und Testen kann deshalb nicht mehr aufrechterhalten werden. Zur Verbesserung der Testbarkeit müssen bereits beim Chip-Entwurf testspezifische Eigenschaften berücksichtigt werden. Das Forschungsgebiet *Design for Testability* befaßt sich mit diesem Thema. Ziel der Forschung ist, Designmethoden zu entwickeln, die zu besser testbaren Produkten führen.

Systemtheoretisch gesehen handelt es sich bei jedem *Funktionstest* um ein *Input/Output-Experiment*, mit dem man die *Korrektheit* der *Funktionsweise* eines Chips erkennen will. In den seltensten Fällen wird man dabei das Testexperiment exhaustiv, also so, daß alle möglichen Stimuli angesetzt werden, durchführen können. Man ist vielmehr gezwungen, Testexperimente, die mit einem relativ kleinen Umfang von Stimuli auskommen, zu entwickeln. Eine relativ einfache Lösung könnte sein, durch *äußeres Experimentieren* am Chip auf dessen *innere Korrektheit* schließen zu können. Die *inneren Strukturen* müssen im Chip dazu so ausgelegt werden, daß sie von außen *leicht erkennbar* sind. Aus systemtheoretischer Sicht bedeutet dies, daß das Innere eines Chips mit Hilfe von *systemtheoretischen Experimenten* leicht zu identifizieren ist.

Schon bei der Komplexität eines Chips mit etwa 50.000 Transistorfunktionen, von denen vielleicht 2000 zu Registern gehören, die speichernde Elemente darstellen, ist es nicht mehr zweckmäßig, - obwohl theoretisch möglich -, für die Modellierung ein Automatenmodell in Form einer FSM heranzuziehen. Trotzdem besteht in der Praxis durchaus die Chance, daß gewisse Chip-Komponenten durch ein Automatenmodell darstellbar sind. Dies trifft sicherlich häufig im Fall des zellenorientierten Chip-Entwurfes zu. Bei ihm sind die Zellen relativ kompakte Bausteine von mittlerer Komplexität, die daher oft mit einem Automatenmodell analysiert und optimiert werden können. Diese Sicht bildet einen Anknüpfungspunkt, um die Automatentheorie-Methodenbank CAST.FSM zur Anwendung bei *Design for Testability* heranzuziehen. Im folgenden werden einige derartige Anwendungen für CAST beleuchtet:

1. Dekomposition von Automaten und Schaltwerken mit dem Ziel, daß damit eine bessere Testbarkeit ermöglicht wird.
2. Berechnung von Schieberegister-Realisierungen von Automaten und Schaltwerken zur Erzielung besserer Testbarkeit.
3. Realisierung und Optimierung von Testpatterngeneratoren für Built-In-Self-Test-Anwendungen.

6.2.1 Eine FSM-Dekomposition

Angenommen wird, daß beim Entwurf eines Schaltkreises eine Komponente des Schaltkreises als Endlicher Automat $M = (A,B,Q,\delta,\lambda)$ beschreibbar ist. Um diese Komponente gut testbar zu machen, können verschiedene Vorkehrungen getroffen werden. Eine Strategie, die mit *Divide and Conquer* umschreibbar ist, ist die, daß man versucht, M in eine Serien-Parallel-Schaltung von kleineren, für sich besser testbaren Komponenten $M_1,M_2,...,M_k$ zu zerlegen. Dafür bietet CAST.FSM verschiedene Methoden an, mit denen Systemalgorithmen entwickelt werden können. Zur Verfügung steht z.B. die Dekompositionsmethode nach Hartmanis-Stearns oder die Zerlegung eines Automaten in eine Schieberegister-Parallel-Schaltung mit Hilfe der RKF-Transformation im Wege einer linearen Realisierung. Mit ihnen kann es gelingen, den Endlichen Automaten M so zu strukturieren, daß die zusätzliche Testhardware, - Multiplexer und zusätzliche Leitungsverbindungen nach außen -, und auch die Testexperimente, - Testpattern und zugehörige Antwortsignale -, einfach werden.

Aus realistischer Sicht kann nicht erwartet werden, daß eine algorithmische Lösung nur dank einer theoretischen Einsicht erzielt werden kann. Vielmehr kommt es auf das Wissen des *Logikdesigners* und auf die ihm zur Verfügung stehenden CAST-Werkzeuge an, um erfolgreich eine Lösung mittels eines Systemalgorithmus erzielen zu können.

6.2.2 Eine FSM-Schieberegister-Realisierung

Wie zuvor sei auch jetzt vorausgesetzt, daß es gelingt, einen Teil des Schaltkreises so zu umgrenzen, daß er durch einen Endlichen Automaten mit einer durch CAST.FSM bewältigbaren Größe modelliert werden kann. Ziel ist dann, die Testbarkeit dieses Automaten so zu verbessern, daß die folgenden beiden Eigenschaften erreicht werden:

1. Bei Annahme schlechter Steuerbarkeits- und Beobachtbarkeitseigenschaften ist die zusätzlich erforderliche Testhardware einfach.
2. Die Schaltnetze (kombinatorische Schaltkreise), die zum Zwecke des Testens *von außen* mit Signalen belegt werden, können durch geeignete Wahl der Binärcodierung (state assignment) klein gehalten werden.

In der heutigen Testpraxis haben sich zur Lösung von Problemen nach 1. Scan-Path Methoden weitgehend durchgesetzt. Diese erfordern zusätzliche Testhardware für jede Registerzelle. Sie lösen jedoch nicht Probleme nach 2. Mit der in CAST.FSM implementierten Methode der *Schieberegister-Realisierung* nach *Böhling* steht eine effektive Systemtransformation zur Verfügung, die zur gleichzeitigen Lösung beider Probleme beitragen kann.

Angenommen, es gelingt mit ihr einen Automaten $M = (A,B,Q,\delta,\lambda)$ in ein Schieberegister-Schaltwerk mit k binären Schieberegister der Länge $n_1, n_2, ..., n_k$ mit $n = n_1 + n_2 + ... + n_k$ zu transformieren, dann wird dadurch das Schaltnetz, das die Zustandsüberführungsfunktion δ realisiert, im Ausgangsteil von n Leitungen auf k Leitungen vereinfacht. Damit wird sich mit einiger Wahrscheinlichkeit der Testaufwand verringern, sodaß ein Beitrag zur Erfüllung des Teilzieles 2. geleistet ist.

Da nun bereits mit Schieberegistern ein Scan Path stückweise in der *Funktionshardware* vorhanden ist, so resultiert folglich auch bei Anwendung von *Scan Path-Methoden* ein verrringerter Aufwand an zusätzlicher Testhardware. So kann auch das Teilziel 1. erreicht werden.

Die skizzierte Anwendungsidee von CAST.FSM zur Erzielung besserer Testbarkeit ist, bezüglich ihrer Durchführung, typisch für die Entwicklung eines Systemalgorithmus mit einer Systemtheorie-Methodenbank. Der Logikdesigner hat bei der Durchführung sowohl Erfahrungs- als auch Fachwissen beizusteuern und damit im wesentlichen die Arbeit des Steuerwerkes der STIPS-Maschine zu leisten. Die Systemtheorie-Methodenbank CAST.FSM stellt ihm dazu den geeigneten Bedienungs- und Programmierkomfort und die geeigneten Operationen in Form der Systemtransformationen zur Verfügung.

6.2.3 Testpatterngenerierung für Endliche Automaten

Im Rahmen des Design for Testability ist auch die Frage nach der Bereitstellung der für den Test notwendigen Testpattern zu beantworten. Neben der Methode, die Testpattern in abgespeicherter Form zur Verfügung zu stellen, ist auch die Methode der Generierung der Testpattern durch *Lineare Rückgekoppelte Schieberegister* LFSR üblich. Sehr oft handelt es sich dabei, wie etwa bei der Verwendung von BILBO-Registern, um eine exhaustive Testpatterngenerierung, wofür dann meistens *Maximalperiodische Lineare*

Rückgekoppelte Schieberegister MLFSR eingesetzt werden. Auch dabei ergeben sich Einsatzmöglichkeiten für CAST.FSM. Zum Beispiel kann, wenn eine Vektorfolge von Testpattern benötigt wird, versucht werden, einen Linearen Automaten als Generator zu konstruieren, der vom Standpunkt des minimalen Hardwareaufwandes akzeptiert werden kann. Aber auch andere automatentheoretische Verfahren, wie z.B. die Zustandsreduktion, die Dekomposition oder die Registerfluß-Maschinen-Realisierung, sind aussichtsreiche Verfahren, einen *guten Testpattern-Generator* zu konstruieren.

Dabei ist in erster Linie an die Konstruktion von Generatoren auf dem zu testenden Chip selbst gedacht (Built in Self Test), für die es, um *Silizium* zu sparen, wichtig ist, die verschiedensten Möglichkeiten der Strukturierung des Patterngenerators zu kennen.

6.3 CAST-Methoden für die Kryptographie

Die Sicherung von Daten in Computersystemen gegen unbefugtes Lesen (Abhören) und unbefugtes Verändern (Verletzung der Authentizität) ist ein wichtiges Anliegen. Die *Kryptographie* befaßt sich seit langer Zeit mit der Konstruktion von Verfahren, die die Geheimhaltung bzw. die Authentizität von Daten sichern. Im Zeitalter der *Mechanik* waren die kryptographischen Mittel noch eher einfacher Natur. Heute, im Zeitalter der *Mikroelektronik*, ist eine stürmische Entwicklung in Richtung sehr komplexer Verfahren zu beobachten. Die Anforderungen an die Mathematik und an die Systemtheorie durch die Kryptographie im Verbund mit der Mikroelektronik sind stark gestiegen. Die kryptologische Forschung befindet sich in steilem Aufschwung. Sie fordert auch eine effiziente Computerunterstützung beim Entwurf kryptographischer Systeme. In den folgenden Abschnitten wird auf die Möglichkeit, CAST.FSM für solche Aufgaben einzusetzen, aufmerksam gemacht. Hinzuweisen ist auch auf [PICH6].

6.3.1 Chiffrieroperationen

Eine *Chiffrieroperation* E (Encryption) transformiert bei festgelegtem Chiffrierschlüssel K_E (Encryption Key) einen Klartext P (Plaintext) in ein Chiffrat $C = E(P, K_E)$. Die *Dechiffrieroperation* D (Decryption) hat die Aufgabe, aus C bei Kenntnis des zu K_E gehörigen Dechiffrierschlüssels K_D (Decryption Key) den Klartext P wieder zu berechnen: $P = D(E(P, K_E), K_D)$. Aus der Kryptographie sind für die Einrichtung von *Chiffrierpaaren* (E,D) verschiedene Prinzipien bekannt. Wir gehen nicht näher auf sie ein. Für die Systemtheorie sind verschiedene kryptologische Problemstellungen von großem Interesse. Ihre Lösungen sind aber in der Regel derartig schwierig zu erzielen, daß nur das computerunterstützte Arbeiten mit einer besonders leistungsfähigen Methodenbank eine gewisse Erfolgschance bietet. Es besteht sogar vielfach die Meinung, daß gerade die Anforderungen der Kryptologie beim Problemlösen die Computerentwicklung und die Entwicklung spezieller Methodenbanken besonders beeinflußt haben. In einer Kryptologie-Methodenbank müssen deshalb alle Ebenen, von der Programmierumgebung hin bis zur Ebene der wissensbasierten Methodenbank, reich und leistungsfähig ausgestattet sein. Besonders trifft dies für die interaktive Ebene zu, in der wir uns eine kryptologie-orientierte Systemtheorie-Methodenbank CRYPTO-CAST.M eingebaut denken. Ein spezieller Bestandteil von CRYPTO-CAST.M kann mit Hilfe von CAST.FSM eingerichtet werden. Einige Ideen für die Nutzung des Automatenkonzeptes bei kryptologischen Fragestellungen seien dargestellt.

Die Chiffrieroperation E und die Dechiffrieroperation D können beide prinzipiell als Black Boxes beschrieben werden, die einen seriellen oder parallelen Input P bzw. C unter der Kontrolle eines Parameters K_E bzw. K_D in einen seriellen oder parallelen Output C bzw. P verarbeiten. Eine Black Box-Beschreibung dieser Art ist aus Komplexitätsgründen nicht praktikabel. Wir müssen also davon ausgehen, daß für E und D effiziente Darstellungen durch andere Systemtypen zur Verfügung stehen. Als spezielle Systemtypen kommen Netzwerke in Form von Blockschaltbildern, in der die einzelnen Blöcke ausreichend verfeinert sind, und Algorithmen in Betracht. In der Regel ist dabei den Netzwerken der Vorzug zu geben, da sie im allgemeinen eine bessere theoretische Analyse erlauben. Bekannte Beispiele für Chiffrierpaare, für die solche Netzwerkdarstellungen existieren, sind mit dem *Data-Encryption-Standard* DES und mit dem *Public-Key-System-Standard* RSA gegeben. Im Fall des DES-Verfahrens handelt es sich um die Spezifikation eines Chiffrierverfahrens mittels eines Netzwerkes von einfachen Schaltnetzen unter Einbezug von Registern zur Zwischenspeicherung ohne Rückkopplung. Beim RSA-Verfahren dagegen setzt sich das Netzwerk aus Moduln für einfache arithmetische Operationen zusammen. Liegt eine solche Netzwerkdarstellung für ein Chiffrierpaar (E,D) vor, so besteht prinzipiell eine Erfolgschance für den Einsatz einer Automatentheorie-Methodenbank der Art CAST.FSM. Dann kann es nämlich gelingen, einen einzelnen Block oder auch eine Zusammenfassung von mehreren Blöcken als Endlichen Automaten zu modellieren. In diesem Fall können dann mit CAST.FSM wichtige kryptologische Eigenschaften des Automaten untersucht werden, z.B. seine Eigenschaften bezüglich der Invertierbarkeit, der Identifizierbarkeit, der Zerlegbarkeit in einfachere Automaten, der Synchronisierbarkeit und ähnliche mehr. Deshalb besteht auch die gute Chance, daß es mit Hilfe von CAST.FSM gelingt, Systemalgorithmen zu entwickeln, die wichtige kryptologische Ergebnisse liefern.

6.3.2 Stromchiffrierung

Unsere bisherige Sichtweise ist die, daß bereits ein Chiffrierpaar (E,D) vorliegt, und daß dieses auf bestimmte kryptologische Merkmale zu untersuchen ist. Dies ist eine Situation, die im Bereich der Kryptologie der

Kryptoanalyse zuzuordnen ist. Im folgenden stellen wir uns die Aufgabe, die Anwendung von CAST.FSM beim Entwurf von Chiffrieroperationen, also in der Kryptographie, vorzustellen. Dazu bieten sich in erster Linie Chiffrierpaare (E,D), die eine *Stromchiffrierung* (stream ciphering) realisieren, an.

Bild 6.1 zeigt das Blockschaltbild eines Stromchiffriersystems S. Die Chiffrieroperation E besteht aus der Kopplung einer Funktion m, der *Mischfunktion*, mit einem *Pseudo-Noise-Generator* PNM. Die Dechiffrieroperation D wird analog dazu durch die inverse Mischfunktion m^{-1} zusammen mit einer identisch gleichen Kopie des Pseudo-Noise Generators PNM realisiert.

Der Klartext P liegt als ein Wort $p = a_0 a_1 ... a_{n-1}$ der Länge n mit Buchstaben a_i aus dem Klartextalphabet A vor. Das davon mit E_K erzeugte Chiffrat $C = E_K(P)$ ist ebenfalls ein Wort $C = b_0 b_1 ... b_{n-1}$ derselben Länge mit Buchstaben b_i aus dem Chiffratalphabet B. Der Pseudo-Noise-Generator PNM erzeugt für jeden initial zum Zeitpunkt $t = 0$ gesetzten Schlüssel K die Schlüsselfolge $F = s_0 s_1 s_2 ...$ mit Elementen s_i aus einer Menge S. Die Mischfunktion m ist gegeben durch eine Funktion $m : A \times S \to B$, die für jeden Wert $s \in S$ bijektiv von A in B ist. Damit existiert für jeden solchen Wert s die entsprechende inverse Funktion $m^{-1} : B \times S \to A$, so daß $m^{-1}(m(a,s),s) = a$ für alle $a \in A$ gilt. Das Chiffrat $C = k_0 k_1 ... k_{n-1}$ wird aus dem Klartext $P = a_0 a_1 ... a_{n-1}$ und der Schlüsselfolge $F = s_0 s_1 ...$ mittels m buchstabenweise berechnet: $b_i = m(a_i, s_i)$ für $i = 0, 1, ..., n-1$. Analog dazu wird mittels m^{-1} aus C und F der Klartext P rückgewonnen.

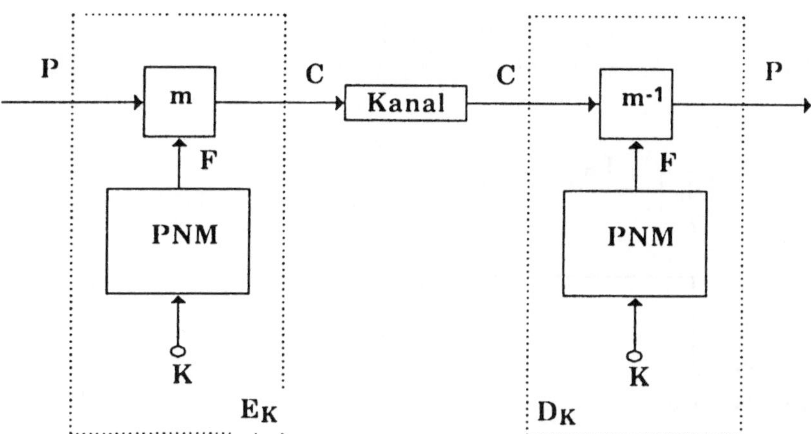

Bild 6.1: Blockschaltbild eines Stromchiffriersystems S

Beim Entwurf eines Chiffrierpaares (E,D) für ein Stromchiffriersystem nach Abbildung 6.1 bereitet die Konstruktion einer geeigneten Mischfunktion m keine besonderen Probleme. Die Konstruktion des Pseudo-Noise-Generators PNM dagegen stellt vom kryptographischen Standpunkt aus gesehen hohe Anforderungen an den Designer. Zur Erzielung einer guten

kryptologischen Qualität hat PNM die folgenden drei Mindesteigenschaften,
- sie werden nur allgemein dargestellt -, zu erfüllen:

pnm1 Die Folge F muß sich gegenüber einer Batterie von statistischen
Tests so verhalten, daß sie von einer echten Zufallsfolge nicht zu
unterscheiden ist.

pnm2 Die Periodenlänge von F muß so ausreichend groß sein, daß sie mit
der heutigen und in überschaubarer Zeit erreichbaren Speicher- und
Reproduktionstechnik nicht ausgeschöpft werden kann.

pnm3 Die Berechnung des Schlüssels K, der als Initialwert von PNM für
die Erzeugung von F dient, muß selbst bei Kenntnis beliebig langer
Stücke von F ein *rechnerisch hartes* Problem sein.

Aus der kryptographischen Praxis sind verschiedene Ansätze zur Konstruktion von geeigneten Pseudo-Noise-Generatoren PNM bekannt. Eine
häufig anzutreffende Blockstruktur eines Pseudo-Noise-Generators PNM
zeigt Bild 6.2.

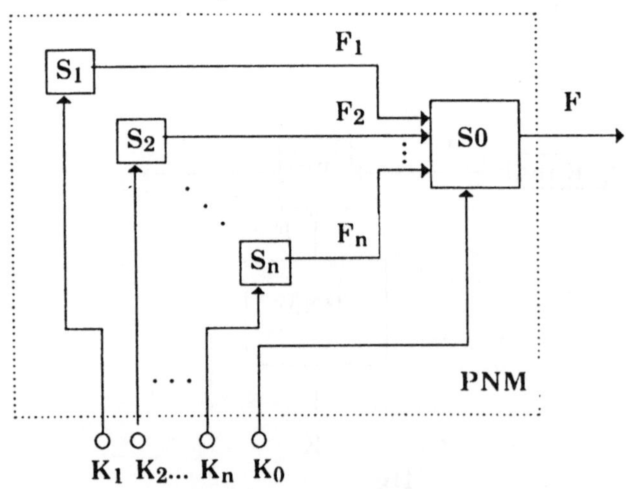

Bild 6.2: Blockschaltbild eines Pseudo-Noise Generators PNM

Bei einer automatentheoretischen Beschreibung des Generators PNM
werden die Teilsysteme $S_1, S_2, ..., S_n$ als Endliche Automaten beschrieben, die
keinen Input empfangen. Mit dem Wert von K_i ($i = 1, 2, ..., n$) wird der
Anfangszustand von S_i und eventuell auch dessen Zustandsüberführungsfunktion δ_i eingestellt. Das System S_0 empfängt als Input die von den
Automaten S_i erzeugten Outputfolgen F_i und verarbeitet sie zur Schlüssel-

folge F des Generators PNM. S_0 stellt in der Regel eine Funktion $S_0(K_0):B_1 \times ... \times B_n \to S$, deren Zuordnungsvorschrift durch die spezielle Wahl von K_0 festgelegt wird, dar. Jedoch kann zur Realisierung von S_0 auch statt einer Funktion ein Endlicher Automat $S_0 = (B_1 \times ... \times B_n, S, Q_0, \delta_0, \lambda_0)$ herangezogen werden. Mit K_0 wird in diesem Fall der Anfangszustand von S_0 bestimmt. In einzelnen Fällen kann es aber auch zweckmäßig sein, daß K_0 die Zustandsüberführungsfunktion δ_0 oder die Ausgabefunktion λ_0 von S_0 festlegt. Der Vektor $K = (K_0, K_1, ..., K_n)$ stellt den Schlüssel von PNM dar.

Wenn auch die gezeigte Struktur des Generators PNM einfach ist, so ist die Konstruktion eines *kryptologisch hochwertigen* Pseudo-Noise-Generators PNM auf der Basis dieser Struktur keineswegs einfach. Aus den Forderungen, die durch pnm1, pnm2 und pnm3 ausgedrückt werden, resultiert, daß die Konstruktion von $S_1, S_2, ..., S_n$ und von S_0 eine theoretisch anspruchsvolle Aufgabe ist. Im einfachsten Fall, der jedoch in der Praxis durchaus Bedeutung hat, werden die Automaten S_i durch Binäre Linear Rückgekoppelte Schieberegister mit Maximalperiode (MLFSR's) verschiedener Länge l_i realisiert. Das Ausgabesystem S_0 ist in diesem Fall eine fest gewählte Schaltfunktion $f_0:B^n \to B$. Der Schlüssel $K = (K_0, K_1, ..., K_n)$ hat bei diesem einfachen Prototyp PNM_0 nur die reduzierte Aufgabe, die Anfangszustände der MLFSR's einzustellen. Bild 6.3 zeigt das Blockschaltbild dieses einfach gehaltenen Pseudo-Noise-Generators PNM_0.

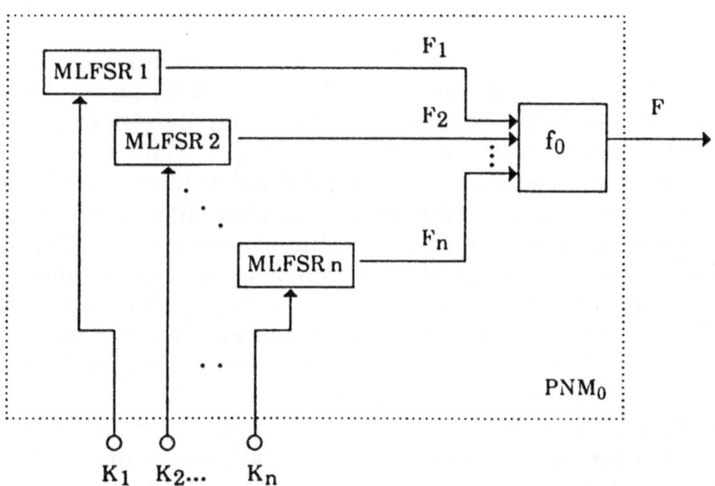

Bild 6.3: Blockschaltbild des Pseudo-Noise Generators PNM_0

Man kann sich auch die Frage stellen, welche Unterstützung eine CAST-Methodenbank einem Kryptologen bei der Konstruktion eines Pseudo-Noise-Generators PNM_0 dieser einfachen Art anbieten kann. Dazu folgende Anmerkungen: Da die Blockstruktur von PNM_0 und auch die einzelnen Teilsysteme bereits nach ihrem Systemtyp als Schaltwerke bzw. Schaltfunktionen festgelegt sind, muß sich die weitere kryptographische Arbeit auf die Festlegung der noch freien Parameter zur Erreichung der geforderten kryptologischen Qualität bei gleichzeitiger Beachtung der technischen Randbedingungen beschränken. Dazu gehört die Festlegung der Zahl n von verwendeten MLFSR's, sowie die Festsetzung der Länge l_i und der Rückkopplungsfunktion f_i $(i=1,2,...,n)$ für jedes einzelne MLFSR. Diese Aufgabenstellung kann von einem Kryptographie-Experten unmittelbar beantwortet werden. Dafür wird CAST.FSM nicht benötigt. Die richtige Wahl der Schaltfunktion f_0, die aus den von den MLFSR erzeugten Folgen $F_1,F_2,...,F_n$ die Schlüsselfolge F erzeugt, kann jedoch nur nach sorgfältiger theoretischer Analyse getroffen werden. Einmal muß von f_0 vorausgesetzt werden, daß dadurch die bekannt gute *Statistik* der Folgen $F_1,F_2,...,F_n$ erhalten bleibt (Erfüllung von pnm1). Zum anderen ist durch die richtige Wahl von f_0 sicherzustellen, daß nach pnm2 die Periode von F genügend groß ist, d.h. im Idealfall gleich dem Produkt $p = p_1 p_2...p_n$ $(p_i = 2^{l_i}-1)$ der einzelnen Maximalperioden der Schieberegister. Schließlich ist zur Erfüllung von pnm3 bei der Auswahl von f_0 die Durchführung einer Kryptoanalyse von PNM bei Annahme von *Known Plain Text-Attacken* verschiedener Art notwendig. Dies schließt zum Beispiel die Bestimmung der Linearen Komplexität von F, - zur Abschätzung der Möglichkeit einer Simulation von $PNM0$ durch ein einziges LFSR -, und die Berechnung des Grades der Korrelationsimmunität von f_0, - zur Verhinderung einer Schlüsselexhaustion aufgrund einer Dekomposition von PNM_0 mittels Korrelationsanalyse -, ein.

Diese Hinweise zeigen, daß die richtige Wahl der Ausgabefunktion f_0 selbst bei einer so einfachen Konstruktion, wie sie hier für PNM_0 zugrundegelegt ist, erhebliches theoretisches Wissen erfordert. Die Bereitstellung einer CAST-Methodenbank, die dieses Wissen vorgefertigt enthält und die es gestattet, theoretische Untersuchungen dieser Art durchzuführen, ist für den praktisch tätigen Kryptologen sicherlich von großem Interesse. Die vorgestellte Methodenbank STIPS.FSM und ihre Implementierung CAST. FSM können mit Erfolg für kryptologische Aufgaben eingesetzt werden. Umso notwendiger wird jedoch für die kryptologische Arbeit die Verfügbarkeit einer CAST-Methodenbank, wenn zur Realisierung der Komponenten $S_1,S_2,...,S_n$ von PNM nach Bild 6.2 keine MLFSR's genommen, sondern andere dafür geeignete Schaltwerke herangezogen werden. Außerdem kann auch für S_0 anstelle einer Schaltfunktion f_0 ein Schaltwerk bestimmter Art eingesetzt werden. Ein Beispiel für einen Pseudo-Zufallsgenerator PNM dieser Art ist etwa damit gegeben, daß $S_1,S_2,...,S_n$ jeweils durch eine *Kaskadenschaltung von taktgesteuerten Schieberegistern mit einfacher Rückkopplung* realisiert wird. Aber auch *Hybridschaltungen*, in denen die einzelnen Komponenten S_i von ganz verschiedenem Typ sind, sind denkbar. Die Möglichkeit, in rascher Weise verschiedene Konfigurationen für einen PNM dieser Art kryptologisch bewerten zu können, ist im Zusammenhang mit der Realisierung von PNM durch ASIC-Bausteine, die für eine bestimmte Anwendung entworfen werden müssen, besonders erstrebenswert. Für Aufgaben dieser Art ist die Einrichtung einer speziellen kryptologischen

Methodenbank CRYPTO-CAST.M, die auf CAST.FSM aufbaut, besonders erstrebenswert. Die derzeit existierende prototypische Methodenbank CAST.FSM kann dafür zweifellos nur in beschränktem Maße eingesetzt werden. Insbesondere kann die notwendige Rechenleistung von einer üblichen Workstation nicht erbracht werden. CAST.FSM kann aber durchaus für prototypische Untersuchungen zur Implementierung von CRYPTO-CAST. FSM und darüber hinaus von CRYPTO-CAST.M genutzt werden.

6.4 CAST.FSM und CAST.FOURIER beim Signalprozessor-Design

Unter einem *Signalprozessor* verstehen wir allgemein ein in digitaler Elektronik realisiertes System zur Transformation von Signalen. Je nach der Aufgabe dieser Transformation realisiert ein Signalprozessor, etwa ein *Filter (Hochpaß, Tiefpaß, Bandpaß)*, einen *Entzerrer (Dämpfungsentzerrer, Laufzeitentzerrer)*, einen *Codierer (Quellencodierer, Kanalcodierer)*, einen *Chiffrierer (Stromchiffrierer, Blockchiffrierer)* oder einen *Signalwandler (Analog-Digital-Umsetzer, Digital-Analog-Umsetzer)*. Signalprozessoren sind I/O-Systeme, die seit langem Musterbeispiele für die Anwendung der Systemtheorie darstellen.

Natürlich werden wir deshalb auch versuchen, für die Entwicklung von Signalprozessoren CAST-Methoden einzusetzen. Im Falle von Signalprozessoren, die Filter und Entzerrer realisieren sollen, hat bisher der Systemtyp *Endlicher Automat* keine besondere Rolle gespielt. Für diese Operationen, die meistens zusammen mit zeitkontinuierlichen Signalen betrachtet werden, sind im digitalen Fall die *Linearen Differenzensysteme* der weitaus wichtigste Systemtyp. Sie sind daher Gegenstand des *Teilgebietes LDCS* der *Linearen Systemtheorie*.

Für die Theorie der *Digitalen Filter* existieren mustergültige Darstellungen, die auch Computerunterstützung bieten. Auf sie muß nicht näher eingegangen werden. Ebenso sind Signalwandler von der Art der *A/D-Wandler* keine typischen Systeme für die Anwendung Endlicher Automaten. Für technische Realisierungen für die beiden übrigen Klassen von Operationen, also für *Codierer* und *Chiffrierer* dagegen bietet sich die Nutzung der Methoden der *Linearen Systeme über Gruppen* und der Methoden der *Endlichen Automaten* als Modellierungswerkzeuge an. Es wird deshalb die Anwendung von CAST.FOURIER und von CAST.FSM als CAD-Werkzeuge beim Entwurf von Signalprozessoren kurz behandelt.

6.4.1 Scrambling-Prozessor für Analoge Signale

Für die Geheimhaltung von Sprachsignalen wird die Methode der *Frequenzverwürfelung* genutzt. Das Prinzip besteht darin, daß im ersten Schritt das

Sprachsignal f mittels einer Filterbank in einzelne, im Frequenzbereich disjunkt liegende Teilsignale $f_1, f_2, ..., f_n$ zerlegt wird. Anschließend werden die Signale f_i durch Frequenzumsetzung in neue Signale $g_i = S_i(f_i)$ so umgesetzt, daß sich das Frequenzspektrum des Summensignals $g = g_1 + g_2 + ... + g_n$ im Frequenzbereich von f nur durch eine Permutation der Spektren der einzelnen Signale f_i unterscheidet. Dieses *Scrambling-Prinzip* hat z.B. im Telefon-Überseeverkehr Anwendung gefunden. Mit der Einführung der Digitaltechnik wurde neben der Verwürfelung im Frequenzbereich auch die Verwürfelung von abgetasteten Sprachsignalen im Zeitbereich technisch möglich. Das Prinzip der *Zeitverwürfelung* wird heute z.B. in portablen Funkgeräten angewandt.

Im folgenden wird ein Vorschlag für den Entwurf eines Verwürfelungsprozessors (Scrambling Processor) vorgestellt, der sowohl eine Zeitverwürfelung als auch eine Frequenzverwürfelung im allgemeinen Sinne der Harmonischen Analyse durchführt. Dazu sei angenommen, daß das Signal f bereits in diskreter Form $f:\{0,1,...,n\text{-}1\} \to R$ vorliegt.

Um aus f das verwürfelte Signal $g = E_K(f)$ zu bilden, wird in folgender Weise vorgegangen:

1. Im ersten Schritt wird mittels einer Permutation $\pi(K1) \in S_n$ das Signal $f_1:\{0,1,...,n\text{-}1\} \to R$ gegeben durch $f_1(x) := f(\pi(K1)(x))$ erzeugt.
2. Im zweiten Schritt wird zu f_1 die zugehörige, auf eine bestimmte Gruppe $G(K2) = (\{0,1,2,...,n\text{-}1\}, +(K2))$ bezogene, allgemeine Fouriertransformierte $F_1 = GFT(f_1)$ berechnet.
3. Im dritten, darauffolgenden Schritt wird aus $F:\{0,1,2,...,n\text{-}1\} \to C$ mittels der Permutation $\pi(K3)$ das Signal $G:\{0,1,2,...,n\text{-}1\} \to C$ mit $G(x) := F(\pi(K3)(x))$ berechnet.
4. In einem vierten Schritt wird aus dem Signal G durch Rücktransformation mit GFT^{-1} das Signal $g = GFT^{-1}(G)$ $(g:\{0,1,2,...,n\text{-}1\} \to R)$ gewonnen.

Bild 6.4 zeigt im Blockschaltbild die einzelnen Schritte der Berechnung von $g = E_K(f)$. Offensichtlich kann die Permutation $\pi(K1)$ als eine Zeitverwürfelung und die Permutation $\pi(K3)$ als eine Frequenzverwürfelung gedeutet werden. Mit dem Parameter K2, der die spezielle Gruppenstruktur $+(K2)$ in $\{0,1,2,...,n\text{-}1\}$ bestimmt, wird die Art der Spektraldarstellung für das bereits verwürfelte Signal festgelegt.

Zur Erzielung einer Verwürfelungsoperation E_K von gewünschter Qualität müssen die Permutationen $\pi(K1)$ und $\pi(K3)$ sowie die Addition $+(K2)$ geeignet ausgewählt werden. Diese Auswahl hängt auch sehr von der Klasse der tatsächlich zu verwürfelnden Signale ab. Im extremen Fall kann es sogar zweckmäßig sein, für jedes einzelne zu verwürfelnde Signal f einen geeigneten *Schlüssel* $K = (K_1, K_2, K_3)$ zu bestimmen. Für Untersuchungen dieser Art kann das Programmsystem CAST.FOURIER mit Erfolg eingesetzt werden. Mit CAST.FOURIER kann somit eine gute Computerunterstützung beim funktionalen Entwurf eines Verwürfelungsprozessors nach Bild 6.4 erzielt werden.

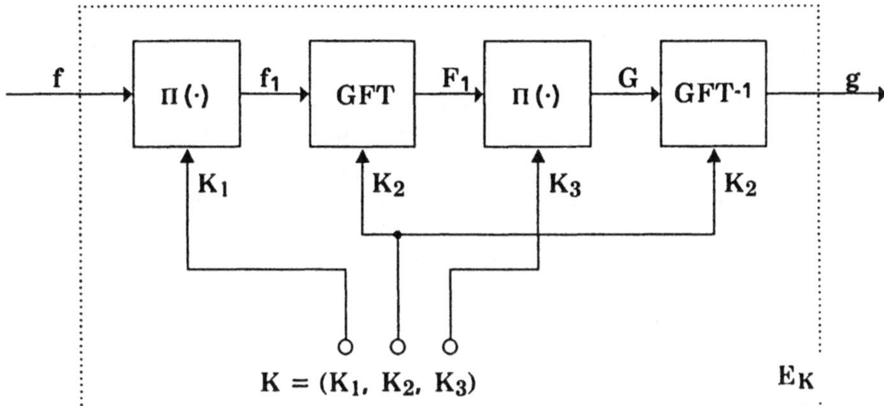

Bild 6.4: Blockschaltbild des Scrambling-Prozessors

Die bisherigen Entwurfsstudien des Signalprozessors konzentrierten sich auf die Simulation des funktionalen Entwurfes mittels CAST. FOURIER. Jedoch liegen mit dem von *Burger* entwickelten *Shuffle Controller* [BURG 1], der als Chip realisiert ist, und mit dem von *Hellwagner* durchgeführten strukturellen Entwurf eines *GFT-Prozessors* als *Systolisches Array* [HELL 1], [HELL 2] weitere wichtige Ergebnisse vor. In diesem Zusammenhang sei auch auf die Arbeiten von *Clausen* [CLAUS 1], [CLAUS 2] verwiesen, in denen sogar für nicht notwendigerweise Abelsche Gruppen G die GFT behandelt und eine Realisierung als VLSI-Chip angestrebt wird.

6.4.2 Simulation Zellularer Automatennetze

Bei Problemen der Digitalen Signalverarbeitung liegen Signale häufig bereits in *paralleler Form* als Vektoren, - etwa abgespeichert in einem Register -, vor. Bei der Verarbeitung solcher Signale durch Endliche Automaten oder Schaltwerke ist es daher sinnvoll, die Parallelität möglichst nicht zu zerstören. Dazu kann ein Signalprozessor mit paralleler Architektur vorgesehen werden. *Zellulare Netze* besitzen eine spezielle Parallelarchitektur. Ihre einzelnen Zellen werden als Endliche Automaten eines oder mehrerer Typen beschrieben und in homogener Weise mit den Nachbarzellen gekoppelt. Die homogene Kopplungstopologie bietet für die theoretische Behandlung von Zellularen Netzen generell eine Chance dafür, daß von lokal gültigen Verhältnissen auf globale Aussagen geschlossen werden kann. Aber auch für die technische Realisierung ist ein Zellulares Netz attraktiv, da die Verdrahtung häufig sehr einfach gehalten werden kann, und so keine großen theoretischen Verdrahtungsprobleme gelöst werden müssen.

In der Digitalen Signalverarbeitung stellen Zellulare Netze in Form der *Systolischen Arrays* [BROM] ein bedeutendes Gebiet der Forschung dar. Theoretische Untersuchungen zu Zellularen Automatennetzen sind bereits sehr früh durchgeführt worden. Man ziehe dafür etwa das Buch von *Hennie III* [HENN] heran. Eine Nutzung des theoretisch fundierten vorhandenen Wissens in der Designpraxis der Digitalen Signalverarbeitung erscheint aber eher selten erreicht worden zu sein. Erst in jüngster Zeit, seit am Arbeitsplatz des Ingenieurs ausreichende Computerleistung und ein genügend großer Werkzeugkasten zur Verfügung steht, besteht für seine praktische Anwendung eine echte Chance.

Dazu sollte erwähnt werden, daß trotz der in jüngerer Zeit erzielten theoretischen Fortschritte [WUNS 3], [WOLF], [VOLL] noch viele theoretische Untersuchungen notwendig sind, um eine ausreichende leistungsfähige CAST-Methodenbank für den Entwurf von Signalprozessoren auf der Basis Zellularer Netze einrichten zu können.

Beim Aufbau der Automatentheorie-Methodenbank CAST.FSM erschien es zweckmäßig, auch ein Programmpaket zur Modellierung und Simulation von Zellularen Automatennetzen hinzuzufügen. Es hat den Namen LISAS. Die derzeitige Version von LISAS (Loops Implementation of a Systolic Array Simulator) erlaubt in bequemer Weise die Konstruktion und die Simulation von ein- oder zweidimensionalen Zellularen Automaten- und Funktionennetzen. Dabei kann die Netzgröße beliebig gewählt werden. Die Kopplungsstruktur kann als linear, gitterartig, hexagonal, oktagonal oder torusartig bestimmt werden. Die einzelnen Zellen sind beliebig als Automaten wählbar. Die Graphikoberfläche von LISAS ist so ausgelegt, daß eine bequeme interaktive Benutzung möglich ist. Die Zusammenarbeit mit CAST.FSM wird durch eine Methodenbank-Architektur nach Bild 6.5 erreicht.

Bild 6.6 zeigt eine typische *Schreibtischsituation* beim Arbeiten mit LISAS. LISAS soll nicht im Detail erklärt werden. Die Arbeiten von *Müller-Wipperfürth* und *Hellwagner* [HELL 3] bieten genaue Quellen. Jedoch sei beispielhaft die Anwendung von CAST.FSM/LISAS beim Entwurf einer *Booleschen Falltüroperation* F mit 16 Eingangsleitungen und 16 Ausgangsleitungen behandelt.

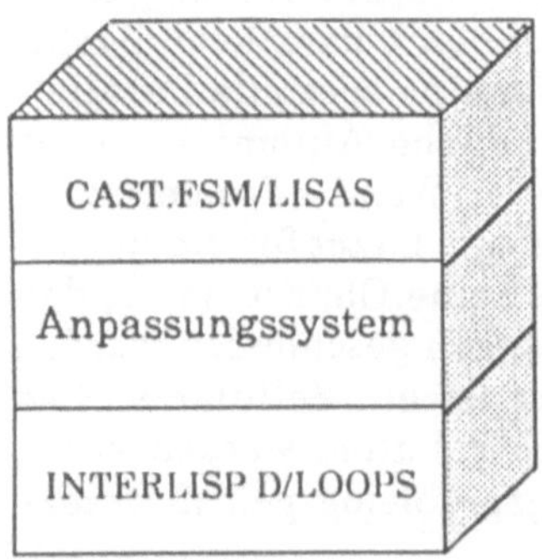

Bild 6.5: CAST.FSM-LISAS-Methodenbank

Bild 6.6: LISAS-Benutzeroberfläche

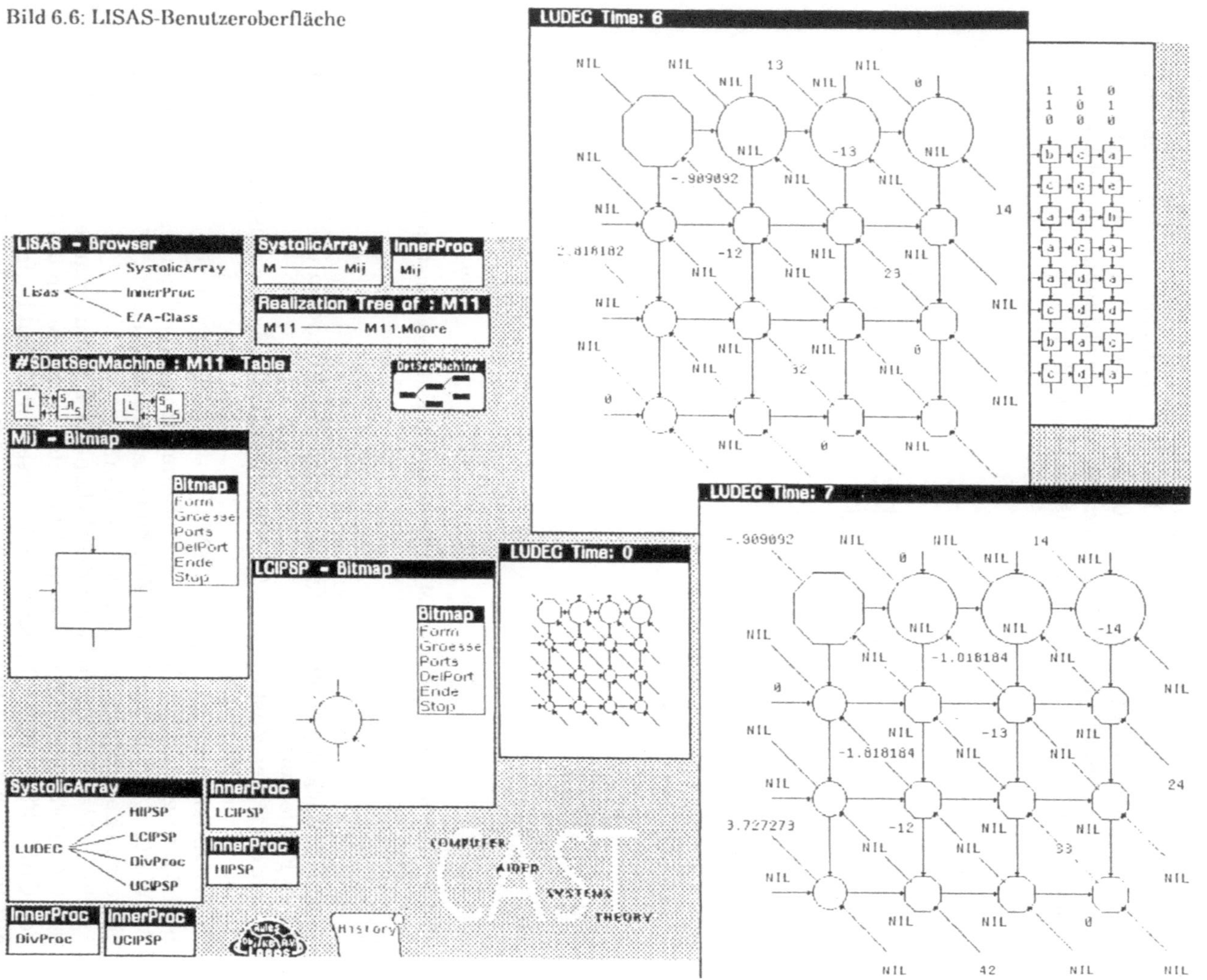

Die Einwegoperation $F: B^{16} \to B^{16}$ soll mittels eines Zellularen Automatennetzes M der Größe 16x8 nach Bild 6.7 realisiert werden. Von den einzelnen Zellen-Automaten M_{ij} ($i = 0,1,2,...,7$, $j = 0,1,2,...,15$) sei angenommen, daß sie 3 oder 5 innere Zustände besitzen. Das Eingabe- und Ausgabealphabet der Automaten M_{ij} sei jeweils die Menge B^2.

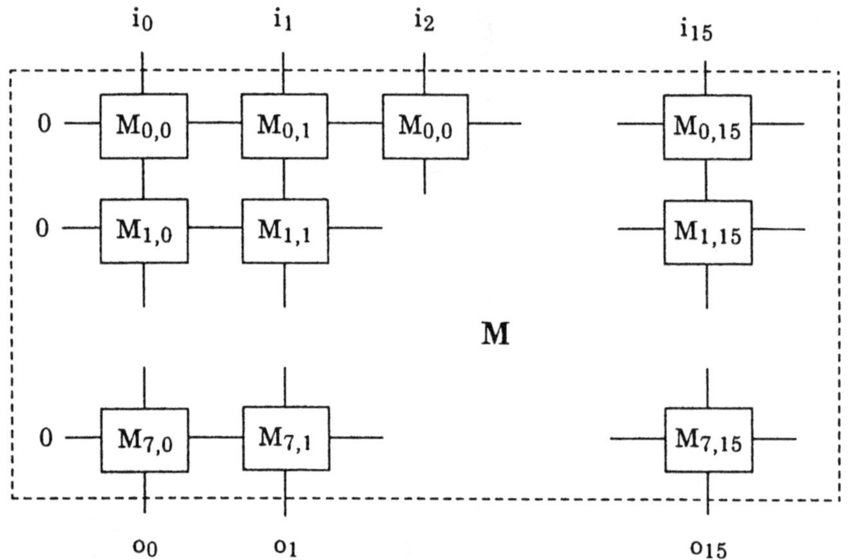

Bild 6.7: Zellulares Automatennetz M zur Realisierung der Einwegfunktion F_K

Die Festlegung einer spezifischen Einwegfunktion F mittels M geschieht durch Festlegung
1. der einzelnen Zustandsüberführungsfunktionen δ_{ij} und Ausgabefunktionen λ_{ij} von M_{ij} sowie
2. der Anfangszustände $q_{ij}(0)$ von M_{ij}.

Bild 6.8 zeigt das Ergebnis eines I/0-Simulationsexperimentes für F mit 16 Bit Wörtern der Länge 3. Die Zustände der Automaten M_{ij} können von den einzelnen Zellen jeweils abgelesen werden.

Die Bilder 6.9 und 6.10 verdeutlichen die Zusammenarbeit von LISAS mit CAST.FSM. Bild 6.9 zeigt die Übersetzung von M_{ij} in die Tabellenform von CAST.FSM. Bild 6.10 zeigt die Analyse von M_{ij} mit Hilfe von CAST.FSM auf Invertierbarkeit und Testbarkeit auf der Grundlage von Homing- und Diagnoseexperimenten.

Das Anwendungsbeispiel zeigt im Prinzip auf, wie CAST.FSM in Verbindung mit anderen Programmpaketen, in vorangehendem Beispiel mit dem Programmpaket LISAS, eingesetzt werden kann. Während LISAS aber überwiegend als Simulator eingesetzt wird, dient CAST.FSM sowohl zur

Bild 6.8: I/O-Simulation der Einwegfunktion F_K

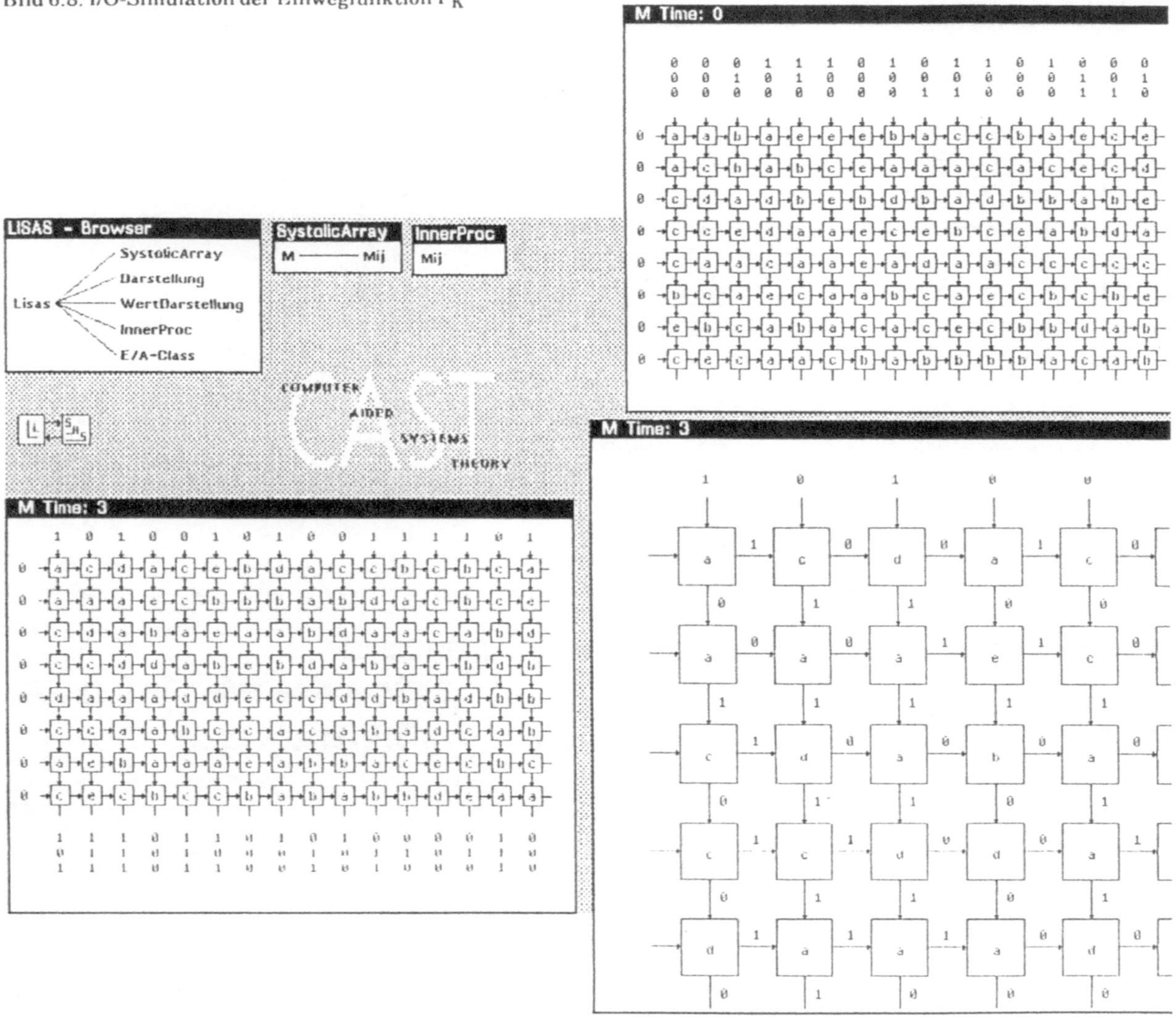

Bild 6.10: Analyse von M11 mit CAST.FSM

Test Experiments for the FSM : M11

GOAL : Create Homing- and Diagnose-Tree to determine Homing- and
Diagnose-Experiments.
Finally, compute for each FSM-Transition ALL possible Test Experiments
As a Result of the Analysis, the User is able to verify
FSM-Transitions in the Way of Description.

SUMMARY
Number of Transitions : 20
Number of testable Transitions : 20
Number of Test-Experiments : 1365

CAST Analyse des Automaten M(1,1)

Losslessness of M11

M11 is not lossless.

Computation of an inverse machine is not possible.

M11 Lattice 1/1 ... 0/5/K

#$DetSeqMachine : M11 Table

Realization Tree of : M11

M11 ——— M11.Moore

List of TEST-EXPERIMENTS

Transition (q,a,q',b)	Initial State's	Necessary Input Values	Observed Output Values
(a (0 0) c (0 0))	(c)	((0 0)) ((0 0)) ((0 0))	((1 0)) ((0 0))
	(c)	((0 0)) ((0 0)) ((0 1))	((1 0)) ((0 0))
	(c)	((0 0)) ((0 0)) ((1 1))	((1 0)) ((0 0))
	(c)	((0 0)) ((0 0)) ((1 0)) ((0 0))	((1 0)) ((0 0))
	(c)	((0 0)) ((0 0)) ((1 0)) ((0 1))	((1 0)) ((0 0))
	(c)	((0 0)) ((0 0)) ((1 0)) ((1 0))	((1 0)) ((0 0))

#$DetSeqMachine : M11 Table

Set of Inputs A : ((0 0) (0 1) (1 0) (1 1))

Set of Outputs B : ((0 0) (0 1) (1 0) (1 1))

Set of States Q : (a b c d e)

Transition Function δ: Q x A → Q

δ	(0 0)	(0 1)	(1 0)	(1 1)
a	c	c	b	c
b	d	a	a	e
c	a	e	a	a
d	a	a	e	e
e	c	a	d	d

Output Function λ: Q x A → B

λ	(0 0)	(0 1)	(1 0)	(1 1)
a	(0 0)	(1 1)	(1 0)	(0 1)
b	(1 1)	(0 0)	(1 1)	(1 0)
c	(1 0)	(1 0)	(0 1)	(1 1)
d	(0 1)	(1 1)	(0 1)	(0 0)
e	(0 1)	(0 0)	(1 1)	(0 0)

#$MooreDetSeqMachine : M11.Moore Table

Set of Inputs A : ((0 0) (0 1) (1 0) (1 1))

Set of Outputs B : ((0 0) (0 1) (1 0) (1 1))

Set of States Q : ((c (0 0)) .... (d (0 0)))

Transition Function δ: Q x A → Q

δ	(0 0)	(0 1)	(1 0)	(1 1)
(c (0 0))	(a (1 0))	(e (1 0))	(a (0 1))	(a (1 1))
(c (1 1))	(a (1 0))	(e (1 0))	(a (0 1))	(a (1 1))
(b (1 0))	(d (1 1))	(a (0 0))	(a (1 1))	(e (1 0))
(c (0 1))	(a (1 0))	(e (1 0))	(a (0 1))	(a (1 1))
(d (1 1))	(a (0 1))	(a (1 1))	(e (0 1))	(e (0 0))
(a (0 0))	(c (0 0))	(c (1 1))	(b (1 0))	(c (0 1))
(a (1 1))	(c (0 0))	(c (1 1))	(b (1 0))	(c (0 1))
(e (1 0))	(c (0 1))	(a (0 0))	(d (1 1))	(d (0 0))
(a (1 0))	(c (0 0))	(c (1 1))	(b (1 0))	(c (0 1))
(a (0 1))	(c (0 0))	(c (1 1))	(b (1 0))	(c (0 1))
(e (0 1))	(c (0 1))	(a (0 0))	(d (1 1))	(d (0 0))
(c (0 0))	(c (0 1))	(a (0 0))	(d (1 1))	(d (0 0))
(d (0 0))	(a (0 1))	(a (1 1))	(e (0 1))	(e (0 0))

Output Function λ: Q → B

λ	
(c (0 0))	(0 0)
(c (1 1))	(1 1)
(b (1 0))	(1 0)
(c (0 1))	(0 1)
(d (1 1))	(1 1)
(a (0 0))	(0 0)
(a (1 1))	(1 1)
(e (1 0))	(1 0)
(a (1 0))	(1 0)
(a (0 1))	(0 1)
(e (0 1))	(0 1)
(c (0 0))	(0 0)
(d (0 0))	(0 0)

Bild 6.10: Analyse von M11 mit CAST.FSM

Test Experiments for the FSM : M11

GOAL : Create Homing- and Diagnose-Tree to determine Homing- and
Diagnose-Experiments.
Finally,compute for each FSM-Transition ALL possible Test Experiments
As a Result of the Analysis,the User is able to verify
FSM-Transitions in the Way of Description.

SUMMARY
Number of Transitions : 20
Number of testable Transitions : 20
Number of Test-Experiments : 1365

CAST Analyse des Automaten M(1,1)

#$DetSeqMach

M11 Lattice
) (5))

1/1

0/5/k

Losslessness of M11

M11 is not lossless.

Computation of an inverse machin
is not possible.

Realization Tree of : M11

M11 ———— M11.Moore

#$DetSeqMachine : M11 Table

List of TEST-EXPERIMENTS

Transition (q,a,q',b)	Initial State's	Necessary Input Values			Observed Output Values	
(a (0 0) c (0 0))	(c)	((0 0)) ((0 0)) ((0 0))			((1 0))	((0 0))
	(c)	((0 0)) ((0 0)) ((0 1))			((1 0))	((0 0))
	(c)	((0 0)) ((0 0)) ((1 1))			((1 0))	((0 0))
	(c)	((0 0)) ((0 0)) ((1 0) (0 0))			((1 0))	((0 0))
	(c)	((0 0)) ((0 0)) ((1 0) (0 1))			((1 0))	((0 0))
	(c)	((0 0)) ((0 0)) ((1 0) (1 0))			((1 0))	((0 0))

Set of Inputs   A : ((0 0) (0 1) (1 0) (1 1))

Set of Outputs B : ((0 0) (0 1) (1 0) (1 1))

Set of States   Q : {a b c d e}

Transition Function δ: Q x A ⟶ Q

δ	(0 0)	(0 1)	(1 0)	(1 1)
a	c	c	b	c
b	d	a	a	e
c	a	e	a	a
d	a	a	e	e
e	c	a	d	d

Output Function   λ: Q x A ⟶ B

λ	(0 0)	(0 1)	(1 0)	(1 1)
a	(0 0)	(1 1)	(1 0)	(0 1)
b	(1 1)	(0 0)	(1 1)	(1 0)
c	(1 0)	(1 0)	(0 1)	(1 1)
d	(0 1)	(1 1)	(0 1)	(0 0)
e	(0 1)	(0 0)	(1 1)	(0 0)

#$MooreDetSeqMachine : M11.Moore Table

Set of Inputs   A : ((0 0) (0 1) (1 0) (1 1))

Set of Outputs B : ((0 0) (0 1) (1 0) (1 1))

Set of States   Q : ((c (0 0)) .... (d (0 0)))

Transition Function δ: Q x A ⟶ Q

δ	(0 0)	(0 1)	(1 0)	(1 1)
(c (0 0))	(a (1 0))	(c (1 0))	(a (0 1))	(a (1 1))
(c (1 1))	(a (1 0))	(e (1 0))	(a (0 1))	(a (1 1))
(b (1 0))	(d (1 1))	(a (0 0))	(a (1 1))	(e (1 0))
(c (0 1))	(a (1 0))	(e (1 0))	(a (0 1))	(a (1 1))
(d (1 1))	(a (0 1))	(a (1 1))	(e (0 1))	(e (0 0))
(a (0 0))	(c (0 0))	(c (1 1))	(b (1 0))	(c (0 1))
(a (1 1))	(c (0 0))	(c (1 1))	(b (1 0))	(c (0 1))
(e (1 0))	(c (0 1))	(a (0 0))	(d (1 1))	(d (0 0))
(a (1 0))	(c (0 0))	(c (1 1))	(b (1 0))	(c (0 1))
(a (0 1))	(c (0 0))	(c (1 1))	(b (1 0))	(c (0 1))
(e (0 1))	(c (0 1))	(a (0 0))	(d (1 1))	(d (0 0))
(c (0 0))	(c (0 1))	(a (0 0))	(d (1 1))	(d (0 0))
(d (0 0))	(a (0 1))	(a (1 1))	(e (0 1))	(e (0 0))

Output Function λ: Q ⟶ B

λ	
(c (0 0))	(0 0)
(c (1 1))	(1 1)
(b (1 0))	(1 0)
(c (0 1))	(0 1)
(d (1 1))	(1 1)
(a (0 0))	(0 0)
(a (1 1))	(1 1)
(e (1 0))	(1 0)
(a (1 0))	(1 0)
(a (0 1))	(0 1)
(e (0 1))	(0 1)
(c (0 0))	(0 0)
(d (0 0))	(0 0)

Analyse und Synthese der Zellenautomaten als auch zur Analyse der Simulationsergebnisse, - also der Untersuchung der kryptologischen Qualität der Einwegfunktion.

6.5 Abschließende Bemerkungen

Sicherlich wird nicht jeder Praktiker durch die immer noch recht einfachen Beispiele von der Nützlichkeit von CAST.FSM und CAST.FOURIER überzeugt worden sein. Diese Beispiele sind auch nur erste Nutzungsideen für praktische Anwendungen. Wir sind jedoch davon überzeugt, daß ein Praktiker einen erheblichen Nutzen von Methodenbanken dieser Art haben kann. Deshalb wird auch CAST.FSM und CAST.FOURIER für den Einsatz in der Chip-Designpraxis beim *Design for Testability* im Zusammenhang mit dem Entwurf von ASIC-Bausteinen und in der Kryptographie beim Design von *Pseudo-Noise-Generatoren* weiter ausgebaut und verbessert. Auch werden beide Methodenbanken für die Erforschung und Entwicklung *wissensbasierter Verkehrssteuerungen*, bei denen mit *intelligenten Sensoren* (Einsatz von Computer-Vision-Systemen) die Verkehrssituation erfaßt wird, ausgebaut werden.

Sicherlich ist noch ein weiter Weg zurückzulegen, bis das gesamte bisher vorliegende systemtheoretische Wissen in Methodenbanken eingebracht und für die praktische, computerunterstützte Nutzung erschlosen sein wird. Auch ist die moderne Systemtheorie selbst wieder anwendungsgetrieben, d.h. je größer die Anzahl der Probleme ist, auf die sie angewendet wird, und je größer deren Komplexität ist, um so schneller expandiert sie selbst.

Trotzdem erfordern gerade diese Aussichten die Computerunterstützung für die systemtheoretischen Methoden und Verfahren. In diesem Sinne hat die Zukunft von CAST erst begonnen.

Literaturverzeichnis

[AHME]   Ahmed, N.; Rao, K.R.: Orthogonal Transforms for Digital Signal Processing. Springer, Berlin 1975

[AHO]   Aho, A.V.; Hopcroft, J.E.; Ullman, J.D.: The Design and Analysis of Computer Algorithms. Addison-Wesley, Reading 1974

[ALBE]   Albert, I.; Müller-Schloer, C.; Schwärtzel, H.: CAD-Systeme für die industrielle Rechnerentwicklung. Informatik-Spektrum (1986),

[ARBI]   Arbib, M.A.: Theories of Abstract Automata. Prentice Hall, Englewood Cliffs 1969

[ASHB]   Ashby, W.R.: An Introduction to Cybernetics. Wiley, New York 1956

[ASHE]   Ashenhurst, R.L.: The Decomposition of Switching Functions. Annals of the Harvard Comp. Lab. Harvard Univ. Press 1959

[BAIN]   Bainbridge, E.S.: The Fundamental Duality in System Theory. In: Systems: Approaches, Theories, Applications (ed. W.E. Hartnett). Reidel, Dordrecht 1977

[BEAU]   Beauchamp, K.G.: Applications of Walsh and Related Functions. Academic Press, London 1984

[BERT]   v. Bertalanffy, L.: General System Theory. Braziller, New York 1968

[BETH]   Beth, T.: Verfahren der schnellen Fourier-Transformation. Teubner, Stuttgart 1984

[BLOM]   Blomberg, H.; Ylinen, R.: Algebraic Theory for Multivariable Linear Systems. Academic Press, New York 1983

[BOBR 1]   Bobrow, D.G.; Stefik, M.J. : The LOOPS Manual. Xerox, Palo Alto 1983

[BOBR 2]   Bobrow, D.G.; Mittal S.; Conway, L. : Knowledge Programming in LOOPS. The AI Magazine, Fall 1983

[BÖHL 1]   Böhling, K.H.: Zur Theorie der Schieberegister-Realisierungen von Schaltwerken. Berichte der GMD, Nr. 1. Schloß Birlinghoven 1968

[BÖHL 2]   Böhling, K.H.; Schütt, D. : Endliche Automaten II. Bibliogr. Institut, Mannheim 1970

[BOOT]   Booth, T.L.: Sequential Machines and Automata Theory. Wiley, New York 1968

[BRAU]   Brauer, W.: Automatentheorie. Teubner, Stuttgart 1984

[BROM]   Bromley, K.; Kung, S.; Swartzlander, E. (eds.): Proceedings International Conference on Systolic Arrays. San Diego, May 1988

[BURG]   Burger, W.: Schnelle verallgemeinerte Fouriertransformation mit Hilfe des Virtual Shuffle. In: Mustererkennung' 86, (Hrsg. Kropatsch, W.G.; Mandl, P.). Oldenbourg, München 1986

[CAST]   Casti, J.L.: Dynamical Systems and Their Applications: Linear Theory. Academic Press, New York 1977

[CHUR]   Churchman, C.W.; Ackoff, R.L.; Arnoff, E.L.: Introduction to Operations Research. Wiley, New York 1957

[CLAU 1]   Clausen, M.: Fast Generalized Fourier Transforms. Journ. of Theoret. Comp. Science. North Holland, Amsterdam 1988

[CLAU 2]	Clausen, M.; Gollmann,D. : Spectral Transforms for Symmetric Groups - Fast Algorithms and VLSI Architectures. Proc. 3rd Int. Workshop on Spectral Techniques. Univ. Dortmund, October 1988
[COOL]	Cooley, J.W.; Tukey, J.W.: An Algorithm for the Machine Calculation of Complex Fourier Series. Mathematics of Computation 19 (1969)
[CREU]	Creutzburg, R.: Finite Signalfaltungen und -transformationen. ZKI-Information, Sonderheft 2/1986. Akad.Wiss. DDR, Berlin 1986
[DAVI]	Davio, M.; Deschamps, J.P.; Thayse, A. : Discrete and Switching Functions. McGraw-Hill, New York 1978
[DERT]	Dertouzos, M.: Threshold Logic: A Synthesis Approach. MIT Press, Cambridge 1965
[DITT]	Dittrich, K.R.; Hüber, R; Lockemann, P.C.: Methodenbanksysteme - Ein Werkzeug zum Maßschneidern von Anwendersystemen. Informatik-Spektrum 2 (1979)
[DOET]	Doetsch, G.: Theorie und Anwendung der Laplacetransformation. Springer, Berlin 1937
[ENCA]	Encarnacao, J.; Schlechtendahl, E.G. : Computer Aided Design. Springer, Berlin 1983
[EUCL]	Euklid: Elementorum Geometricorum libri XV. Basel 1546
[FELL]	Fellner, H.: Einige Gedanken zur Implementierung der schnellen allgemeinen Faltung. In: Tag.bericht "Mustererkennung in Österreich" (Hsg. Leberl, F.; Ranzinger, H.) OCG Wien 1981
[GILL]	Gill, A.: Linear Sequential Circuits. McGraw Hill, New York 1966
[GLUSH]	Gluschkow, V.M.: Einführung in die technische Kybernetik. VEB Verlag, Berlin 1968
[GOOD]	Good, I.J.: The Interaction Algorithm and Practical Fourier Analysis. Journal of the Royal Stat. Soc., Series B., Vol B-20, No.2 (1958)
[GOLL]	Gollmann, D.: A Transform-Algorithm for Finite Automata and Finite Sequential Networks. In: Progress in Cybernetics and Systems Research (eds. Trappl, R.;Klir, G.J.; Pichler, F.R.). Hemisphere, Washington 1982
[GRAS]	Grass, W.: Steuerwerke. Entwurf von Schaltwerken mit Festwertspeichern. Springer, Berlin 1978
[HARM 1]	Harmuth, H.: Sequenz-Multiplexsysteme für Telephonie- und Datenübertragung. A.E.Ü. 22 (1968)
[HARM 2]	Harmuth, H.: Transmission of Information by Orthogonal Functions. Springer, New York 1972
[HART]	Hartmanis, J., Stearns, R.E.: Algebraic Structure Theory of Sequential Machines. Prentice Hall, Englewood Cliffs 1966
[HEAV]	Heaviside, O.: Electromagnetic Theory. Benn Brothers, London 1922
[HELL 1]	Hellwagner, H.: A Systolic Array with Constant I/O-Bandwidth for the Generalized Fourier Transform. In: Proc. Int. Conf. on Systolic Arrays, (eds. Bromley, K.;Kung, S.; Swartzlander, E.), IEEE, San Diego 1988
[HELL 2]	Hellwagner, H.: Systolische Architekturen für die Verallgemeinerte Diskrete Fourier-Transformation. Dissertation. Uni Linz, September 1988
[HELL 3]	Hellwagner, H.; Müller-Wipperfürth, Th.: LISAS: LOOPS-Implemented Systolic Array Simulator. In: Proceedings COMP EURO 87, VLSI and Computers, IEEE, Hamburg 1987
[HELL 4]	Hellwagner, H.: CAST.FOURIER - An Interactive Method Bank for Generalized Spectral Techniques. Uni Linz 1988
[HENN]	Hennie III, F.C.: Iterative Arrays of Logical Circuits. Wiley, New York 1961
[HEWI]	Hewitt, E. ; Ross, K.A.: Abstract Harmonic Analysis. Springer, Berlin 1963
[HOLC]	Holcombe, M.: X-Machines as a Basis for Dynamic System Specification. Software Engin. Journ., March 1988
[HÖRB]	Hörbst, E.; Nett, M.; Schwärtzel, H: VENUS - Entwurf von VLSI-Schaltungen. Springer , Berlin 1986

[HOTZ]   Hotz, G.: Schaltkreistheorie. Gruyter, Berlin-New York 1974

[JAMS]   Jamshidi, M.; Herget,C.J.; (eds.): Computer-Aided Control Systems
            Engineering. North-Holland, Amsterdam 1985

[JARO]   Jaroslavsky, L.P.: Einführung in die digitale Bildverarbeitung.VEB Verlag,
            Berlin 1985

[KALM 1]   Kalman, R.E.: Canonical Structure of Linear Dynamical Systems. In: Proc.
            Nat. Acad. Science USA, Vol. 48 (1962)

[KALM 2]   Kalman, R.E.; Falb, P.L.; Arbib, M.A. : Topics in Mathematical System
            Theory. Mc Graw-Hill, New York 1969

[KARP]   Karpovsky, M.G.: Finite Orthogonal Series in the Design of Digital Devices.
            Wiley, New York 1976

[KLEI]   Klein, W.: Finite Systemtheorie. Teubner, Stuttgart 1976

[KLIR 1]   Klir, G.J.: An Approach to General Systems Theory. Van Nostrand, New York
            1969

[KLIR 2]   Klir, G.J.: The Architecture of Systems Problem Solving. Plenum Publishing,
            New York 1985

[KLUV]   Kluvanek, I.: Sampling Theorem in Abstract Harmonic Analysis.
            Matematicko tyzikalyn Casopin Sloven. Akad. Vied. 15 (1965)

[KNUT]   Knuth, D.E.: The Art of Computer Programming. Addison-Wesley, Reading
            1981

[KOHA]   Kohavi, Z.: Switching and Finite Automata Theory. McGraw-Hill, New York
            1970

[KOPE]   Kopernikus, N.: De Revolutionibus Orbium Coelestium. Nürnberg 1543,
            Johnson, New York 1965

[KUNZ]   Kunz, H.: Approximation optimaler linearer Transformationen durch eine
            Klasse schneller, verallgemeinerter Fourier-Transformationen. Diss., Juris,
            Zürich 1977

[KÜPF]   Küpfmüller, K.: Die Systemtheorie der elektrischen Nachrichtenübertragung.
            Hirzel, Stuttgart 1968

[LOCK]   Locke, M: Grundlagen einer Theorie allgemeiner dynamischer Systeme. Akad.
            Verlag, Berlin 1984

[LUEN]   Luenberger, D.G.: Introduction to Dynamic Systems. Wiley, New York 1979

[MACH 1]   Mach, E.: Die ökonomische Natur der physikalischen Forschung. In: Sitzung
            kais. Akad. Wiss. Mai 1882. Hof- u. Staatsdruckerei, Wien 1882

[MACH 2]   Mach, E.: Die Mechanik in ihrer Entwicklung. Brockhaus, Leipzig 1883

[MACH 3]   Mach, E.: Erkenntnis und Irrtum. Skizzen zur Psychologie der Forschung.
            Barth, Leipzig 1905

[MANN]   Manna, Z.; Waldinger, R.: The Logical Basis for Computer Programming,
            Addison Wesley, London 1985

[MASS]   Massey, J.L.: Shift-Register Synthesis and BCH Decoding. IEEE Trans. Inf.
            Theory, Vol. IT-15 (1969)

[MATT]   Mattesich, R.: Instrumental Reasoning and Systems Methodology.
            Reidel, Dordrecht 1978

[MESA 1]   Mesarovic, M.D.: Foundations for a General Systems Theory. In: Views on
            General Systems Theory. Wiley, New York 1964

[MESA 2]   Mesarovic, M.D., Takahara, Y. : General Systems Theory: Mathematical
            Foundations. Acad. Press, New York 1975

[MESA 3]   Mesarovic, M.D.; Macko, D.; Takahara, Y. : Theory of Hierarchical, Multilevel
            Systems. Acad. Press, New York 1970

[MIKU]   Mikusinski, J.: Operatorenrechnung. VEB Verlag, Berlin 1957

[MINSK]   Minsky, M. (ed.): Semantic Information Processing. MIT Press, Cambridge,
            1968

[MISE]   Mises, R.V.: Kleines Lehrbuch des Positivismus. Van Stockum & Zoon, The
            Hague 1939

168

[MITT 1]   Mittelmann, R.: Petrinetze in INTERLISP D/LOOPS. In: 10. Fachtagung Informatik-Forschungsinstitutionen, (Hrsg. Pernul, G.; Min Tjoa, A.), Oldenbourg, Wien 1987

[MITT 2]   Mittelmann, R.: STIPS, CAST, Knowledge Based Systems. Uni Linz, Juni 1987

[MITT 3]   Mittelmann, R.; Prähofer, H. : Design of an Object Oriented Kernel System for CAST and STIMS. Lecture Notes CAST-Workshop'88. Uni Linz, April 1988

[MITT 4]   Mittelmann, R.: CAST.FSM-Benutzerhandbuch.Uni Linz, 1988

[MITT 5]   Mittelmann, R.; Prähofer, H.: Design of an Object Oriented Kernel System for Computer Aided Systems Theory and Systems Theory Instrumented Modelling and Simulation. In: Proc. CAST Workshop (ed. F. Pichler), Uni Linz 1988

[MÜLL]   Müller-Wüpperfürth, T.: LISAS - Der Linzer Systolic Array Simulator. Diplomarbeit, Uni Linz, Sept. 1986

[NAGE]   Nagel, F.: The Structure of Science. Harcourt, Brace & World, New York 1961

[NEUR]   Neurath, O.; Carnap, R.; Morris, Ch. (eds): International Encyclopedia of United Science. Univ. of Chicago, 1955

[NEWE]   Newell, A.; Simon, H.A. : Human Problem Solving. Prentice Hall, Englewood Cliffs 1972

[NICH]   Nicholson, P.J. : Algebraic Theory of Finite Fourier Transforms. J. of Comp. a. Syst. Science 5 (1971)

[NUSS]   Nussbaumer, H.J.: Fast Fourier Transform and Convolution Algorithms. Springer, Berlin 1982

[OPPE]   Oppenheim, A.V.; Schafer, R.W. : Digital Signal Processing. Prentice Hall, Englewood Cliffs 1975

[PETE]   Peterson, J.L.: Petri Net Theory and the Modelling of Systems. Prentice Hall , Englewood Cliffs 1981

[PICH 1]   Pichler, F.: Mathematische Systemtheorie: Dynamische Konstruktionen. de Gruyter, Berlin 1975

[PICH 2]   Pichler, F.: Symbolic Manipulation of Systems Models. In: Simulation and Model-Based Methodologies: An Integrative View (eds. Ören, Zeigler, Elzas), Springer, Berlin 1984

[PICH 3]   Pichler, F.: Model Components for Symbolic Processing by Knowledge Based Systems: The STIPS Framework. In: Mod. and Sim. Meth. in AI (eds. Elzas, Oren , Zeigler) North Holland, Amsterdam 1986

[PICH 4]   Pichler, F.: CAST-Computer Aided Systems Theory: A framework for interactive method banks. In: Cybernetics and Systems'88 (ed.Trappl, R.) Kluwer, Dordrecht 1988

[PICH 5]   Pichler, F.: CAST-Modelling Approaches in Software Design. In: Proc. of EFISS, (ed. Zunde), Atlanta, 1988

[PICH 6]   Pichler, F.: Finite State Machine Modelling of Cryptographic Sytems in LOOPS. In: EURO CRYPT '87 (eds. Chaum, Price), Springer ,Berlin 1987

[PICH 7]   Pichler, F.; Prähofer, H. : CAST.FSM Computer Aided Systems Theory: Finite State Machines. In: Cybernetics and Systems '88 (ed. Trappl) Kluwer, Dordrecht, 1988

[PTOL]   Ptolemäus, C.: Almagest. Petrus Lichtenstein, Wien 1515

[PRÄH 1]   Prähofer, H.: LOOPS - Implementierung von automatentheoretischen Methoden für "Design for Testability-Anwendungen". Uni Linz, Sept. 1986

[PRÄH 2]   Prähofer, H.: Interlisp-D/LOOPS-Implementierung der Systemtypen Informationsflußnetzwerk und Moore-Automat im Rahmen von CAST.FSM. Uni Linz, März 1987

[PRÄH 3]   Prähofer, H.: CAST.FSM - Ein Programmsystem zur Unterstützung von automatentheoretischen Verfahren. In: 10. Facht., Informatik-Forsch. instit., Feb. 1987 (Hrsg. Pernul , A Min Tjoa) Oldenbourg, München 1987

[PRÄH 4]   Prähofer, H.: Schieberegister-Realisierung von Endlichen Automaten in CAST.FSM. Uni Linz, Sept. 1987

[REIS]   Reisig, W.: Petrinetze - Eine Einführung. Springer, Berlin 1982

[REUS 1]   Reusch, B.: Lineare Automaten. Bibliogr. Institut, Mannheim 1969
[REUS 2]   Reusch, B.: Linear Realization of Finite Automata. Journ. Comp. a. Syst. Science 15, 1977
[ROZE]   Rozenblit, J.W.; Praehofer, H.: Computer Aided Systems. Theory and Knowledge-Based System Design and Simulation. Proc. CAST-Workshop, (ed. Pichler) Uni Linz, April 1988
[RUDI]   Rudin, W.: Fourier Analysis on Groups. Interscience Publishers, 1962
[RUEP]   Rueppel, R.A.: Analysis and Design of Stream Ciphers. Springer, Berlin 1986
[SCHÜ]   Schütt, D.: Über Schieberegistergraphen und -realisierungen. Berichte der GMD, Nr. 34, Schloß Birlinghoven, 1970
[SCHW 1]   Schwärtzel, H.G.: Allgemeine Diskrete Ereignis-Dynamische Systeme als Modellierungsrahmen für komplexe Systeme. Siemens Forsch. u. Entw. berichte, Bd. 12, Springer, Berlin 1983
[SCHW 2]   Schwärtzel, H.G.: Discrete Event-Dynamic Systems for Modelling Dynamic Valued Nets. Int. Jour. Gen. Syst., Vol.10, 1985
[SCHW 3]   Schwärtzel, H.: Informatik in der Praxis - Aspekte ihrer industriellen Nutzung. Springer, Berlin 1986
[SIMO]   Simon, H.A.: The Sciences of the Artificial. MIT Press, Cambridge 1969
[SIPA]   Sipari, R.; Ylinen, R.; Blomberg, H.: A CAD Package for Multivariable Control Systems represented by Polynomial Matrices. In: Comp. Aid. Design Cont. and Engin. Syst. (eds. Larsen, Hansen), Pergamon 1985
[STACH 1]   Stachowiak, H.: Denken und Erkennen im Kybernetischen Modell. Springer, Wien 1965
[STACH 2]   Stachowiak, H.: Allgemeine Modelltheorie. Springer, Wien 1973
[TAKA]   Takahara, Y.; Mesarovic, M. : A Theory of Complex Cybernetic Systems. Manuscript, Dec. 1982
[VAN]   Van den Bosch, P.P.J.: Interactive Computer-Aided Control System Analysis and Design. In: Computer-Aided Control Systems Engineering. (eds. M. Jamshidi and C.J. Herget), North Holland, Amsterdam 1985
[VOLL]   Vollmar, R.: Algorithmen in Zellularautomaten. Teubner, Stuttgart 1979
[UNBE]   Unbehauen, R.: Systemtheorie. Oldenbourg, München 1971
[WAGN]   Wagner, K.W.: Operatorenrechnung. Barth, Leipzig 1940
[WALK]   Walker, R.A.; Thomas, D.E.: A Model of Design Representation and Synthesis. Proc. 22nd ACM/IEEE Des. Aut. Conf., IEEE Comp. Soc. Press, 1985
[WIND]   Windeknecht, T.G.: General Dynamical Processes II: The State Space Approach. Manuscript, Houghton 1973
[WOLF]   Wolfram, S.: Theory and Applications of Cellular Automata. World Scient. Publ., Singapore 1986
[WUNS 1]   Wunsch, G.: Moderne Systemtheorie. Akad. Verlag, Leipzig 1962
[WUNS 2]   Wunsch, G. (Hrsg).: Handbuch der Systemtheorie. Akad. Verlag, Berlin 1986
[WUNS 3]   Wunsch, G.: Zellulare Systeme. Akad. Verlag, Berlin 1977
[WYMO 1]   Wymore, A.W.: A Mathematical Theory of Systems Engineering: The Elements. Wiley, New York 1967
[WYMO 2]   Wymore, A.W.: Systems Engineering Methodology for Interdisciplinary Teams. Wiley, New York 1976
[ZADE 1]   Zadeh, L.A.; Desoer, C. A.: Linear System Theory: The State Space Approach. McGraw-Hill, New York 1963
[ZADE 2]   Zadeh, L.A.: The Concepts of System, Aggregate and State in System Theory. In: System Theory (eds. Zadeh, Polak),McGraw-Hill, New York 1969
[ZEIG 1]   Zeigler, B.P.: Theory of Modelling and Simulation. (eds. Krieger), Malabar 1976
[ZEIG 2]   Zeigler, B.P.: Multifacetted Modelling and Discrete Event Simulation. Acad. Press, London 1984
[ZEIG 3]   Zeigler, B.P.: DEVS Scheme: A Lisp-Based Environment for Hierarchical Modular Discrete Event Models. Univ. of Arizona, Tucson 1986
[ZEIG 4]   Zeigler, B.P.: Knowledge Representation from Newton to Minsky and Beyond. Appl. AI., Vol. 1, Hemisphere 1987

Sachverzeichnis